国家林业和草原局普通高等教育“十四五”规划教材

景观生态学实验教程

游巍斌　郑景明　主编

中国林業出版社
CFPH China Forestry Publishing House

内容摘要

景观生态学是生态学和地理学的交叉新兴领域，亦是生态学科与社会经济、可持续发展联系最为密切的分支学科。景观生态学理论性和应用性兼具，学科发展日新月异。景观生态学对不同生态系统形成的镶嵌体(景观)的关注，综合考虑人与环境的相互影响，着眼于宏观尺度格局与过程的相互作用等特点，使其在国家环境保护、城市与区域规划、土地整治、生态修复、生态安全与灾害评估等方面的参与日益深入。特别是在当前生态文明建设倡导实施生态系统整体保护、系统修复和综合治理的背景下，其学科理论与方法为开展山水林田湖草沙一体化保护和修复提供了借鉴。本教材内容注重科学性和先进性，将景观生态学的经典问题和研究热点相结合，提供了典型的配套练习数据供使用者操练和学习，章节后的思考题亦可为学习者提供自我发挥与拓展的空间。

本教材可作为高等院校生态学、自然地理与资源环境、自然资源管理、林学、自然保护区、风景园林、城乡规划以及其他相关专业学生的教材，也可以作为科学研究、景观设计、规划管理等部门科技人员的学习参考书。

图书在版编目(CIP)数据

景观生态学实验教程 / 游巍斌，郑景明主编. —北京：中国林业出版社，2023. 12

国家林业和草原局普通高等教育“十四五”规划教材

ISBN 978-7-5219-2527-2

Ⅰ. ①景… Ⅱ. ①游… ②郑… Ⅲ. ①景观学-生态学-高等学校-教材 Ⅳ. ①Q149

中国国家版本馆 CIP 数据核字(2024)第 004342 号

策划编辑：肖基浒
责任编辑：肖基浒
责任校对：苏 梅
封面设计：睿思视界视觉设计

操练数据

出版发行 中国林业出版社
(100009，北京市西城区刘海胡同 7 号，电话 83223120)
电子邮箱 cfphzbs@ 163. com
网 址 https://www. cfph. net
印 刷 北京中科印刷有限公司
版 次 2023 年 12 月第 1 版
印 次 2023 年 12 月第 1 次印刷
开 本 787mm×1092mm 1/16
印 张 11
字 数 287 千字
定 价 36. 00 元

《景观生态学实验教程》
编写人员

主　　编　游巍斌　郑景明

编写人员（以姓氏笔画为序）

邢韶华（北京林业大学）

江淼华（闽江学院）

何东进（福建农林大学）

余　振（南京信息工程大学）

张春英（福建理工大学）

陈　锋（北京林业大学）

郑景明（北京林业大学）

游巍斌（福建农林大学）

前　言

景观生态学课程最初在高等林业院校开设，主要介绍景观生态学原理和以森林资源为代表的生态系统保护的理论知识。景观生态学理论性和应用性兼备，学科发展十分迅速。

目前景观生态学研究成果已广泛应用于我国生态环境保护领域，如国家自然保护体系规划、生态功能区划修编、重点生态功能区调整、国家与省市层面生态保护、城市与区域发展规划和生态保护与修复等。然而，景观生态学理论总体较为抽象且涉及的问题时空范围广泛，加之相应实验教材的缺乏，限制了学生将专业理论知识应用于实践。因此，出版一本以景观生态学理论知识应用为导向的实验教材势在必行。

本教材已被列入国家林业和草原局普通高等教育“十四五”规划教材。为了保持本实验教程与已出版的《景观生态学》理论教材之间的衔接，在内容设计上，注重科学性和高阶性，并紧密结合行业发展需求，其中大多数是当前景观生态学研究领域的基础和主流内容，既包括景观格局特征和景观连接度分析等经典问题，也包括全球气候变化与碳循环、生态系统服务等研究热点。除了第 1 章对景观生态学研究方法进行系统概述外，其他章节均提供了在 Windows 操作系统环境下的配套练习数据，配套资源通过扫描二维码获取。使用本教材的师生可以根据专业培养要求和个人兴趣，自主选择相应章节中的内容模块进行教学或自主学习。

本教材由游巍斌和郑景明担任主编，共同拟定教材编写大纲；编写人员包括来自北京林业大学、福建农林大学、南京信息工程大学、福建理工大学和闽江学院五所高校的教师。具体编写分工如下：第 1 章 景观生态学研究方法由游巍斌和何东进编写；第 2 章 景观生态分类由江森华和游巍斌编写；第 3 章 景观格局与变化分析由郑景明编写；第 4 章 景观连接度和网络分析由游巍斌编写；第 5 章 景观生态敏感性与风险评价由游巍斌编写；第 6 章 景观生态系统服务评价由郑景明编写；第 7 章 景观过程模拟与预测由余振和陈锋编写；第 8 章 景观生态规划与设计由邢韶华和张春英编写。全书最终由游巍斌负责统稿。
福建农林大学张锦琳、黎棕仁、蔡新瑜和许泽松 4 名硕士研究生分别协助完成了部分章节的校稿，并核验了教材的配套练习数据；北京林业大学硕士研究生林一诚协助第 7 章内容的整理。此外，福建农林大学巫丽芸副教授提供了 5.2 节的练习数据；闽江学院符小洪副教授提供了 2.3 节的练习数据。在此对各位编委和参与人员的辛勤劳动和付出，表示衷心的感谢。

本教材得到了福建农林大学教材出版基金的资助。值此教材出版之际，衷心感谢所有为本教材出版付出辛勤劳动的单位和个人！希望本教材的出版能为推动景观生态学的理论教学和实践应用做出一些贡献，帮助更多的景观生态学学习者奠定入门基础，增强对景观生态学的热爱。

鉴于景观生态学学科发展日新月异，计算机技术、支撑软件和研究方法迭代更新迅速，加之作者水平有限，难免存在疏漏之处，恳请同行专家、学者和广大读者批评指正。

编 者

2023 年 8 月 8 日

目　录

第1章 景观生态学研究方法

1.1 景观生态学基本概念

景观生态学(Landscape Ecology)是生态学朝着宏观方向发展形成的关于景观结构、功能和动态特征研究的宏观生态学分支学科。1939年由德国地植物学家C. Troll在利用航空像片研究东非土地利用问题时首先提出，用来表示对支配一个区域单位的自然—生物综合体的相互关系的分析。景观作为景观生态学的研究对象，它是指由一组以类似方式重复出现的、相互作用的生态系统所组成的异质性陆地区域(Forman and Godron，1986)；亦可称之为由相互作用的空间单元镶嵌而成的异质土地区域或不同类型相互作用斑块的镶嵌体。

景观生态学基本概念包括以下几个。

(1) 尺度

景观生态学尺度(scale)是指对研究对象在空间上或时间上的测度，通常包括空间尺度和时间尺度。空间尺度(spatial scale)一般是指研究对象的空间规模和空间分辨率，研究对象的变化涉及的总体空间范围和该变化能被有效辨识的最小空间范围。时间尺度(temporal scale)是指某一过程和事件的持续时间长短和考察其过程和变化的时间间隔，即生态过程和现象持续多长时间或在多大的时间间隔上表现出来。在景观生态学研究中，人们往往需要利用某一尺度上所获得的信息或知识来推断其他尺度上的特征，这一过程被称为尺度外推(scaling)。一般而言，等级层次越高，对应的生态学问题的时空尺度也越大。

(2) 景观异质性

景观异质性(landscape heterogeneity)是指景观组成要素及其属性的不均质性和复杂性。一般而言，景观异质性主要是指空间异质性，而将时间异质性用动态变化来表述。景观异质性主要有两种格局分布形式：即斑块镶嵌格局(以斑块类型图的形式表现)和连续梯度格局(以梯度变化数值图的形式表现)。景观异质性与尺度有密切关系，异质性和同质性因观察尺度变化而异。景观异质性不仅是景观结构的重要特征和决定因素，而且对景观的功能及其动态过程有重要影响和控制作用。

(3) 景观结构与格局

景观结构(landscape structure)即景观组成单元的类型、数量、多样性及其空间关系。景观格局(landscape pattern)指景观中大小和形状各异的景观要素在空间上的排列和组合。景观格局一般指景观的空间格局，强调空间特征。景观结构既包含空间特征，又包含非空间特征(如斑块的类型、面积比例等)。虽然景观结构与景观格局内涵存在区别，然而在实际研究结果的描述中研究人员往往不予严格区分，而将两者通用。根据分析角度，常见的景观格局有类型镶嵌格局、连续表面格局、网络格局和空间点格局等(曾辉等，2017)。

(4) 景观过程与功能

在识别景观中各个组分的结构或格局基础上，通常需要进一步识别整个景观中不同组分之间的生态联系，而景观中这种生态联系的基础是生态过程和生态流。景观过程(landscape process)可以理解为景观成分发生发展的变化程序及其动态特征，包括各种生态流、种群和群落变化、干扰等各种生态过程。景观过程和格局都具有尺度依赖性。过程产生格局，格局作用于过程，两者都依赖于不同的尺度。景观功能(landscape function)指景观结构与生态学过程或景观结构单元之间的相互作用，通过景观结构以及镶嵌在景观结构之中的生态系统过程和功能来体现(曾辉等，2017)。其用来描述景观所提供的与人类福祉息息相关的产品和服务的能力。一般来说，景观生态学中的研究首先需要确定一个核心尺度，在更小尺度上探讨景观的成因机制和变化动力，在更大尺度上整合其功能属性。探讨格局与过程之间的关系是景观生态学的核心内容之一。

(5) 景观要素与组分

景观是由若干相互作用的生态系统所构成的，其中组成景观的基本的、相对均质的土地单元或生态系统即为景观要素(landscape element)，有时亦称为景观成分(landscape composition)。景观要素是景观中相对均质的空间单元，单元内部存在相对一致性，当然这种相对一致性不仅是外貌特征的相似，也包括其内部相似的主要生态过程。组成景观的生态系统都是具有一定形态特征和分布特征的空间实体，由于生态系统在景观中的空间形态特征和分布特征对它们在景观中的作用有明显影响，与其他景观要素的相互作用也有差异，为了更好地分析、研究和理解景观要素在景观中的地位和作用，除了通过景观要素理解其内部相对一致的生态系统属性外，从系统的结构角度认识景观特征则更为普遍。因而研究人员习惯将景观结构成分称为景观组分，即指地球表面相对同质的生态要素或单元。Forman 将它们分为斑块(patch)、廊道(corridor)和基质(matrix)。“斑块—廊道—基质”组合被视为最常见、最简单的景观空间格局构型模式。

1.2 景观的结构表征与研究要点

1.2.1 景观元素的表征方式

从地理制图角度看，景观中的地图特征可以用点、线和多边形来描述。一般来说，制图人员用点来确定小岛或城市的位置，用线来描绘河道或道路，或用多边形来表示更大的岛屿或大陆。同时，通过使用航空摄影和卫星图像获得的基于栅格数据(以规则的网格来表示空间地物或现象分布的数据，其每个栅格都会给出相应的属性值来表示地物或现象的非几何属性)，又提供了一种完全不同于点线面形式(即以点、线、面 3 种几何要素来表达空间地理实体的矢量数据)的表示相同景观的新方法。然而，在许多情况下，为了简化分析，必须将这些从航空像片或卫星图像导出的栅格地图转换为矢量地图。鉴于地理信息系统在二维地图中使用矢量数据来表征景观的分析优势，尽管航空摄影和卫星图像的使用越来越多，但许多空间分析仍然是在不同比例的点、线和多边形上进行。

因此，通过点、线和多边形(斑块)这 3 种不同几何要素在地图中对景观特征进行空间表示，并通过检测不同景观元素的格局来评估或检验景观格局。实际分析中，可以从镶嵌体的尺度上，识别出代表景观元素的空间单元。在景观的矢量表征情况下，点通常用于表示小对象的位置(在选定的比例下)。点可以与单个树木、建筑物和动物巢穴相关联；线可以用于查看海岸线、河流或道路网络；多边形可以表示具有不同土地利用或覆盖类型的斑块，例如，农田、城市区、森林、灌木丛、草地或沙滩。具体而言：①点代表一个重要的景观特征，其地理位置很重要，但其面积与生物或感兴趣的景观过程无关。事实上，现实景观中点是不存在的，只是为了分析方便才如此描述。②斑块表示一个相对均匀的非线性区域，它与周围环境不同。不同斑块之间的差异可根据生态(即物种组成)或其他差异(即土地权属、不同流域)而定。③线表示与两侧相邻土地显著不同的景观特征，其位置和线性特征对管道(生态走廊)、过滤器或屏障的功能很重要，但其宽度对于生物体(不提供栖息地)或与感兴趣的景观过程无关。事实上，线是不存在的，但是，如果一个斑块很长，它的宽度在尺度上很小，为了分析的目的，线可以是这类对象的足够代表。但是，如果宽度很小却与感兴趣的景观过程相关，则表示为条形走廊，用斑块表示。此外，还有一种景观元素，基质或镶嵌背景类型，其特征是“覆盖范围广、连通性高或起主要动态控制作用”。这些描述方法在实践中被证明在景观设计和土地利用规划中很有用。

1.2.2　景观研究中的注意点

(1)景观整体环境的感知

景观生态学方法与其他类型的生态学方法有何不同？许多科学家认为广泛的空间和时间尺度(特别是大尺度)是一个重要的区别。然而，景观不需要被定义为大尺度，大尺度也不是景观生态学家的唯一领域。因为许多其他领域的生态学家也研究具有非常广泛空间尺度的生态系统问题。需要强调的是，首先，景观生态学方法可以在短时间内应用于小区域，例如，在景观镶嵌中小型哺乳动物的运动。无论其空间或时间尺度如何，也许景观的显著特征都是由不同类型的相互作用的斑块组成。这些斑块的排列影响其相互作用的性质，并且排列随时间而变化，相互作用也是如此。其次，其他生态学学科试图最小化采样斑块之间的差异，并制定分层采样策略来解释和最小化这种差异，但景观生态学强调纳入普遍存在的异质性。从有机体的角度来看，可以将景观定义为包含对其周围环境感知有意义的斑块镶嵌的区域。因此，一个景观的范围(或大小)在生物之间是不同的，通常在其正常的活动范围和区域分布之间。如图1-1所示，鹰、红衣凤头鸟和蝴蝶对环境的感知是不同的。对鹰来说，构成一个栖息地的空间可能会构成红衣凤头鸟的整个景观；对红衣凤头鸟来说，一个栖息地可能会构成蝴蝶的整个景观；而对蝴蝶来说，它会以更精细的尺度感知一个斑块。可见，景观分析没有特定的尺度或规模，大小和规模应该对特定的生物体或感兴趣的过程而言才有意义。

如上所述，景观的范围(或大小)在不同的生物或感兴趣的景观过程中有所不同，而格局的识别取决于在景观表征中使用的单个观察单元，即粒度(grain)的大小，这通常与尺度有关。与摄影技术一样，识别图案的能力也与对比度(contrast)有关，即相邻元素之间的差异量以及它们边界的相对突变性(abruptness)。因此，对景观格局的识别与粒度和对比度有关，但对景观整体的感知更多地取决于景观组成单元之间的相互关系，而不是它们的细节(粒度和对比度)。例如，通过对比北美西部的卫星图像，可以简单地说明格局识别的过程(图1-2)。开始不需要有一个非常细的粒度图像来检测格局；在图像的中部，西海岸

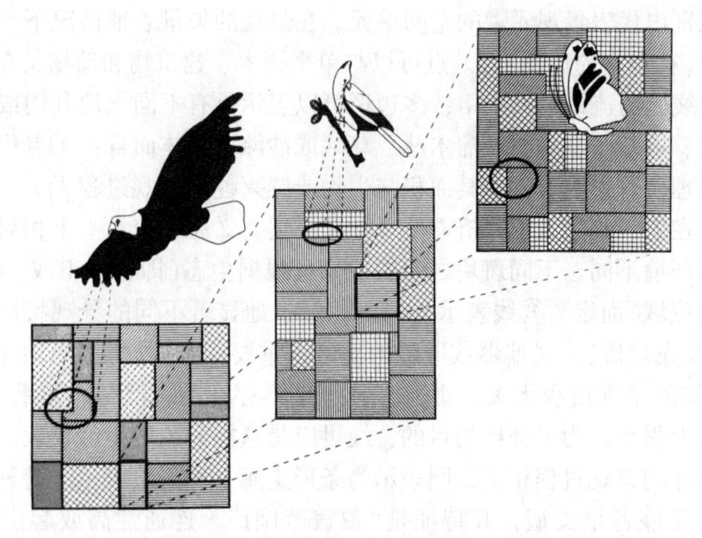

图 1-1 不同生物类别对景观环境感知和景观异质性的认识差异

(McGarigal et al. , 1995)

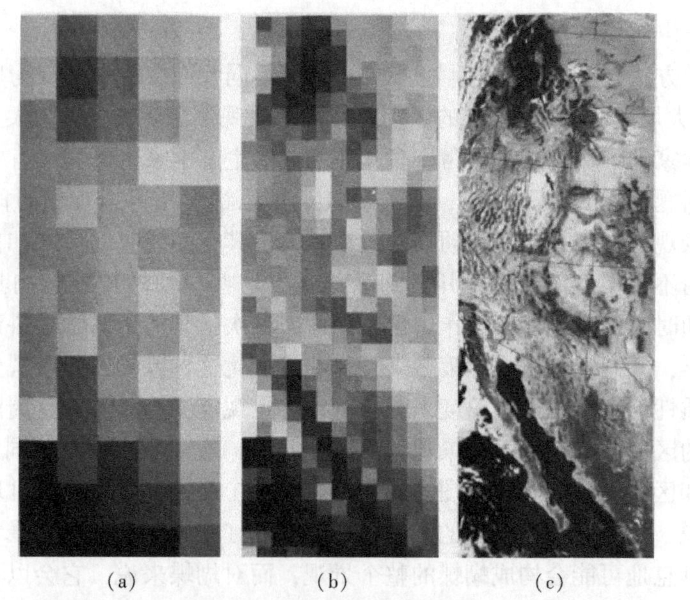

图 1-2 不同像元大小(粒度)的北美西海岸卫星图像(Rego et al. , 2019)

格局已经被识别，而不必完全了解每个像素的细节，而只是通过整体的感知。Naveh 和 Lieberman 认为，通过确定组成部分的结构关系相较于通过详细研究能够更好地实现景观的综合刻画。这表明景观生态学在格局识别方面优于群落和系统生态学，整体系统方法尤为重要。注重研究中的系统整体思维，突出整体系统方法成为景观生态学研究中的重要思维方式。

景观生态学也是研究和管理自然和人类主导的生态系统的一种很有用的方法。镶嵌体中的斑块经常相互作用呈现出更真实的场景。例如，在森林经营管理中，会根据周围未采伐区域(斑块)中种子自然更新情况来规划木材的采伐单元。对于该过程，时间尺度由收获年龄决定，空间尺度由种子扩散距离决定。景观的研究通常也包括人类活动，人类影响了地球上的所有生态系统，在农业和城市景观中，人类活动是决定土地上景观镶嵌表现的主导因素。

(2)分析尺度的识别与选择

尺度识别是指格局或过程的特征尺度的识别。尺度识别是选择正确的尺度进行观测或分析的前提，也是进行尺度效应分析和尺度推绎的最重要的基础。现实工作中，尺度选择是指在生态学研究中对于观测尺度或分析尺度的选择，是观测或分析幅度和粒度的选择。尽管在揭示格局和过程及其相互作用规律时没有一个绝对正确的尺度，但选择适当的尺度进行研究是必需和必要的(Levin，1992)，因为选择的尺度将直接决定在该尺度上的格局和过程特征被揭示或掩盖。

景观生态学没有特定的时间或空间尺度，其关注的时间或空间尺度随分析目标的不同而不同。从人类的角度来看，景观可能是1 km宽的区域，自然植被中的斑块可能为1~10 hm^2，但在人类主导的景观中，例如，城市或农业景观中，斑块可能更大或更小。至于时间尺度，人类倾向于将发生在人类寿命小部分时间内的生态过程视为短期过程，而将发生在多个寿命中的生态过程视为长期过程。

Monica Turner(1989)指出，景观生态学是研究格局(结构)对这些相互作用的过程(功能)和变化(动态)的相互影响；应量化景观结构以了解格局与生态过程的关系，例如，了解空间异质性在干扰传播或能量、物质、养分和生物体流动中的影响。景观结构、功能及其随时间变化的评价使人们了解格局和过程之间的动态关系成为可能。

一直以来，粒度和幅度的选择多以过去或他人的经验为依据，存在较大的任意性和主观性。在发展尺度选择的规则方面，需要人们更多地以识别的现象尺度(即特征尺度)为重要依据，同时遵循一些基本原则。

第一，空间幅度应足够大(Dungan et al.，2002)。景观中应包含至少一个完整斑块，甚至应包含实际或可能有联系的所有斑块，以使空间幅度大于所研究生态过程本身作用的范围或能够影响的潜在范围；否则，研究斑块和过程就会因主观的人为截断而有所缺失。

第二，空间粒度的确定首先取决于研究目的。若为了建立一些统计关系(如为了获知物种对环境条件的响应)，则需降低空间单元之间的空间自相关性。因此，应尽量避免在一个斑块内部取多个样方，样方间距也应大于斑块的平均大小。若为了识别空间格局，则粒度应小于特征尺度(如斑块的平均大小)(Dungan et al.，2002)[图1-3(a)]。只有这样，所取空间单元才会在斑块内部，才能识别出单个斑块的综合特征。若粒度较大，以至于一个空间单元内部包含多个斑块，则无法识别出单个斑块的特征，因为一个空间单元内部是被假设为同质的(曾辉等，2017；张娜，2014)。然而，粒度也不是越小越好。粒度在小于斑块大小的同时，应大于研究对象个体的平均大小，即一个空间单元内部应包含多个个体[图1-3(b)]。在粒度选择上的一个误区是最大限度地追求粒度的精细水平，尽管选择精细粒度有利于细节信息的提供，但却可能增加准确把握景观整体规律的难度。另外，粒度的选择也会受到各种客观条件的限制，如项目的规模、资助强度、目标、任务、时限、技术条件、所需工作量等。

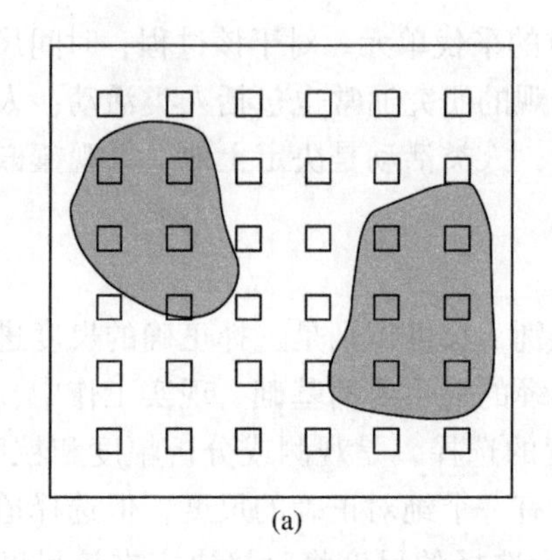

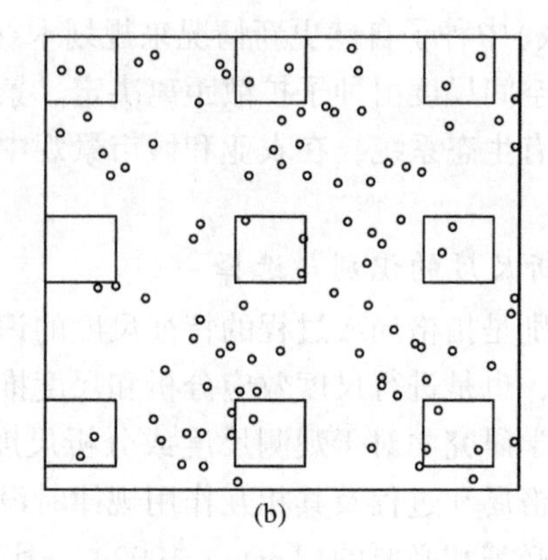

图 1-3 斑块和个体的特征尺度与样方大小和间距的关系(Dungan et al., 2002)

(a)研究斑块(阴影区域)格局时的样方(正方形)大小和间距；(b)研究个体(小圆)分布格局时的样方(正方形)大小和间距

第三，遵循线性的时空尺度上推关系，即在研究的空间尺度增大的同时，时间尺度也应随之增大。时空尺度的不匹配可能对过程预测产生很大影响，是造成决策失误的重要原因。小空间尺度上的长期研究对过程的预测能力很低，因为小空间上的过程具有很强的动态性和随机性，其发展轨迹的不确定性很大。大空间尺度上的短期研究可能表现出较高的预测能力，但这通常是一种假象(张娜，2006)。

对于具体的景观，研究现象的性质和复杂程度也是粒度选择时经常需要考虑的因素。通常，只有用较细的粒度，才能更好地揭示异质性和复杂性较强的现象；而对同质性和均匀性较强的现象，较粗的粒度即可满足需要。基于特征尺度识别的粒度选择通常是以上几个方面相互权衡的结果。

景观生态学中的尺度效应可能在 3 种情况下发生：仅改变幅度、仅改变粒度或间隔、同时改变幅度和粒度。目前，仍缺乏对不同类型景观中这几种尺度效应的定量理解，对幅度变化影响的研究尤其少。此外，在粒度效应分析中，除粒度大小的问题外，还存在划区方案(zoning scheme)和聚合方法(aggregation scheme)的问题。空间单元通常是正方形的栅格，这时不涉及划区方案的问题；但有时空间单元可能是长方形的，长宽比例也会有变化，这时就涉及划区方案的问题。不同的划区方案和聚合方法可能会对植被或土地利用的分类产生显著的影响，并最终影响空间格局分析结果。在幅度效应分析中，除幅度大小的问题外，还存在幅度变化方向和起始位置的问题(张娜，2014)。

1.3 景观生态学常用研究方法

景观生态学有效整合了地理学空间分析和生态学过程分析两种思路，并在计算机科学、“3S”技术和模型技术支持下，形成了具有自身特色的研究范式，可以从景观异质性(复杂性)、尺度变异、格局—过程关系、自然与人为的复合影响等多方面剖析景观结构(格局)、功能及其动态特征，显著提高了人类对社会—经济—自然复合生态系统演变规律的认识。

1.3.1 景观数据的采集与存储

景观生态学的数据采集通常分为两个方面：一是通过野外实地考察采集生物个体、种群、群落和生态系统等层面的数据；二是采用多种遥感技术以获取大尺度和多尺度上的地理、生态和人文等一系列资料(周强等，2001)。景观野外工作是以景观生态学理论为指导，将景观作为一个系统来进行调查，结合地形的通达性、经费和时间等条件，实现对野外采样点的描述，包括土壤、植被、地貌、土地利用类型，以及地质、水文、动物和其他相关属性信息，以获得精确而可靠的资料来描述图像解译单元。相较于野外实地调查，遥感技术能够获得更大空间尺度和更广时间范围的基础数据资料。遥感技术不仅能够为景观生态学研究提供地理空间实体的空间位置、形态和关系，而且可以提供景观实体表面甚至深层特征，包括植被类型及其分布、植被的斑块镶嵌特征、土地利用状况及其分布、生物生产力及其分布、土壤类型及其分布、水文特征、植被叶面积指数、蒸腾及蒸发强度等各种生态学特征(郭晋平，2016)。

从数据存储角度看，景观数据包括空间数据和属性数据两类。空间数据是反映景观要素空间位置、空间大小或规模、空间形状、空间关系的数据；属性数据是反映景观要素或景观中任意感兴趣区上的自然地理学、生物学、生态学、社会经济学和美学特征或属性的数据类型(郭晋平，2016)。这些数据有些是定量数据类型(如生物量、海拔)，有些是定性数据(如土壤类型、土地利用)。在实际研究中，栅格数据模型和矢量数据模型是描述地理与生态学现象最常见、最通用的数据模型，被用来记录景观数据。栅格数据和矢量数据在实际研究中各具优势，并在特定需要下进行相互转换。

1.3.2　常用软件与工具

1.3.2.1　“3S”技术相关软件

全球导航卫星系统(GNSS)是能在地球表面或近地空间的任何地点为用户提供全天候的三维坐标和速度，以及时间信息的空基无线电导航定位系统。它是泛指所有的卫星导航系统。目前美国的全球定位系统(GPS)、俄罗斯的格洛纳斯系统(GLONASS)、欧洲的伽利略系统(Galileo)和中国的北斗系统(BDS)被全球卫星导航系统国际委员会认定为4大GNSS服务供应商。GNSS可在专题地图(生境图、植被图、土地利用分布图等)的制作、航空像片和卫星遥感图像的定位、地面校正和环境监测等方面为景观生态学提供支持(傅伯杰等，2002)，特别是在景观元素定位、景观中物种运动跟踪、斑块边界与形状识别和固定环境监测等领域中有较好应用。在实际工作中，研究人员除了手持GNSS设备内置软件进行定位外，也使用手机APP(如两步路户外助手、奥维互动地图)记录样地位置和调查轨迹。

遥感(RS)是一种以物理手段、数学方法和地学分析为基础的综合性应用技术，具有宏观、综合、动态和快速的特点(肖笃宁，1994)。RS主要包括卫星图像、空间摄影、激光雷达以及用数字照相机或普通照相机摄影的图像。遥感技术是景观生态学研究中采集数据的主要手段之一。在景观生态过程研究上，遥感不仅可以监测生态系统中的光合作用、蒸发蒸腾作用和水分含量等生理过程的特征，还可监测景观物质流中的水和碳、氮等元素的循环(何东进，2019)；在景观动态变化研究上，通过采集长时间序列的遥感数据，利用景观生态学分析模型与工具便可对区域景观动态进行分析，为景观动态监测和景观演变规律分析提供研究途径(唐文魁等，2022)。目前主要应用的遥感图像处理软件有ENVI、ERDAS和PCI等(赵忠明等，2019)。随着遥感云计算技术的发展和平台的出现，改变了传统遥感数据处理和分析的模式，为遥感大数据挖掘、处理和分析带来了前所未有的机遇(王小娜等，2022)。目前遥感云计算平台主要以美国谷歌地球引擎 GEE(Google Earth Engine)发展最为成熟并得到广泛应用(董金玮等，2020)。

地理信息系统(GIS)是以地理空间数据库为基础，采用地理模型分析方法，通过收集、存贮、提取、转换和显示空间数据，实时提供多种空间的和动态的地理信息，为地理研究和地理决策服务的计算机技术系统。GIS 技术在景观生态学中的应用主要体现在收集和管理景观数据、各类景观图的绘制、景观动态与模型模拟和景观评价与规划设计等方面。目前主要应用的空间分析与制图软件是美国环境系统研究所研发的 ArcGIS 专业软件。在 GIS 支持下，可把景观格局与其他地面特征(数字高程模型 DEM、土地利用与土地覆盖、道路、河流等)数据层叠加，它可以分析河流与道路密度、镶块体大小与分维数以及土地覆盖与景观模式类型的关系等。

1.3.2.2 景观指数计算软件

景观指数高度浓缩景观格局信息，是反映其结构组成和空间配置某些方面特征的简单定量指标(邬建国，2007)。这里分别介绍几款不同特点的景观指数计算软件。

Fragstats 是由美国俄勒冈州立大学森林科学系开发的一款为揭示分类图的分布格局而设计的、计算多种景观格局指数的桌面软件程序(McGarigal et al.，2012)；Fragstats 设有 3 类指数级别，即斑块(patch)、类型(class)和景观(landscape)，各指数计算公式与生态学含义参见 Fragstats 软件指南。由于其简单易用和强大的计算能力，该软件目前已经成为景观生态学研究景观格局指数计算中使用最为广泛的软件(McGarigal et al.，2012)。该软件具体操作详见第 3 章内容。

VecLI 是由中国地质大学(武汉)地理与信息工程学院开发的基于真实地块的矢量景观指数计算与分析系统软件。VecLI 不需要依赖于任何的商业 GIS 软件，是国内外首款独立且免费的矢量景观指数计算软件。与 Fragstats 相同，VecLI 同样设有斑块、类型和景观 3 类指数层次，能够计算面积、边缘、形状、核心区面积、聚集度和多样性 6 种类型的景观指数，使得景观指数计算在矢量数据中有了突破(Yao et al.，2022)。

1.3.2.3 统计分析软件

统计分析是科学研究中一个极其重要的环节，在统计学的意义上，通过室内实验或野外调查所获得的原始数据只是所研究变量的样本，需要对样本数据进行统计分析，来推断样本所来自总体的情况，方能得出科学的结论。Excel 和 SPSS 商业软件常用来做传统统计分析使用。景观生态学研究中的空间统计是该学科的一大特色，除了 GIS 软件(如 ArcMap)中可以进行空间统计分析外，不同单位或研究机构也单独开发了一些空间统计的专业软件(如 GS+、GeoData、Programita 和 PASSaGE 等)。

除了上述介绍的几款软件外，贝尔实验室开发的 R 语言作为一款优秀的统计分析软件系统，具有免费、开放、统计分析功能完善、作图功能强大、可移植性强和使用灵活等特点，受到生态学家们的青睐(Lai et al.，2019)。与普通处理方式相比，R 语言除了可以进行统计分析外，还有许多与空间数据处理和分析相关的 R 包，相应 R 包都可作为景观生态学研究的工具。例如，“raster”“terra”“sf”等 R 包可用于空间数据的分析，“rasterVis”“cartography”“tmap”等 R 包可用于制作景观生态学专题地图，“landscapemetrics”“motif” “geodiv”等R包可用于景观格局特征的量化(Hesselbarth et al., 2021)。

1.3.2.4 其他相关软件

在生态系统服务研究方面应用最广泛的生态系统综合评估模型当属美国斯坦福大学生物系 Daily 教授研究小组开发的生态系统服务及其权衡综合评估(InVEST)模型。InVEST 模型基于 GIS 应用平台，可模拟预测不同土地利用情境下生态系统服务物质量和价值量的变化(Tallis and Polasky, 2011)，为合理决策及管理提供科学依据。目前，InVEST 模型包括淡水、海洋和陆地三大系统评估模块。InVEST 模型参数调整灵活，只要输入相应年份数据，便可模拟时间序列上的生态系统服务价值量变化，因此其适用范围很广，在国内外生态系统服务功能评估中得到了广泛应用。本教材第6章就有对 InVEST 模型的操作练习。

以人工智能和网络化见长的 ARIES 模型集合相关算法和空间数据等信息，可对多种生态系统服务功能(碳储量和碳汇、美学价值、雨洪管理、水土保持、淡水供给、渔业、休闲、养分调控等)进行模拟计算和空间制图(Bagstad et al., 2012)。ARIES 可对生态系统服务功能的“源”(服务功能潜在提供者)、“汇”(使生态系统服务流中断的生物物理特性)和“使用者”(受益人)的空间位置和数量进行制图(Bagstad et al., 2012)。ARIES 的子模块 SPAN(Service Path Attribution Network)可用于模拟生态系统服务流的空间动态(Johnson et al., 2010)。

总之，随着景观生态学研究发展，相关软件不断涌现，这些软件的开发与推广为景观生态学研究提供了多样化的研究工具和技术手段。

1.3.3 景观指数方法

计算特定研究区的景观格局指数可以帮助理解和评价该区域的景观现状，揭示该区域生态状况及空间变异特征；或者对不同时段的景观指数进行对比，分析景观格局演变，分析内在的驱动因子和发展趋势，为规划和管理提供参考。与空间统计学方法不同，景观指数法本身并不是多尺度的，但可通过在一定尺度范围内连续计算景观指数，获得尺度变化图，对其进行多尺度分析。

为方便论述，将景观指数分为基于结构特征的和基于结构特征与生态过程的两类指标(曾辉等，2017)。前文提到的 Fragstats 软件计算的景观指数属于空间结构性指标。由于 Fragstats 软件的局限在于侧重结构性指标的刻画描述，而目前有些指数在计算过程中已经考虑特定的景观生态过程，可以认为是传统景观格局指数的补充。例如，最小耗费距离模型，因为其本身可以作为景观阻力功能的量化指标，有学者将最小耗费距离作为景观通达性分析的定量化指标，来分析景观之间的生态连接度。另外，基于“源—汇”过程的景观指数(如景观空间负荷对比指数)，可用来分析坡面景观格局与土壤侵蚀的过程的关系(陈利顶等，2003)。

景观指数分析应用中，许多景观指标的生态学意义仍存在较大争议，而且由于不同指标之间存在较大的冗余，在定量研究景观格局的特征时，需要针对具体的问题与研究内容，选择合适的尺度，本着简单、代表性与统一性的原则，在全面了解所选择的指标的生态学意义的前提下，力求以最少的指标来描述感兴趣的景观格局的信息(曾辉等，2017)。

1.3.4 空间分析方法

景观生态学中的空间分析来源于地理学，是基于生态系统位置和形态特征的空间数据分析技术，是研究景观空间分布和空间变异的一种方法。空间分析是各类综合性景观生态学分析模型的基础，为建立复杂的空间应用模型提供了基本工具。GIS 软件中，常用的有缓冲区分析、叠加分析、空间插值、三维地形分析、网络分析等几大基本模块，也包括一些高级的空间分析功能(如空间自相关分析、地统计学分析等)模块。一般而言，景观空间分析至少要同时使用 2~3 种不同的方法，而且多尺度分析往往也是必要的。以下针对主要的景观空间分析方法进行简单介绍。

1.3.4.1 常用的景观空间分析方法

景观空间分析依赖于所获取数据的格式。对于矢量数据，常用的有缓冲区分析、叠加分析等；对于栅格数据，常用的有数学运算、距离分析、叠加分析、区域统计和邻域分析等。

(1)缓冲区分析

所谓缓冲区(buffer)就是地理空间目标的一种影响范围或服务范围。缓冲区分析是对选中的一组或一类地图要素(点、线或面)按设定的距离条件，形成一定缓冲区多边形实体，从而实现数据在二维空间得以扩展的空间分析方法。缓冲区分析是解决邻近度问题的空间分析工具之一，应用的实例包括分析河流两侧景观类型随距离的变化和分析大型水库建设引起的一定距离缓冲区内移民搬迁问题。面状缓冲区可以有内外缓冲区、仅有外缓冲区、仅只有内缓冲区、外缓冲区和原有图像值等；也可通过 GIS 以设置多重缓冲和改变缓冲属性等。

(2)叠加分析

景观叠加分析方法可以分为矢量数据叠加和栅格数据叠加两类。景观叠加分析是将有关主题层组成的数据层面进行叠加，产生一个新数据层面的操作，其结果综合了原来两层或多层要素所具有的属性。同时，叠加分析不但生成了新的空间关系，而且能够将数据层之间的属性联系起来，从而产生新的属性关系。叠加分析是 GIS 中常用的用来提取空间隐含信息的方法之一。叠加分析不仅包含空间关系的比较，还包含属性关系的比较。从原理上来说，叠加分析是对新要素的属性按一定的数学模型进行计算分析，其中往往涉及逻辑交、逻辑并、逻辑差等运算。

根据操作形式的不同，基于矢量数据的叠加分析可以分为图层擦除、识别叠加、交集操作、均匀差值、图层合并和修正更新(图 1-4)。本教材第 8 章 8.2 节就使用了矢量数据叠加分析的方法。

栅格数据的叠加可以用于分析景观多重因子(如地形地貌、土壤、土地利用、植被、水环境、人类干扰等)对某一研究对象(如生态敏感性、土地适应性、生境质量等)的影响，并且可以分析不同图层的相对权重(图 1-5)。例如，分析生境适宜性需要考虑食物来源、土地覆盖情况与道路距离，数据源是植被图与道路图。为了研究需要，有时也会将景观因子的矢量数据转为栅格数据，再进行基于栅格的数据叠加分析。本教材第 5 章 5.2 节讲述栅格数据叠加分析的典型应用。

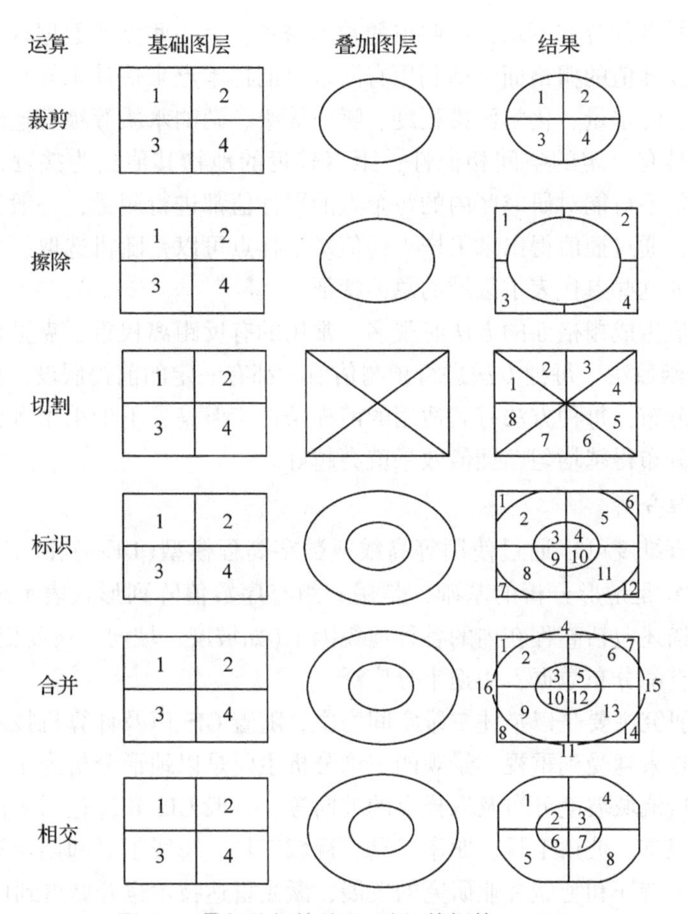

图1-4　叠加分析的关系示例(曾辉等，2017)

(3)景观空间插值

景观空间插值是一种通过已知点的数据推求同一区域其他未知点数据的计算方法。景观的空间调查分布由于受条件限制，应用中不可能对所有点进行度量并记录，故采样的空间点分布往往采取不同的模式。采样点的空间位置对空间插值的结果影响很大，理想的情况是在研究区内均匀布点。然而当区域景观大量存在有规律的空间分布格局时，如有规律间隔的树或沟渠，用完全规则的采样网络则显然会得到片面的结果。完全随机的采样同样存在缺陷，首先随机的采样点的分布位置是不相关的，而规则采样点的分布则只需要一个起点位置、方向和固定大小的间隔。其次完全随

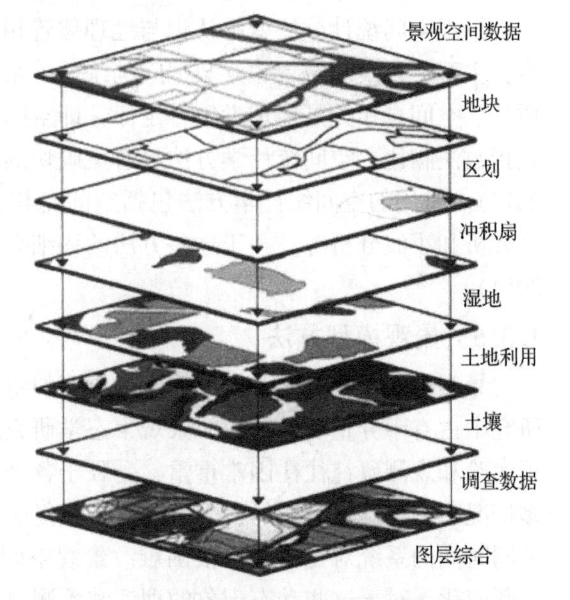

图1-5　利用栅格数据叠加进行景观适宜性分析(曾辉等，2017)

机采样会导致采样点的分布不均，一些点的数据密集，另一些点的数据缺少。景观生态学中，主要由点创建插值的栅格面，即利用有限数目的样本点来估计未知样本点的值，这种估值可用于高程、降水量、化学污染程度、噪声等级、湖泊水质等级等连续表面。插值的前提是空间地物具有一定的空间相似性，距离较近的地物其值更为接近，如气温、水质等。实际中，通常不可能对研究区内的每个点的属性值都进行测量，一般选择一些离散的样本点进行测量，通过插值得出未采样点的值。采样点可以是随机选取、分层选取或规则选取，但必须保证这些点代表了区域的总体特征。

由点数据插值生成栅格面的方法有很多，常用的有反距离权重、克里金、自然邻体法(邻域法)和样条函数法。每种方法进行预测估值时都有一定的前提假设，根据所要建模的现象及采样点的分布，每种方法有其适用的前提条件。但是，不论采用哪种方法，通常采样点数目越多，分布得越均匀，插值效果就会越好。

(4)景观三维分析

景观中的垂直维度可以通过使用等高线或数字高程模型(DEM)在二维空间矢量地图中进行呈现。DEM 是地形分析的基础，是用一组有序数值阵列形式表示地面高程的一种实体地面模型，描述包括高程在内的各种地貌因子(如坡度、坡向、坡度变化率等)的线性和非线性组合的空间分布数据，用途十分广泛。

景观生态学研究主要是以描述二维空间为主，随着 GIS 以及计算机技术的发展，景观的三维空间分析越来越受到重视。景观的三维分析主要是以地形分析为主，可以提取景观类型的海拔，分析流域坡度分布及取样点的坡向等。一般 GIS 软件包括表面分析工具、山阴影工具、坡度工具、坡角工具、曲率工具、视域工具、视线工具和创建等高线工具等工具。随着城市三维特征和智慧林业研究的发展，激光雷达技术也开始得到广泛使用。

1.3.4.2 景观空间统计分析

景观空间统计分析就是认识与地理位置相关的景观数据间的空间依赖或空间关联等关系，主要通过空间位置建立数据间的统计关系。空间统计学依赖于空间自相关性和空间异质性。空间自相关是地理学第一定律，即空间上越临近的事物拥有越强的相似程度。与景观指数法相比，空间统计学方法具有更确切的数学基础，因此具有较高的可靠性(曾辉等，2017)。常用的空间统计学方法包括空间自相关分析、半方差分析、尺度方差分析、空隙度分析和小波分析等。关于这些方法的详细介绍可参见相应教材(何东进等，2019；张娜，2014)。

1.3.5 景观模型方法

景观模型是对真实系统或现象最重要的组成单元及其相互关系的表述，在景观生态学研究中占有十分重要的地位。景观生态学研究通常涉及较大的时空尺度，在较大尺度上进行实验和观测研究往往困难重重，受限于各种客观条件(时间、空间、设备和资金)，在许多情况下甚至是不可能的，也不能进行重复研究或条件控制，而且对某时不同地点及某地不同时间的系统对比研究也很困难。景观空间结构和生态学过程在多重尺度上相互作用、不断变化，对于这些动态现象的理解和预测也必须借助于模型。此外，景观模型可以综合不同的时间和空间尺度上的信息，成为环境保护和资源管理的有效工具。

1.3.5.1　景观模型概述与分类

根据模型处理空间信息的方式，景观空间模型可以分为两大类：栅格型景观模型(grid-based landscape model)和矢量型景观模型(vector-based landscape model)。目前，大多数景观模型属于栅格型景观模型，其研究对象和过程的空间位置由栅格的位置来表示，每个栅格可以与该位置上的一个或多个生态学变量(如植被类型、生物量、种群密度、养分含量、土壤条件、气象条件等)联系在一起。栅格型景观模型不但能反映各生态学变量的空间异质性，同时也便于考虑它们在空间上的相互作用，进而能够模拟景观在结构和功能方面的动态过程。矢量型景观模型是以点、线和多边形的组合来表达景观的结构组成的。这两种空间模型各有利弊，在具体研究中选用哪种途径为好，取决于所研究问题的性质和目的，以及数据资料的特征。

依据景观模型的结构特征差异和对研究涉及生态学过程处理方式的不同，又可将景观模型分为空间概率模型、领域规则模型、景观机制模型、景观耦合模型4类，各类模型的特点、优劣势及其应用领域参见相关教材(何东进等，2019)。无论哪类模型，目前均可与RS和GIS技术相结合，因此均可作为研究大尺度生态学系统格局与过程相互作用的重要途径(曾辉等，2017)。

1.3.5.2　模型构建的一般步骤

生态学模型对研究对象具有预测、增进理解、诊断、综合、支持管理与决策等作用。景观模型建模基础步骤与其他生态学模型类似，一般来说，可分为4个阶段(图1-6)：建立概念模型、建立定量模型(或概念模型的定量化)、模型检验和模型的应用。建模的4个阶段相互联系、相互促进又相互制约。其中，模型检验包括模型确认(model verfication)和模型验证(model validation)。模型确认是指仔细检查数学公式和计算机程序以保证不存在运算方面技术问题的过程。也就是说，模型确认的目的是保证概念模型的数量化是直接的

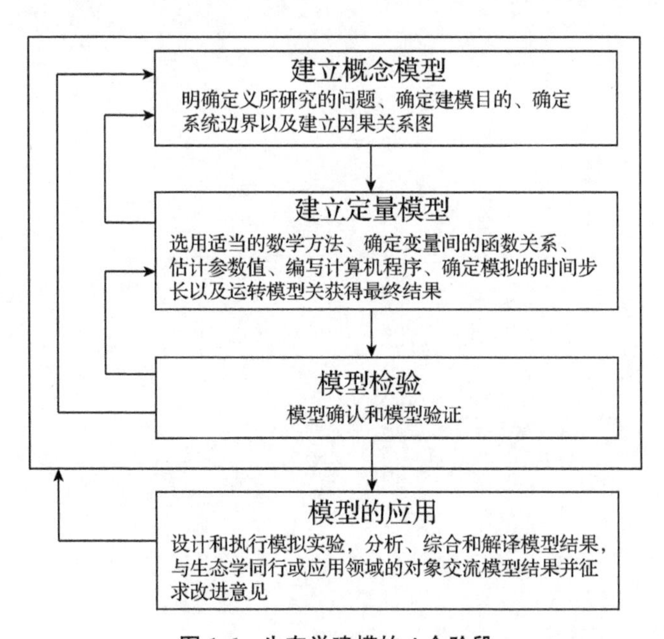

图1-6　生态学建模的4个阶段

和确切的，而且计算机程序中能够影响模型结果的错误已全部排除。模型验证是指确定模型在其既定的应用范围内运转结果与其相对应的现实系统行为的吻合程度，其衡量标准应该与预定的研究目的有密切关系。建模往往是一个循环往复、不断修正的过程。无论是种群模型、生态系统模型还是景观模型，建模的一般原理和过程是相似的，但其具体内容是不同的，在数学方法和模拟途径方面也各有特点。

本章小结

本章主要对景观生态学基本概念、主要研究手段和方法、研究注意点、数据存储与采集、常用分析软件或工具等作了梳理和介绍，旨在帮助学生能够较为系统地了解景观生态学研究的综合方法与思路，进而更好地理解和掌握后续章节中相应主题的实操练习及其应用领域。若希望对本章提到的相关内容有更深入的了解，建议进一步查阅国内外景观生态学理论教材加以学习。

思考题

1. 景观生态学研究方法与其他生态学分支学科的生态学研究方法有何不同？
2. 景观生态学关注时空尺度，现实研究工作中如何进行尺度选择？
3. 景观生态学理论与方法在我国实施山水林田湖草沙一体化保护和修复工作中有何应用？

第2章 景观生态分类

2.1 实验目的与准备

2.1.1 实验背景与目的

景观生态分类是景观结构与功能研究的基础，又是景观生态规划、评价及管理等应用研究的前提条件(王仰麟，1993；何东进等，2019)。景观生态分类方法众多，其中根据遥感影像(航片、卫片)解译，结合地形图和其他图形文字资料，引入相关的统计和算法，加上野外调查成果，进行景观生态分类，是分析和识别较大区域景观类型的主要方法。自然资源部于2020年整合了原《土地利用现状分类》《城市用地分类与规划建设用地标准》《海域使用分类》等分类标准，建立"多规合一"、全国统一的国土空间用地用海分类标准，即《国土空间调查、规划、用途管制用地用海分类指南(试行)》，该指南采用三级分类体系，共设置了包含耕地、园地、林地等24种一级类、106种二级类及39种三级类。一些较大尺度的景观生态分类，一般通过机器学习进行智能分类，分类后的结果常用于计算景观格局指数；而一些小尺度的景观分类主要是基于已有的矢量化数据源(如二调数据库、三调数据库)或者无人机航拍影像开展人工判读、解译、校正，分类精度高，主要用于管理、规划和评价等工作。

本章实验通过介绍基于遥感影像的监督分类方法，让学生学会运用ENVI软件开展较大尺度的景观生态分类。同时，介绍基于第二次全国土地调查的数据并参照当前土地利用现状，通过矢量化方法制作更为准确和精细的景观生态分类图，为不同尺度景观生态学研究奠定基础。

2.1.2 实验内容与准备

本章原始数据存放于D：\data路径下文件夹名为classification的raw_data子文件夹中；操作中的过程数据可存放在该操作主题下新建的process_data子文件夹中，避免与原始数据混淆。各小节实验操作内容、前期准备和数据概况详见表2-1。

表2-1 实验主要内容一览表

项目	具体内容	相关软件与工具准备	原始数据介绍
基于遥感栅格数据源的分类	监督分类与数据预处理	ENVI 5.1、ArcGIS 10.2 或更高版本	Landsat 8卫星影像 "LC81190422021270LGN00"
基于矢量数据源的分类	小区域景观分类图制作	ArcGIS 10.2或更高版本	上街镇遥感影像图 "shangjie. tif"，上街镇二调数据库"shangjie2d. mdb"

2.2 基于遥感栅格数据源的分类

光学遥感影像凭借其较高的空间分辨率和时间分辨率、适合的光谱分辨率以及共享度高等优势，在景观生态分类中被广泛使用。基于光谱分类方法常可分为非监督分类与监督分类。非监督分类也称聚类分析，是指人们事先对分类过程不施加任何的先验知识，而仅凭数据(遥感影像地物的光谱特征的分布规律)，即运用自然聚类的特性，让机器进行自学习并进行分类，是模式识别的一种方法(周珂等，2021)。非监督分类是一种不依赖于先验信息或者样本标签的分类方法。它基于遥感影像中像素之间的统计特征、空间关系等进行聚类分析，将像素划分为不同的类别。非监督分类可以发现影像中潜在的地物类别，并对其进行标记，但无法提供明确的地物名称。它常用于对影像进行初步分析或者辅助验证监督分类的结果。

监督分类是在分类前人们已对影像样本区中的类别属性有了先验知识，进而利用这些样本类别特征作为依据和训练分类器(即建立判别函数)，将每个像元归并到相对应类别中去，进而完成整幅影像的类型划分(赵春霞和钱乐祥，2004)。监督分类是一种利用已知地物类别标签来训练分类模型，然后将该模型应用到遥感影像中对未知地物进行分类的方法。它需要人工提供一些具有代表性的样本和相应的类别标签，通过学习样本的特征和类别关系，模型可以自动推广到整个影像，实现地物分类。本实验对目前在景观生态学研究中运用最为普遍的监督分类方法及监督分类的预处理予以重点介绍。

➢ 步骤 1：打开 ENVI 软件，导入 Landsat-8 影像数据。

选择【File-Open...】，打开 Landsat-8 的头文件(后缀名为“_MTL. txt”)，加载 432 真彩色图(图 2-1)，导入“D:\data\classification\raw_data\LC81190422021270LGN00”路径下的

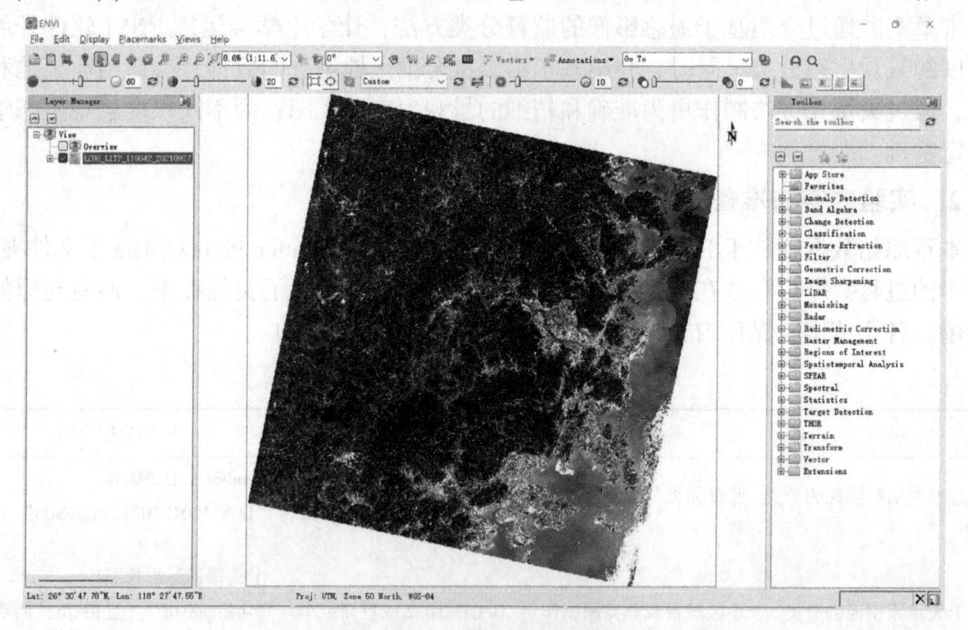

图 2-1 Landsat-8 影像图

注：可通过亮度、对比度、锐化等拉伸形式调整图像色彩。

“LC08_L1TP_119042_20210927_20211001_01_T1_MTL. txt”。

➢ 步骤 2：提取研究区。

首先，选择【File-Open...】，加载 D:\data\classification\raw_data\路径下研究区范围的矢量数据，导入福州市闽侯县行政边界文件“minhou. shp”(图 2-2)。

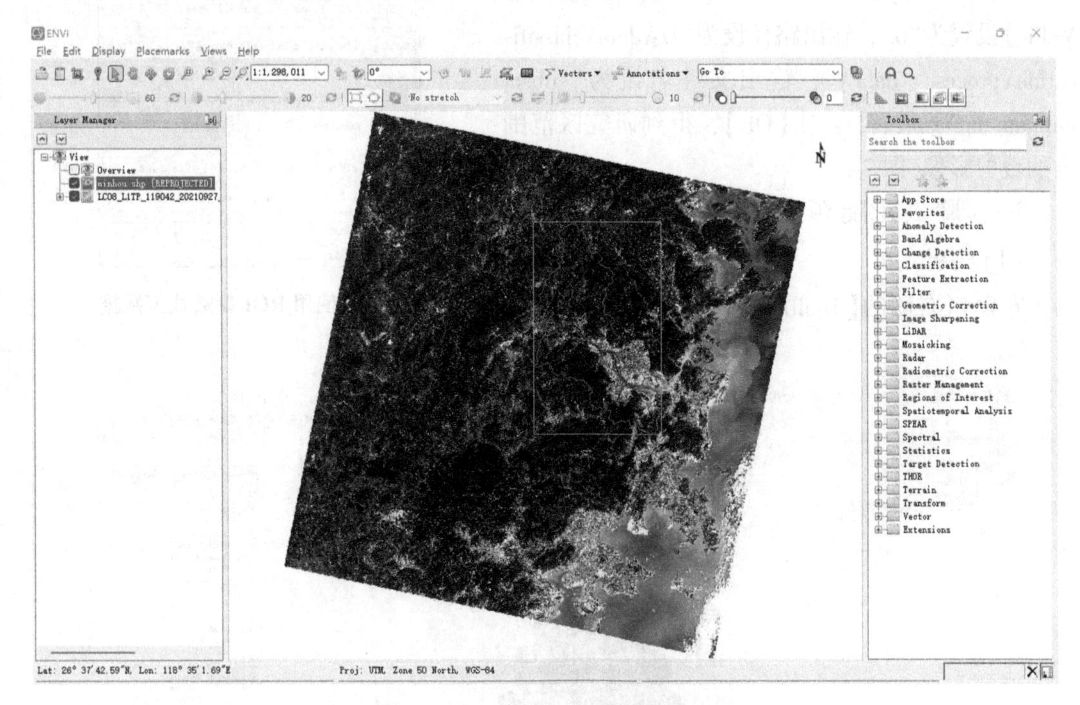

图 2-2　Landsat-8 影像研究区概况图

其次，在窗口右侧的【Toolbox】中选择【Regions of Interest—Subset Data from ROIs】。在弹出的窗口中，选择多光谱数据集(图 2-3)。

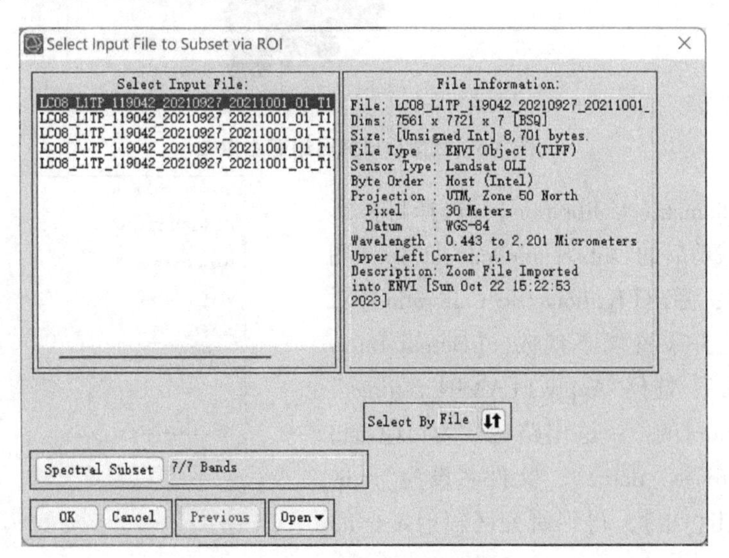

图 2-3　待裁剪遥感影像的选取

接着，点击【OK】，弹出【Spatial Subset via ROI Parameters】对话框(图 2-4)，在其面板中设置参数。点击“EVF：minhou. shp”；【Mask pixels outside of ROI?】选择“Yes”；【Mask Background Value】设置为“0”；输出路径设为“D:\data\classification\process_data\”，输出文件名设为“subset minhou. dat”。最后，点击【OK】，得到研究区范围内的裁剪影像(图 2-5)。

➢ 步骤 3：图像预处理。

(1)辐射定标

在窗口右侧的【Toolbox】中选择【Radiometric

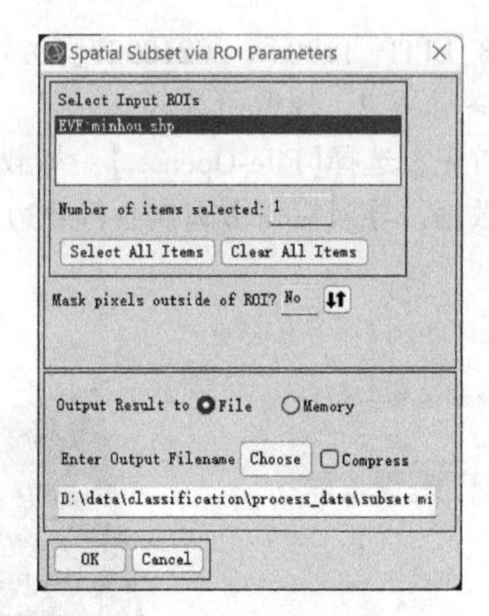

图 2-4 使用 ROI 参数裁剪数据

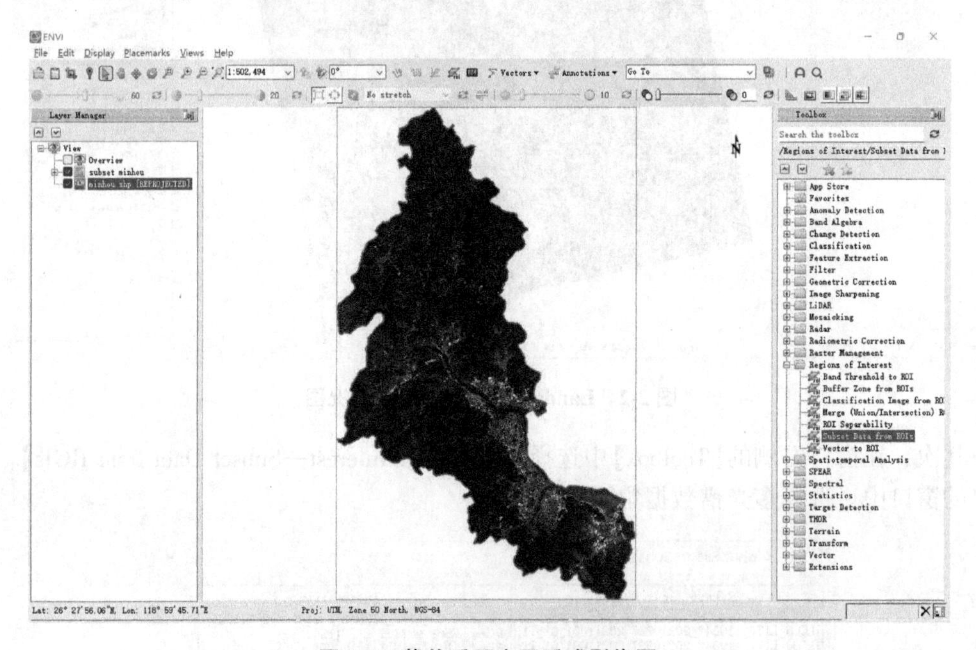

图 2-5 裁剪后研究区遥感影像图

Correction—Radiometric Calibration】，选择目标影像，本处选择裁剪后的“subset minhou. dat”影像图层，点击【OK】；弹出【Radiometric Calibration】对话框(图 2-6)，并设置以下参数：【Output Interleave】选择“BIL”；选择“Apply FLAASH Settings”获得【Scale Factor】的值；输出路径设为“D:\data\classification\process_data\”，文件名设为“radiance. dat”。点击【OK】，得到研究区辐射定标的影像(图 2-7)。

图 2-6 辐射定标参数设置

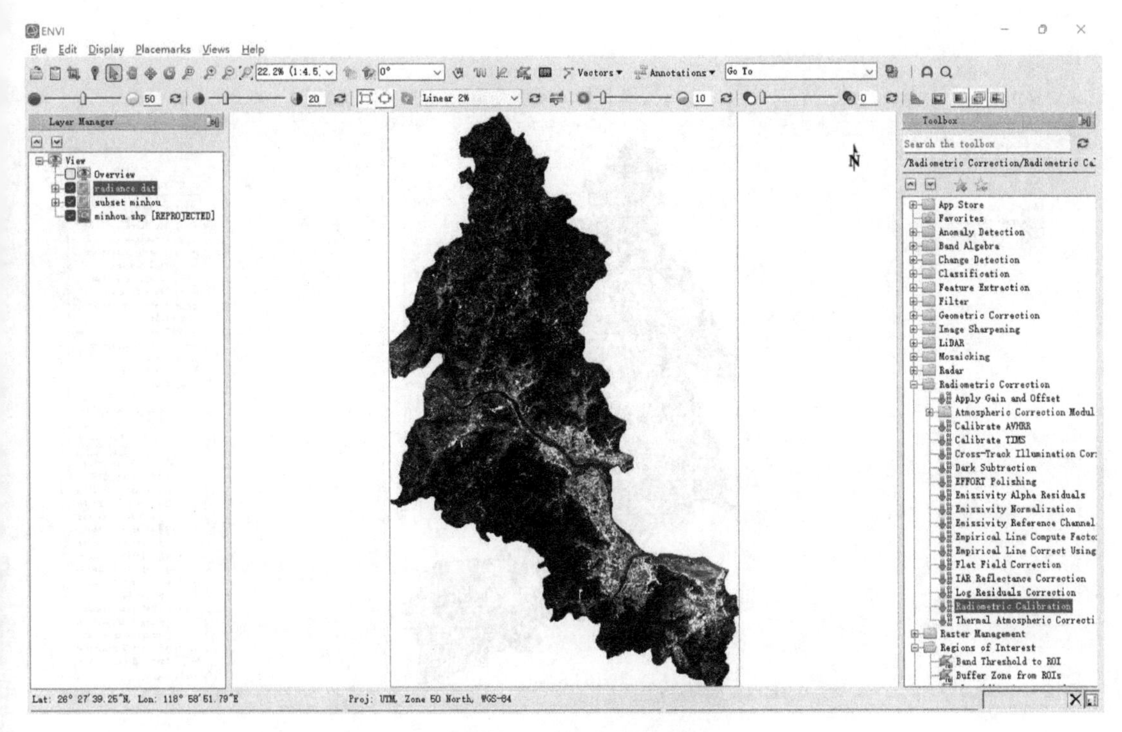

图 2-7　辐射定标结果图

(2)大气校正

在窗口右侧的【Toolbox】中选择【Radiometric Correction—Atmospheric Correction Module—QUick Atmospheric Correction (QUAC)】，点击辐射定标后的影像，本处选取“radiance. dat”，点击【OK】，在弹出的【QUAC】对话框中设置以下参数(图 2-8)：【Sensor Type】设置为“Landsat TM/ETM/OLI”；输出路径设为“D:\data\classification\process_data\”，文件名设为“flaash. dat”。点击【OK】，进一步得到大气校正后的影像(图 2-9)。

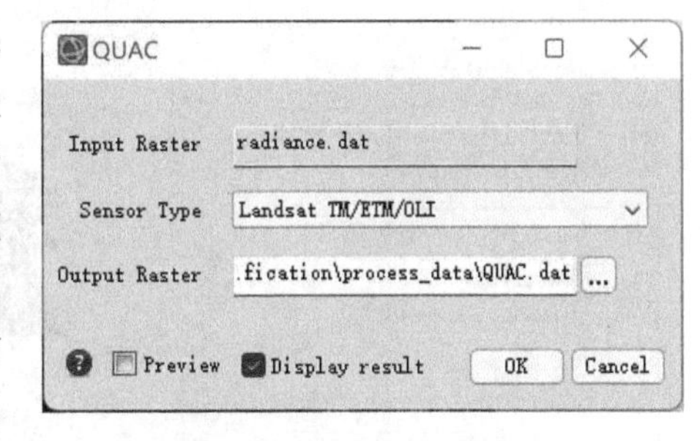

图 2-8　QUAC 参数设置

➢ 步骤 4：监督分类。

监督分类的方法有很多，比较简单的分类方法为最小距离分类法和最大似然分类法。这里以最大似然分类法为例。

第一，点击工具栏的【ROI】工具，弹出【region of interest(ROI) tool】对话框(图 2-10)，对遥感影像进行训练样本标记(练习时同一类样本最好有超过 20 个的训练样本)。

第二，标记训练样本。点击【ROI+】按钮，新建一个 ROI 空白层，并在【ROI Name】命名为地类分类类型(建议均采用英文命名)。为简化练习，本次操作仅将研究区景观类型划分为植被(vegetation)、水体(water)、建筑物(building)和裸地(barren)4 类。以植被为例，为训练样本进行多边形绘制。放大影像图，在【ROI】工具中选择多边形绘图工具，在判读

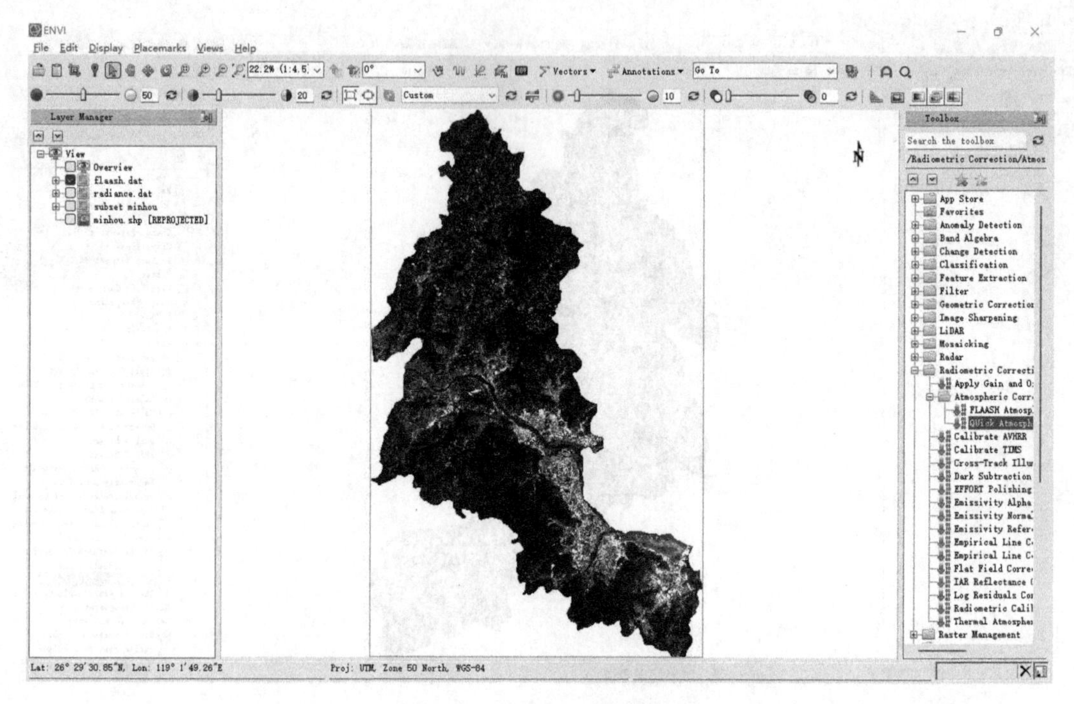

图 2-9　大气校正结果图

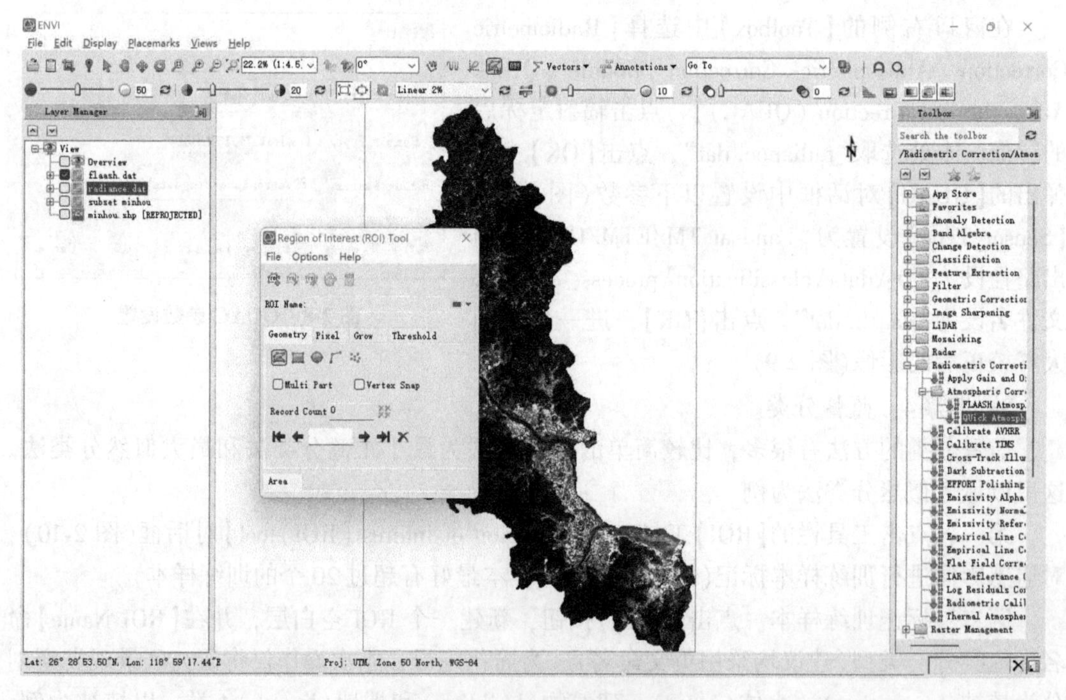

图 2-10　ROI 工具面板调出

为植被的区域绘制多边形，双击闭合(图 2-11)。重复多边形绘制，直至样本个数满足需求。在完成植被训练样本标记的基础上，可按照上述步骤新建 ROI，进行水体、建筑物、裸地等其他地类的训练样本标记(图 2-12)。

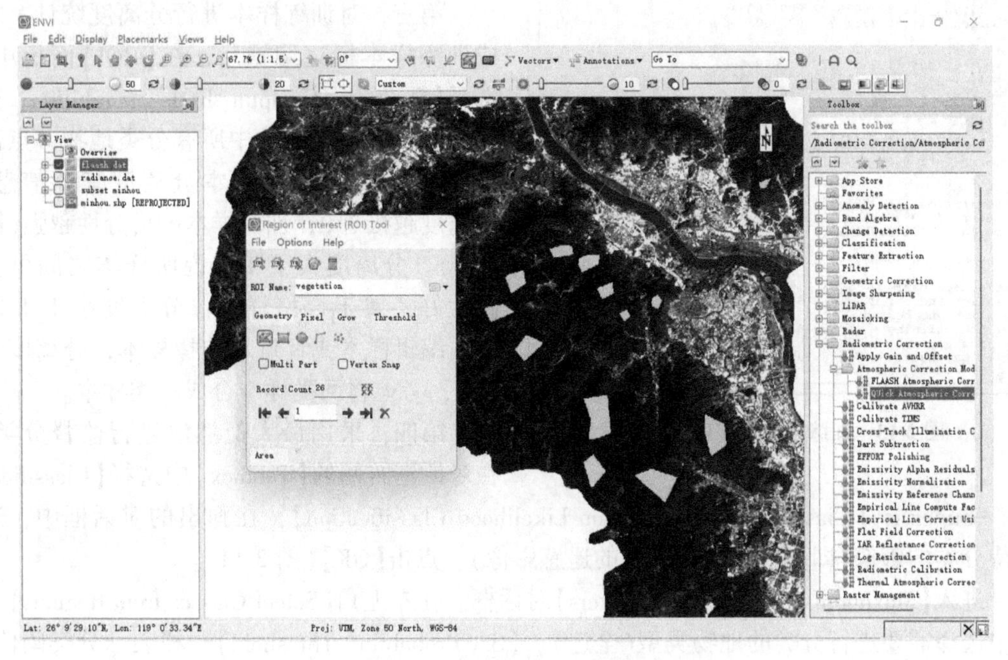

图 2-11　林地训练样本标记

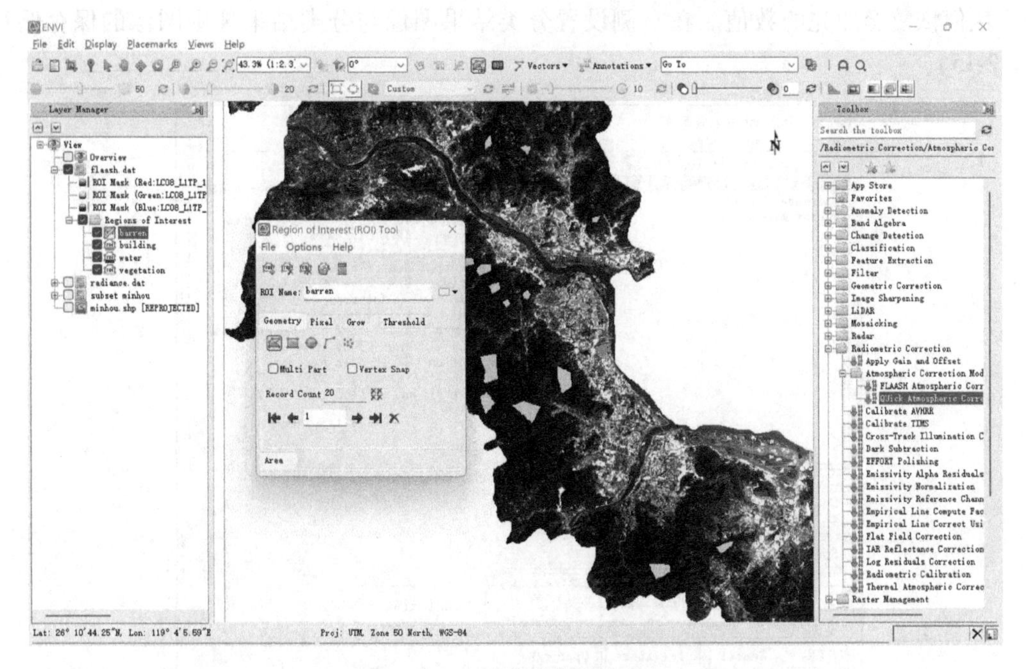

图 2-12　各地类训练样本标记

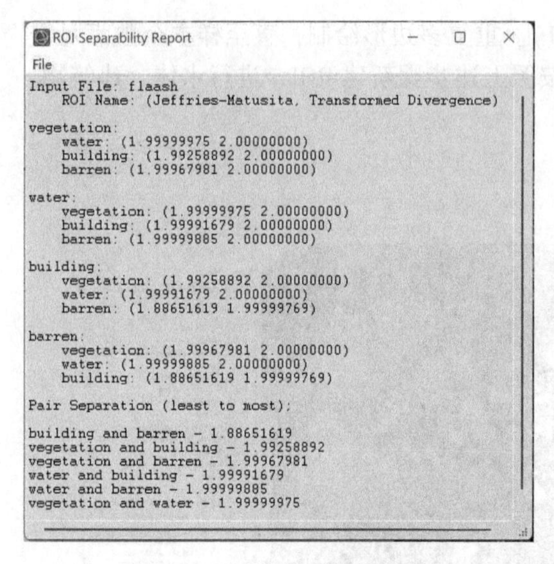

图 2-13　训练样本分离度统计信息

注意：在绘制过程中，可在【ROI】面板中，选择【File-Save】对训练样本进行保存(方便后续重新加载)。

第三，对训练样本进行分离度统计。完成训练样本标记编辑后，在【ROI】面板中，选择【Options—Compute ROI separability...】，在弹出对话框中，选中所有分类地物，点击【OK】，会出现训练样本分离度统计信息，分离度越接近2，训练样本的可分性越强(图2-13)。分离度大于1.9说明样本之间可分离性好，属于合格样本；分离度小于1.8，需要编辑样本或者重新选择样本；分离度小于1，考虑将两类样本合成一类样本。

第四，采用最大似然法进行监督分类。在对话框右侧的【Toolbox】中选择【Classification—Supervised Classification—Maximum Likelihood Classification】，在弹出的对话框中，选择待分类的影像(即步骤3预处理后的遥感影像)，点击【OK】(图2-14)。

进入【Maximum Likelihood Parameters】对话框。在左上角【Select Classes from Regions】一栏中选择需要进行分类的地物类型(全选)。【Set Probability Threshold】一栏表示分类阈值，小于指定可能性的像元都不参与分类。【Data Scale Factor】用以将带有缩放系数的遥感影像像元数值恢复至原先的数值。在右侧设置分类结果图像与分类结果规则图像的保存路径(图2-15)。

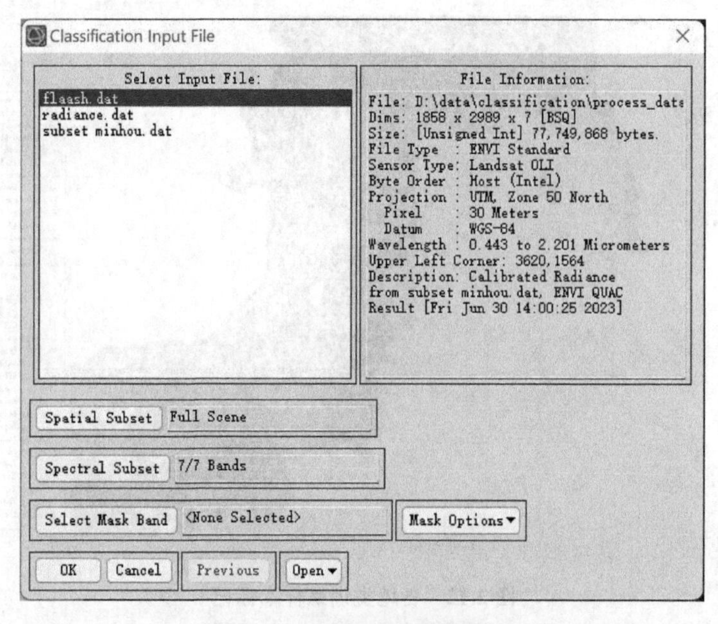

图 2-14　打开监督分类影像图

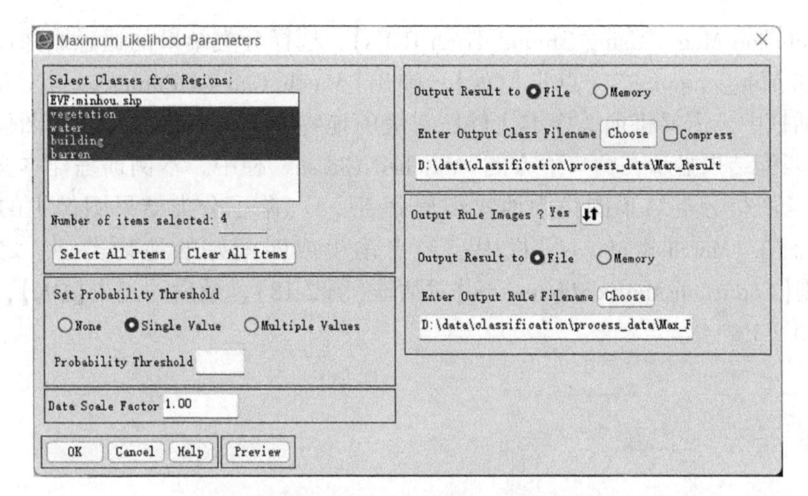

图 2-15 设置最大似然法监督分类参数

第五，分类影像生成。点击【OK】后，将生成监督分类的遥感影像(监督分类成果图的效果及质量与训练样本的选择和个数有密切关系，本处仅做操作步骤演示)。重新裁剪去除背景值，设置输出名称为“Max_Result_cropping”得到分类结果图(图 2-16)。

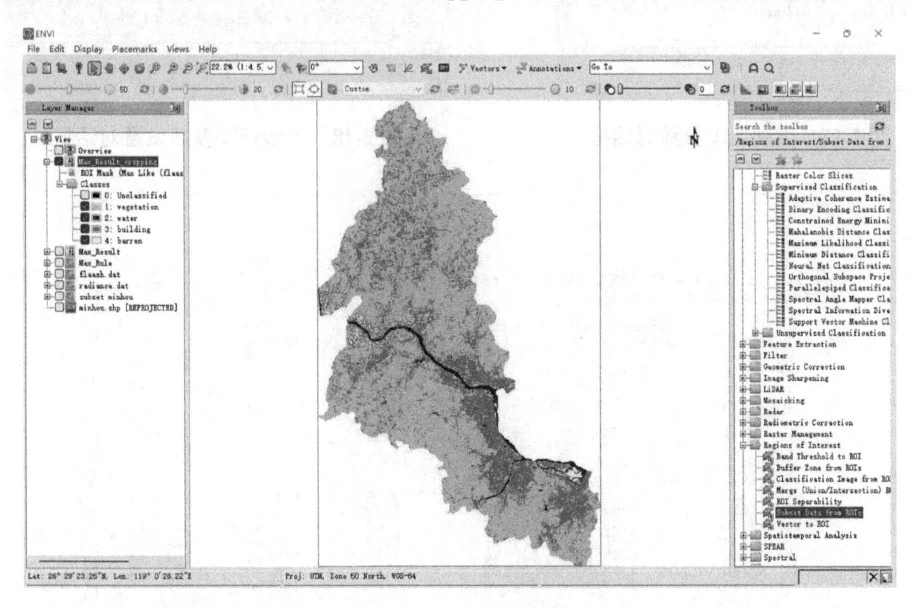

图 2-16 分类结果图

➢ 步骤 5：分类后处理。

分类后处理一般包括分类结果可视化、精度评估、类别选择与分割、特征选择和重分类、分类统计、修改各类别显示颜色等步骤。具体的处理内容可以根据自身的需求和数据特点进行调整和定制。

(1) 精度评估

导入保存的训练样本文件，在窗口右侧的【Toolbox】中选择【Classification—Post Classification—Confusion Matrix Using Ground Truth ROIs】，选择分类结果的遥感影像图层，本例选择“Max_Result_cropping”，点击【OK】。弹出【Match Classes Parameters】对话框(图 2-17)，在对话框中，需要将训练样本文件所对应的地物类型与所得分类结果图像中地物类型相匹配；匹配结果显示在窗口下方的“Matched Classes”栏中。本例训练样本文件所对应的地物类型与所得分类结果图像中地物类型命名一致(除了分类结果图像中的“Unclassified”)，因而在“Matched classes”栏中已经自动生成匹配好的地物类型。之后，点击【OK】，出现【Confusion Matrix Parameters】对话框(图 2-18)。最后，点击【OK】，获得精度评定报告(图 2-19)。

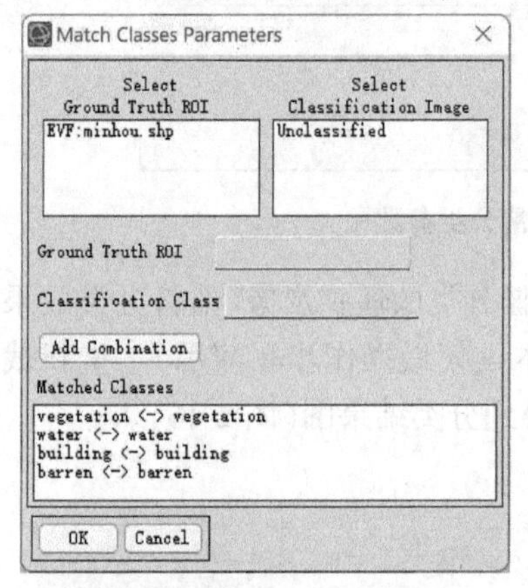

图 2-17　类别匹配参数对话框

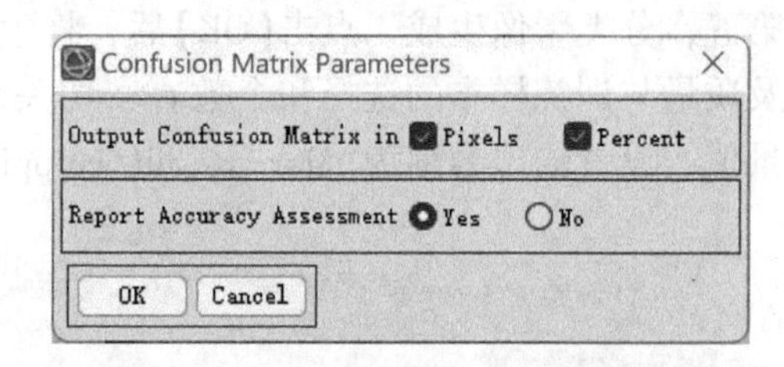

图 2-18　混淆矩阵参数设置对话框

Class Confusion Matrix

File

Overall Accuracy = (28943/29497) 98.1218%
Kappa Coefficient = 0.9552

Ground Truth (Pixels)

Class	vegetation	water	building	barren	Total
Unclassified	0	0	0	0	0
vegetation	21730	0	2	0	21732
water	0	3565	0	0	3565
building	418	31	2849	24	3322
barren	26	0	53	799	878
Total	22174	3596	2904	823	29497

Ground Truth (Percent)

Class	vegetation	water	building	barren	Total
Unclassified	0.00	0.00	0.00	0.00	0.00
vegetation	98.00	0.00	0.07	0.00	73.68
water	0.00	99.14	0.00	0.00	12.09
building	1.89	0.86	98.11	2.92	11.26
barren	0.12	0.00	1.83	97.08	2.98
Total	100.00	100.00	100.00	100.00	100.00

Class	Commission (Percent)	Omission (Percent)	Commission (Pixels)	Omission (Pixels)
vegetation	0.01	2.00	2/21732	444/22174
water	0.00	0.86	0/3565	31/3596
building	14.24	1.89	473/3322	55/2904
barren	9.00	2.92	79/878	24/823

Class	Prod. Acc. (Percent)	User Acc. (Percent)	Prod. Acc. (Pixels)	User Acc. (Pixels)
vegetation	98.00	99.99	21730/22174	21730/21732
water	99.14	100.00	3565/3596	3565/3565
building	98.11	85.76	2849/2904	2849/3322
barren	97.08	91.00	799/823	799/878

图 2-19　精度评定报告

(2) 最大最小值合并

在窗口右侧的【Toolbox】中，选择【Classification—Post Classification—Majority/Minority Analysis】，选择分类结果的遥感影像图层，本例选择"Max_Result_cropping"，点击【OK】。弹出【Majority/Minority Parameters】对话框(图 2-20)，在【Select Classes】中选择已分类类别，设置输出名称为"Max_Result_cropping_merge.dat"。点击【OK】，得到合并后的新图层(图 2-21)。

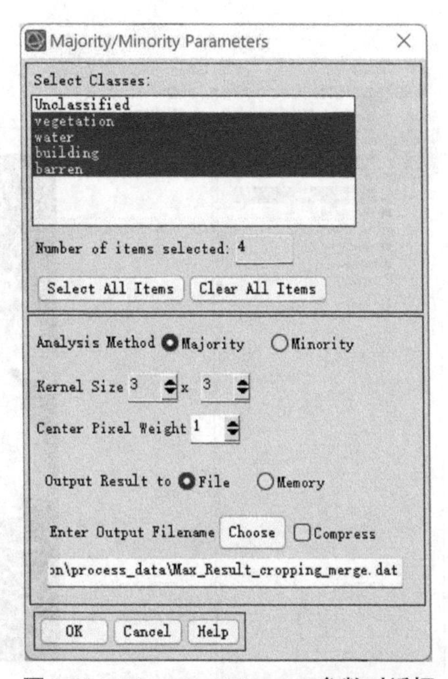

图 2-20　Majority/Minority 参数对话框

➢ 步骤 6：修改各类别显示颜色、制图。

启动 ArcMap，加载"Max_Result_cropping_merge.dat"文件(图 2-22)。右键点击"Max_Result_cropping_merge.dat"图层，在弹出的快捷菜单中点击【属性】，弹出【图层属性】对话框，点击【符号系统】，在【符号系统】界面中，选择【唯一值】，并做如下设置：右键点击"Unclassified"，在弹出的对话框中选择【移除值】，并根据需求更改颜色，点击【确定】，完成符号系统设置(图 2-23)。

接着，点击数据窗口左下角的【布局窗口】按钮，进入【布局】视图，调整数据框大小，使得数据图位于图纸中的合适位置。选择 ArcMap 菜单栏中【插入—图例】，弹出【图例】向导窗口，单击下一步进入详细设置，最后单击完成，将在布局视图中插入图例，并调整图

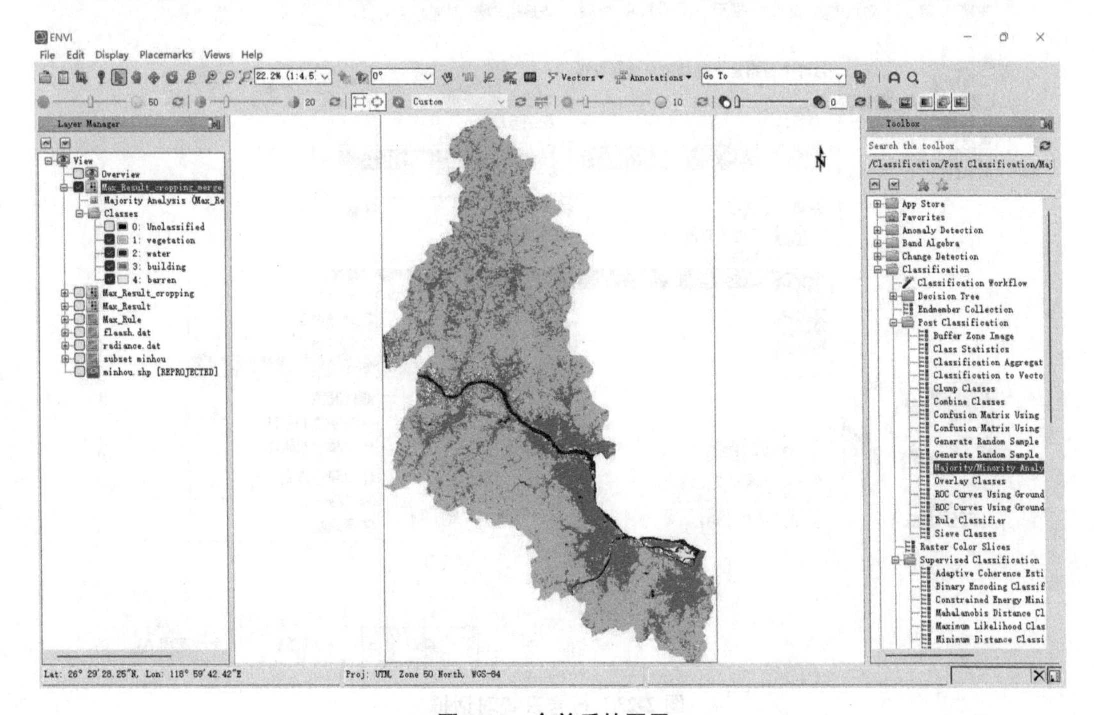

图 2-21　合并后的图层

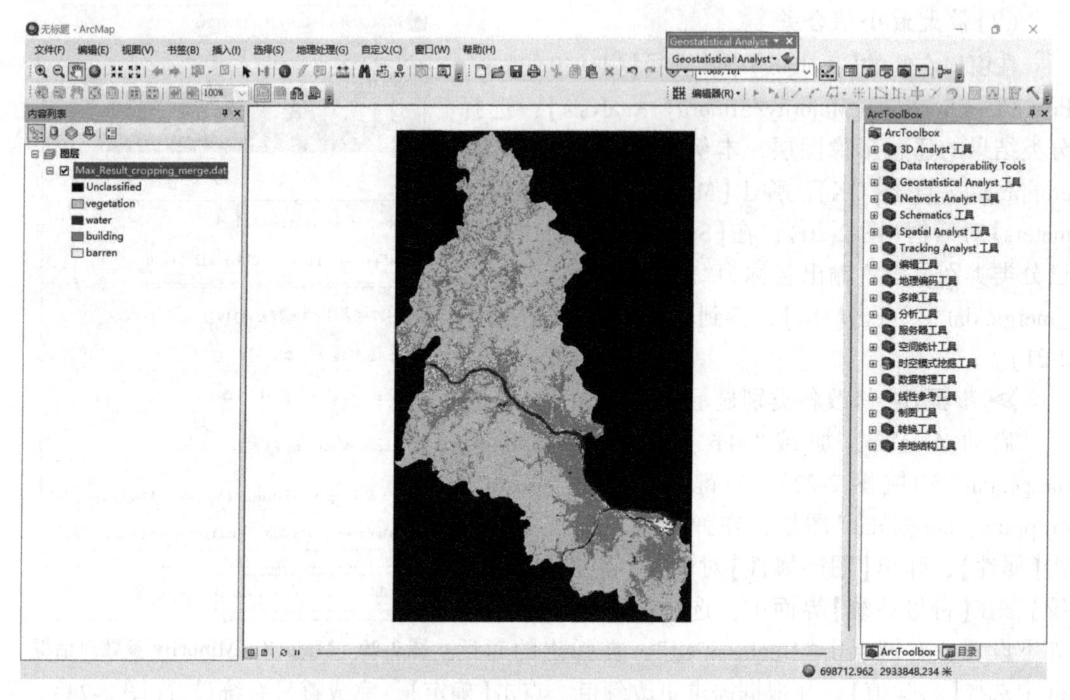

图 2-22 Max_Result_cropping_merge 显示界面

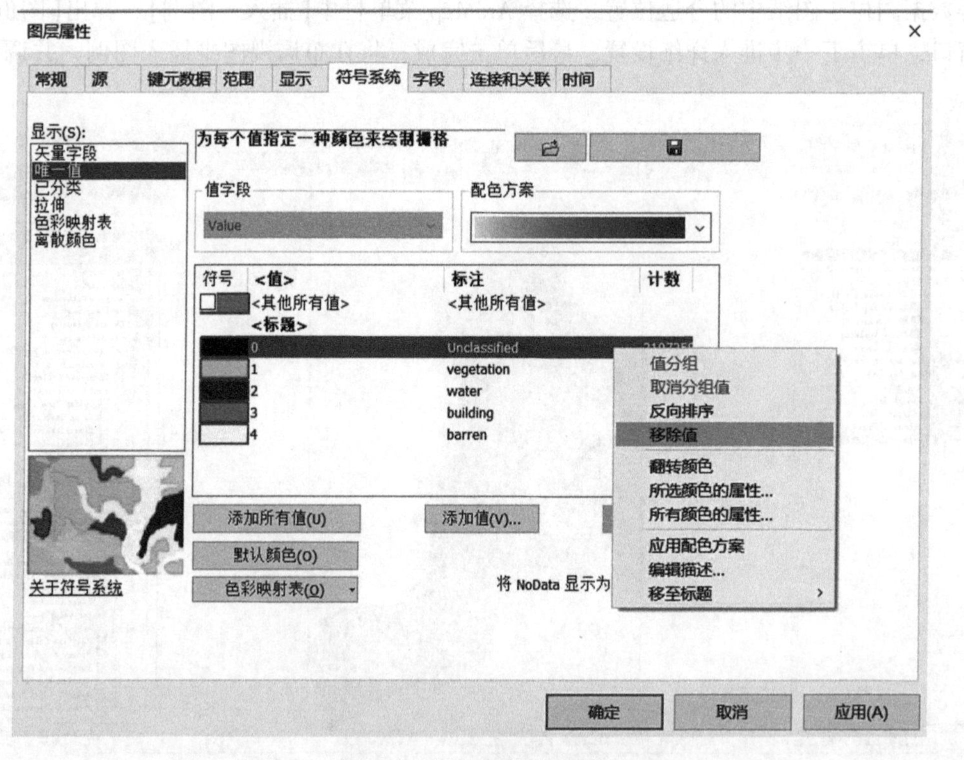

图 2-23 符号系统对话框

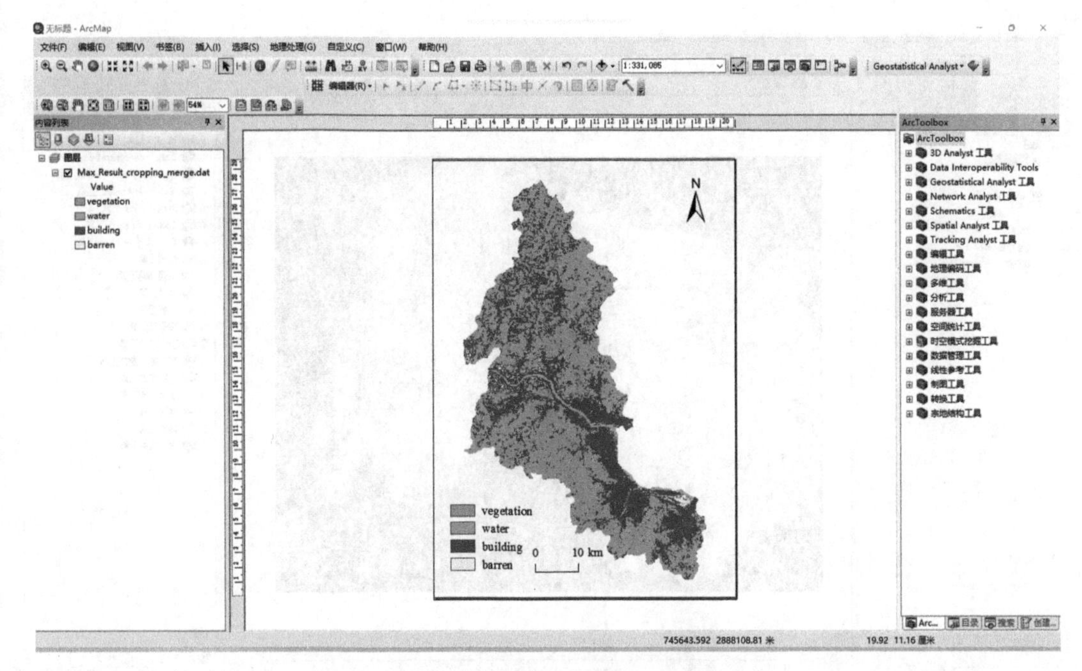

图 2-24　闽侯县土地利用专题图

例的大小和位置。以同样的方法，插入比例尺和指北针(图 2-24)。最后，在菜单栏中点击【文件—导出地图】，在导出地图窗口中将文件名命名为“闽侯县土地利用专题图 .jpg”，导出保存(分辨率选择 300dpi)，完成闽侯县土地利用专题图的制作。

2.3　基于矢量数据源的分类

当只有历史留下的纸质材料或者栅格影像时，需要利用相关软件(如 ArcGIS)进行数字化，参照景观分类标准对各要素进行赋值，最后完成历史时期的景观分布图。基于遥感影像并结合大量人工校对的全国土地调查数据库(二调数据已经公开，可以申请获得)，包含大量的矢量化数据源，为分析从二调时至今的景观格局变化研究提供了便捷。基于二调矢量数据源的校正与修改的景观生态分类，逐渐成为当前规划评价等工作的主流方法之一。

➢ 步骤 1：文件加载。

启动 ArcMap，加载“shangjie. tif”和“shangjie2d. mdb”数据库 dataset 下的 DLTB_ 2d 文件(文件路径 D:\data\classification\raw_data)。导入后如果发现两个图层有错位，可以通过“大地坐标系转换”(【工具箱—数据管理工具—投影和变换—定义投影】和【空间校正】)来调整。从图 2-25 可见，旧的地类数据与近期的影像存在较大差别，需要进行调整和校正。

➢ 步骤 2：校对和修改景观分类数据。

首先，参考 tif 影像图判读地表景观类型，应用 ArcGIS 软件的点、线、面编辑操作功能，对有变动的地类进行校对和修改，具体操作步骤可参考 ArcGIS 软件自带的帮助文档。这里以景观分类校对中常用地类的合并和分割操作为例。

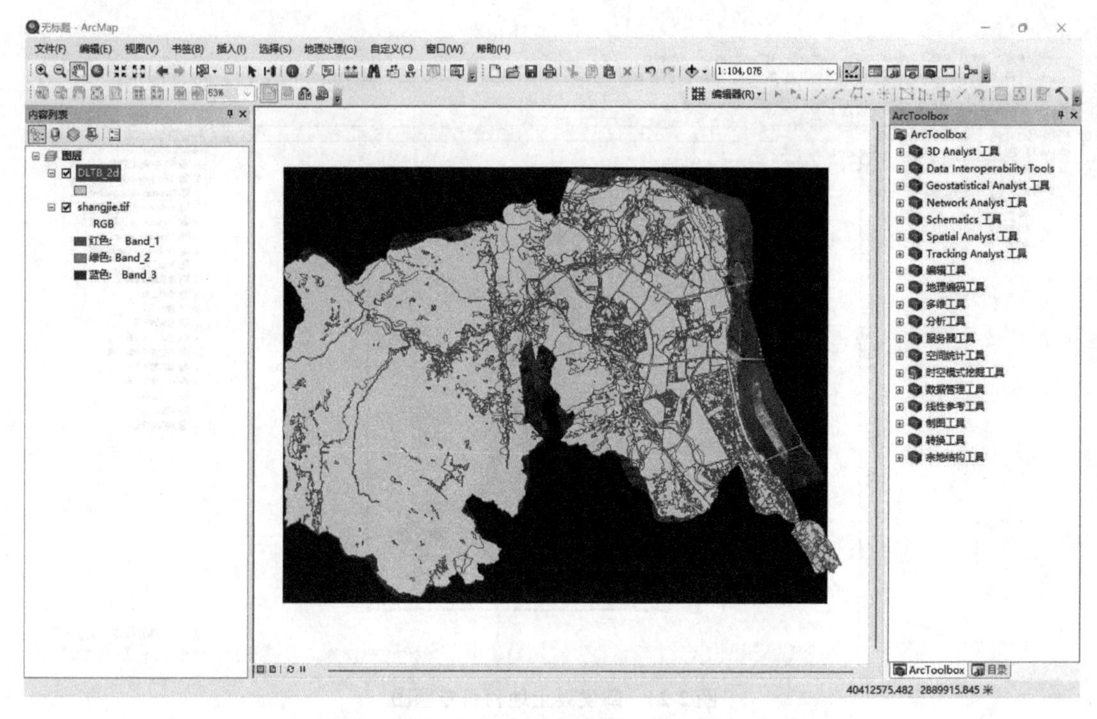

图 2-25　打开上街镇原始数据库

(1) 地类的合并

相邻地块景观相同，选中相邻地块后点开【编辑器】进行【合并】操作(图 2-26)。

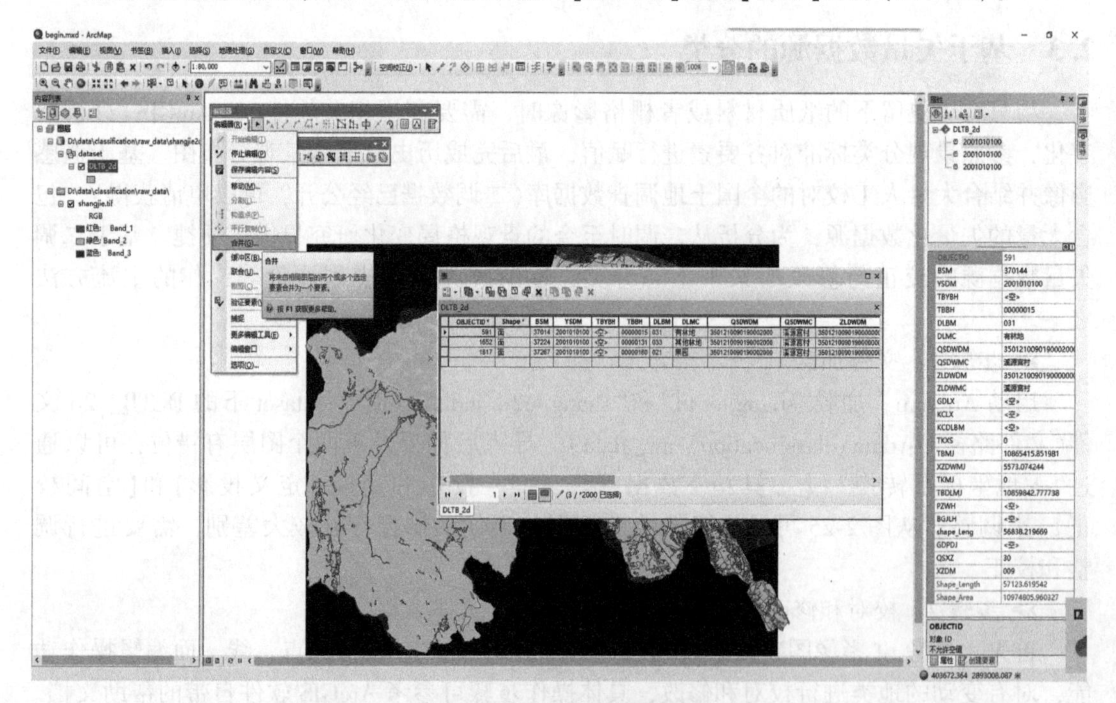

图 2-26　合并相同类型地类

(2) 地类的分割

首先，选中要分割的面，点击【编辑器—裁剪面工具】，选择【直线段】或【端点弧段】工具，勾绘分割线，右键点击【完成草图】完成地类分割(图 2-27)。

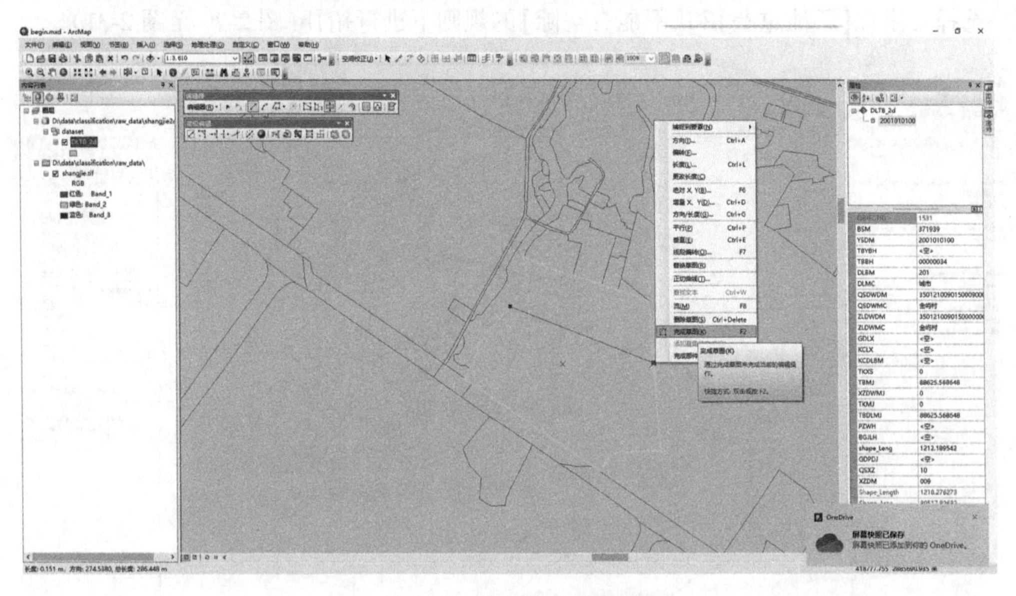

图 2-27　地类的分割拆分

其次，右键点击“DLTB_2d”图层，在弹出的快捷菜单中点击【打开属性表】，按照属性选择各个村的代码，并导出各个村庄。参照《国土空间调查、利用、用途管制、用地用海分类指南》，对上街镇用地进行重新分类，新建字段“YDYHFLMC”和“YDYHFLBM”来存储新分类名称和新分类编码(图 2-28)。

B_2102

ZLDWDM	ZLDWMC	xzcdm	YDYHFLMC	YDYHFLBM	Shape_Length	Shape_Area
350121108210000000	溪源宫村	210	村道用地	060101	29008.56128	147007.743567
350121108210000000	溪源宫村	210	农村宅基地	0703	314.871911	4788.147747
350121108210000000	溪源宫村	210	乔木林地	0301	1812.685989	73865.407904
350121108210000000	溪源宫村	210	河流水面	1701	9056.761054	114059.132848
350121108210000000	溪源宫村	210	乔木林地	0301	1370.342837	55584.046264
350121108210000000	溪源宫村	210	村道用地	060101	747.181705	2813.568378
350121108210000000	溪源宫村	210	农村宅基地	0703	384.269746	7913.858688
350121108210000000	溪源宫村	210	农村宅基地	0703	477.654729	6711.2025
350121108210000000	溪源宫村	210	村道用地	060101	4734.368999	14162.775974
350121108210000000	溪源宫村	210	农村宅基地	0703	639.022037	10437.881853
350121108210000000	溪源宫村	210	村道用地	060101	1606.515905	4051.669236
350121108210000000	溪源宫村	210	村道用地	060101	1676.432754	8224.070469
350121108210000000	溪源宫村	210	河流水面	1701	2510.28366	17950.8444
350121108210000000	溪源宫村	210	乔木林地	0301	1464.210746	42534.016415
350121108210000000	溪源宫村	210	河流水面	1701	1399.048125	9756.710454
350121108210000000	溪源宫村	210	农村宅基地	0703	995.944293	16773.540757
350121108210000000	溪源宫村	210	农村宅基地	0703	270.021543	2211.155329
350121108210000000	溪源宫村	210	农村宅基地	0703	277.453595	3099.692867
350121108210000000	溪源宫村	210	乔木林地	0301	15136.402843	3696277.625118
350121108210000000	溪源宫村	210	乔木林地	0301	3070.847729	450500.051384
350121108210000000	溪源宫村	210	河流水面	1701	3218.45036	16730.981111
350121108210000000	溪源宫村	210	乔木林地	0301	691.707545	19813.477801
350121108210000000	溪源宫村	210	乔木林地	0301	296.248815	3064.790759
350121108210000000	溪源宫村	210	乔木林地	0301	1851.635907	114343.79639
350121108210000000	溪源宫村	210	村道用地	060101	2195.424739	12230.904385
350121108210000000	溪源宫村	210	河流水面	1701	3438.585484	109349.223187
350121108210000000	溪源宫村	210	防护绿地	1402	1255.558264	44651.455068
350121108210000000	溪源宫村	210	村道用地	060101	735.864368	2083.031953
350121108210000000	溪源宫村	210	农村宅基地	0703	535.772661	12534.546972

图 2-28　合并完成并修改好用地用海编码的图斑属性表

➢ 步骤 3：拓扑检验。

对用地类型进行重新分类后，为避免数据重复存储，便于查询和检索，需要对数据进行拓扑检验。右键点击右侧目录内“dataset”，在弹出的快捷菜单中点击【新建—拓扑】，再逐一选择要素在【不能重叠】和【不能有空隙】的规则下进行拓扑(图 2-29 至图 2-31)。

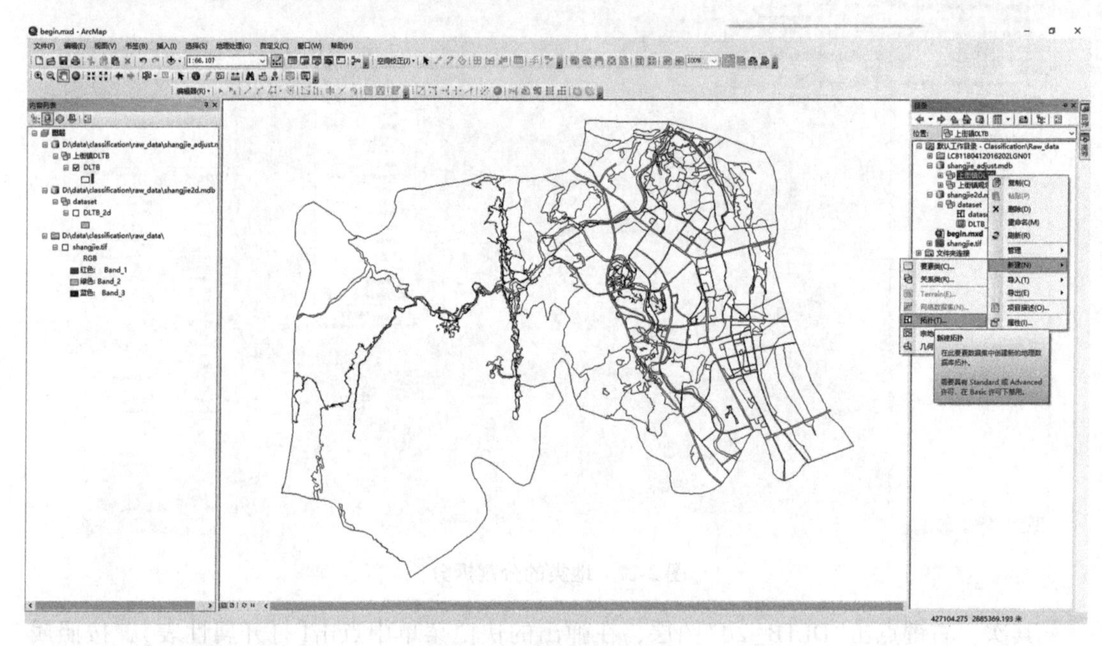

图 2-29　对数据进行拓扑

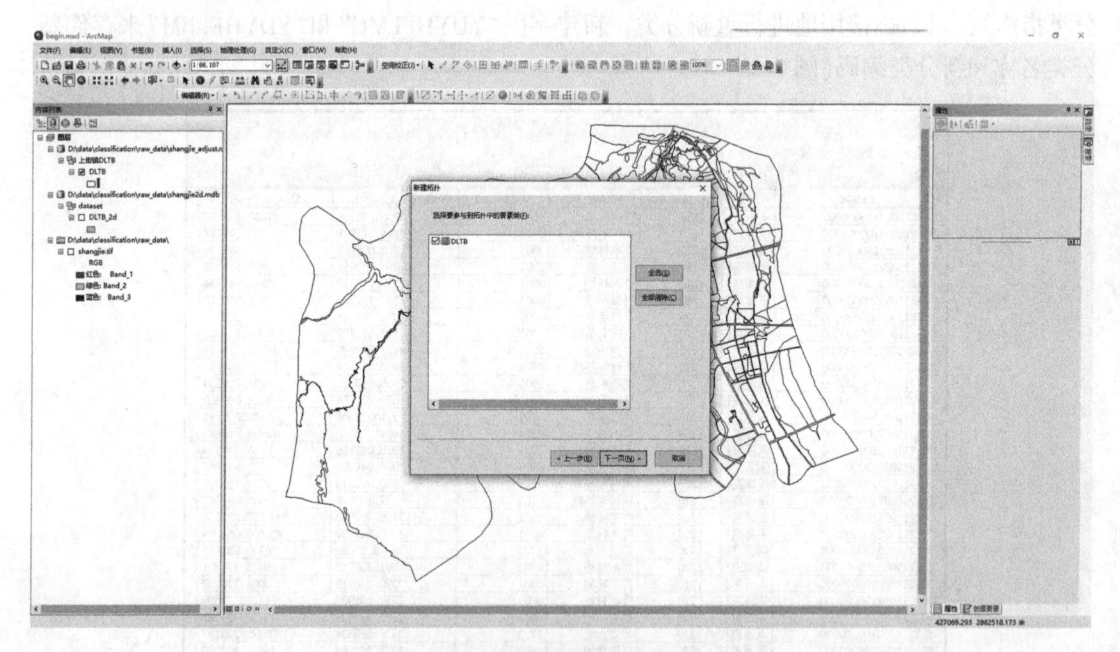

图 2-30　选择要进行拓扑的图层

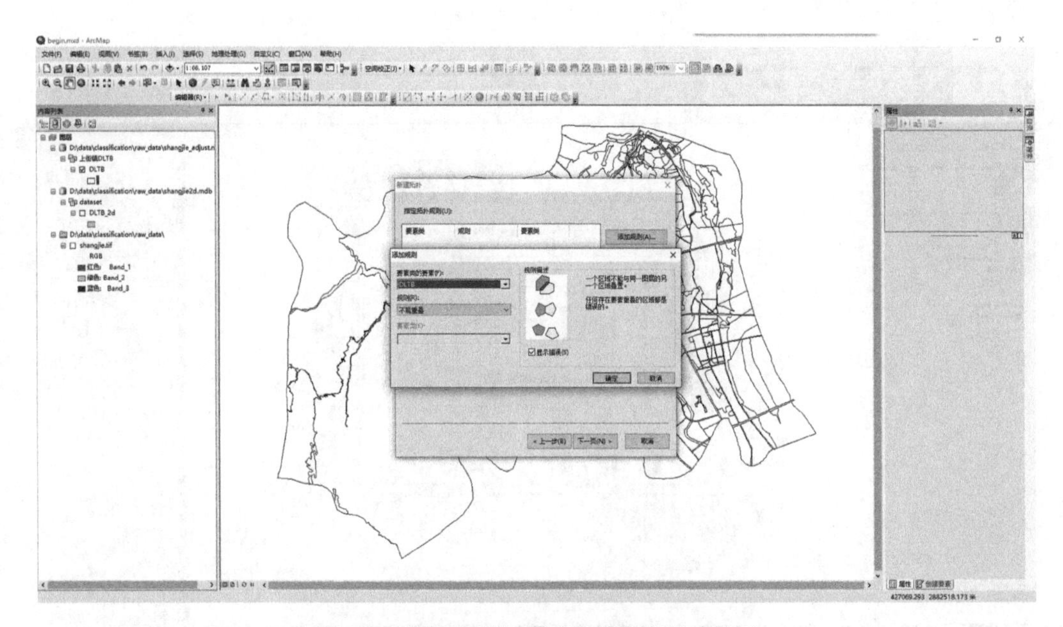

图 2-31　添加不能重叠或不能有空隙的规则

注：在拓扑过程中，删除重叠部分等操作后，其标红部分仍存在；会多次导出数据进行拓扑，直至无重叠、无空隙。

➢ 步骤4：分类填色，生成景观分类图。

参照自然资源部发布的《市级国土空间总体规划制图规范(试行)》中的附录B用地用海分类配色指引表，为每个地块进行填色。右键点击“DLTB”图层，在弹出的菜单中点击【属性—符号系统】，选择【类别】，然后在符号选择器中改变RGB值来调整地块的颜色，操作步骤如图2-32至图2-34所示，这里不再赘述。

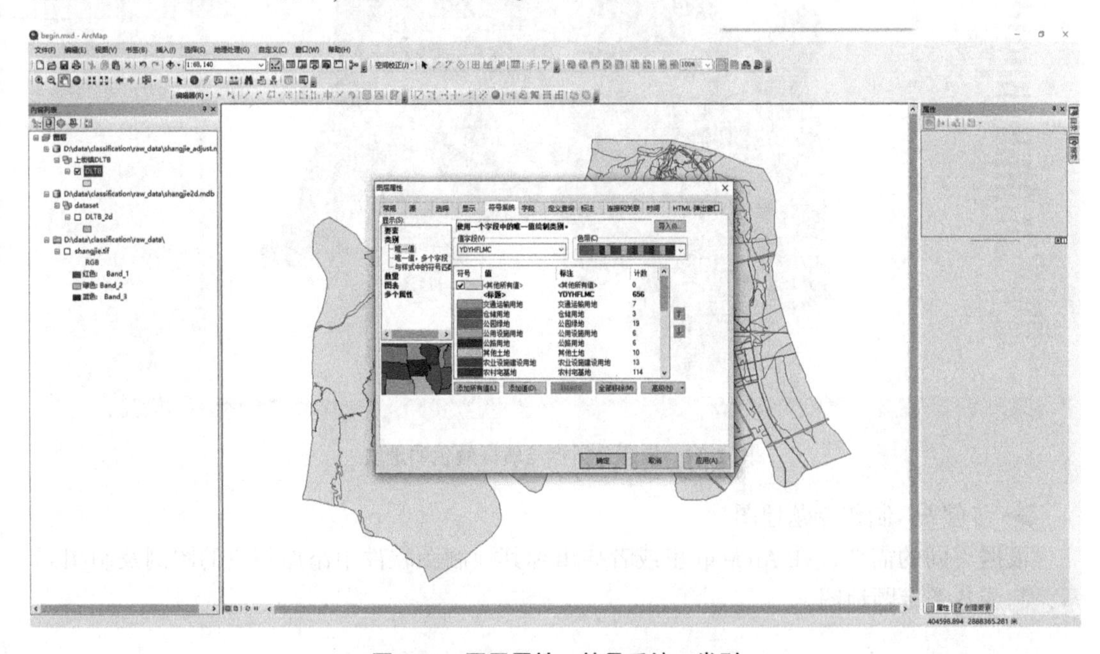

图 2-32　图层属性—符号系统—类别

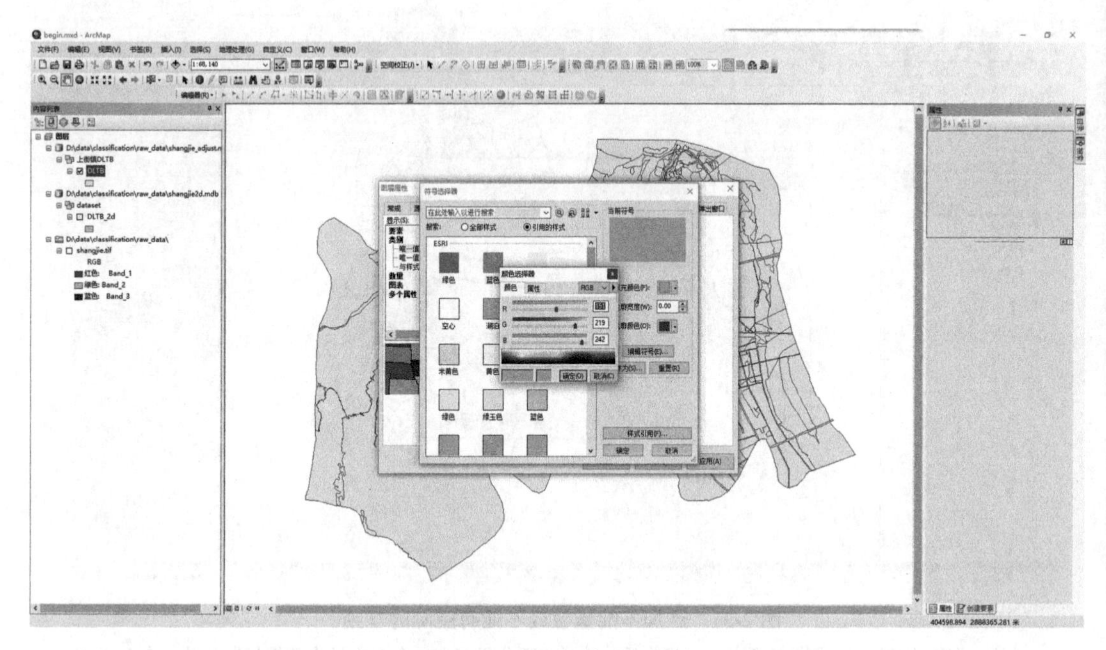

图 2-33　双击图块进行修改

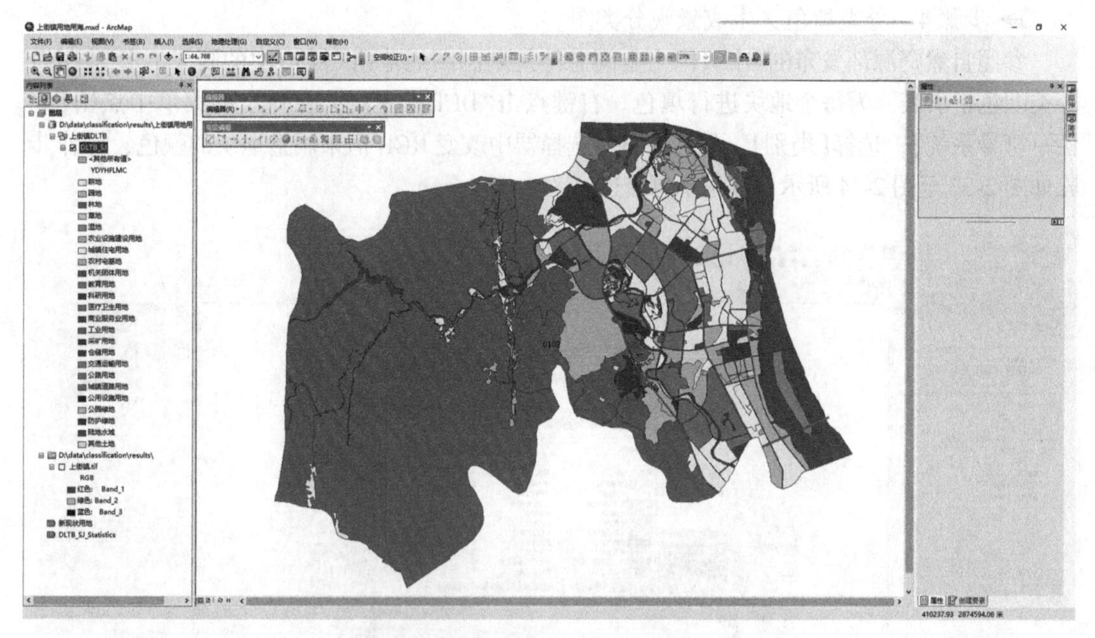

图 2-34　按照分类标准填好颜色的地块

➢ 步骤 5：制作专题地图。

根据不同的需要，在 ArcMap 里或者导出到其他制图软件中添加相应的图例及制图元素，制成各类专题地图。

本章小结

本章练习的监督分类相对非监督分类显得目的更为明确，其主要优点表现在，可以根据分类需要选择不同的光谱组合影像，并利用先验知识，有选择地决定分类类别，避免出现不必要的类别；可以通过增大样本量及反复检验训练样本来提高分类精度。然而，监督分类需要前期拥有大量准确的训练样本，而这些还是主要依靠人力来标注、评估、检验完成。因此，监督分类需要一定的训练样本积累，若某类别由于未被定义，则监督分类不能识别；再则，训练样本的选取和精准度评估也受个人的技术及经验影响。另外，对非监督分类感兴趣的读者亦可通过使用 ENVI 的非监督分类器(ISODATA 和 K-Means)自行学习。

相对于直接利用遥感影像数据进行非监督分类或监督分类，基于已有矢量数据源的景观分类，分类目标明确，具有更高的分类精度和评估价值。基于历史资料的土地类型数据库的修改和校正是当前景观规划与设计中常用的一种分类方法，由于规划范围较小，可以通过人工目视判读对原有的景观地类进行修改更正，但也需要花费大量的人力和时间，且受个人操作精度的影响。

景观生态分类是综合考虑土壤、植被、地质、地貌、水文、气候等多个要素的科学过程，由于目前不同部门对各景观要素的界定及所采用的分类标准不一致，导致最后的结果不易于比较和应用。因此，只有基于跨学科、跨部门的交流合作才能够更加有效地实现景观生态分类，并且也有利于资源的综合管理。未来要以发展的眼光看待景观分类的方法和工具，积极引入计算机新技术和新方法(例如，ENVI 5.6 新增的机器学习模块以及 Google Earth Engine、PIE Engine 等云端运算平台)，使景观生态分类技术不断发展，不断提高景观生态分类结果的准确度、精确度和效率。

思考题

1. 基于不同卫星来源的遥感影像图的分类结果是否不同？实际工作中如何选择不同来源的遥感影像？

2. 遥感影像图的预处理是否会影响分类的精度？如何提高分类质量？

3. 本章针对基于栅格的遥感影像和基于矢量的数据图件所采用方法的优劣势是什么？现实工作中如何选取合适的方法？

第3章 景观格局与变化分析

3.1 实验目的与准备

3.1.1 实验背景与目的

景观空间格局与生态过程的关系是景观生态学研究的一个核心问题。研究景观的结构或空间格局是研究景观功能和动态的基础，因此，应定量分析景观的空间结构特征。分析景观空间结构一般包括几个基本步骤：收集和处理景观数据(野外调查数据、遥感影像等)，然后将景观数字化，并采用合适的格局研究方法进行分析，最后对分析结果加以解释和综合(邬建国，2007)。景观生态学中的空间分析方法有多种，它们适用于不同的研究目的和数据类型。这些方法大致可以分成两类：格局指数法和空间统计学方法。前者主要用于类型变量(如土地利用/覆盖类型)，后者主要适用于连续变量(如生物量)。本章对景观格局指数法及其应用做简要介绍。

景观结构和格局会在各类自然和人为驱动因素作用下发生改变。人类活动作为景观变化的一个重要驱动，尤其在当前城市化加速的进程中，土地利用的变化非常迅速。本章练习使用北京市2000、2010、2020年3期土地利用数据，借助景观格局分析软件Fragstats分析其景观格局变化，并进一步计算土地利用变化速率，结合相关研究成果，对研究地区的景观格局变化趋势和原因给出解释。通过一阶空间马尔可夫模型预测未来土地利用变化趋势。

3.1.2 实验内容与准备

本章练习的原始数据分别存放在路径 D:\data 路径下文件夹名为 pattern_analysis 的 raw_data 子文件夹中；操作中的过程数据可存放在该操作主题下新建的 process_data 子文件夹中，避免与原始数据混淆。各小节实验操作内容、前期准备和数据概况详见表3-1。

表3-1 实验主要内容一览表

项目	具体内容	相关软件与工具准备	原始数据介绍
景观指数计算	常用景观指数选择及其计算过程	Fragstats 4.2 版本；ArcGIS 10.2 或更高版本	北京主城区“beijing2000.tif”，“beijing2010.tif”和“beijing2020.tif”3个tif文件
区域土地利用变化分析	土地利用变化速度指标计算过程	Excel 2017 或其他版本	上一项练习中计算得到的景观CA指数计算结果数据
土地利用变化转移矩阵	不同时段间土地利用变化转移矩阵计算过程	ArcGIS 10.2 或更高版本；Excel 2017 或其他版本	北京主城区“beijing2000.tif”，“beijing2010.tif”和“beijing2020.tif”3个tif文件
景观的变化与预测	一阶空间马尔可夫模型运行过程	R语言软件	上一项练习中计算得到的土地利用变化转移矩阵

3.2　景观指数的计算

3.2.1　Fragstats 软件概述

Fragstats 有两个版本，矢量版本运行在 ArcView 环境中，接受 shp 格式的矢量图层；栅格版本可以接受 ArcInfo、二进制图形、ERDAS 等多种格式的格网数据。两个版本的区别在于：栅格版本可以计算最近距离、邻近指数和蔓延度，而矢量版本不能；对边缘的处理上，由于格网化的地图中，斑块边缘总是大于实际的边缘，因此栅格版本在计算边缘参数时，会产生误差，这种误差依赖于网格的分辨率。Fragstats 栅格版本可以计算多达 277 个景观指标，其中斑块水平指数 22 个、类型水平指数 123、景观水平指数 132 个，但许多指标之间都是高度相关的。

2023 年，Fragstats 官网更新(https://fragstats.org/index.php)，增加了很多格局分析相关内容的介绍，软件下载、学习和使用更加方便；原来的 32 位软件也升级为 64 位软件(4.2 版本)，软件性能大幅度增强。本文使用的是 Fragstats 4.2 的 32 位版本(图 3-1)，新旧版本只是界面有所不同，基本操作程序是一致的。学习者要理解操作的原理，做到即使版本更新了也仍然会使用。

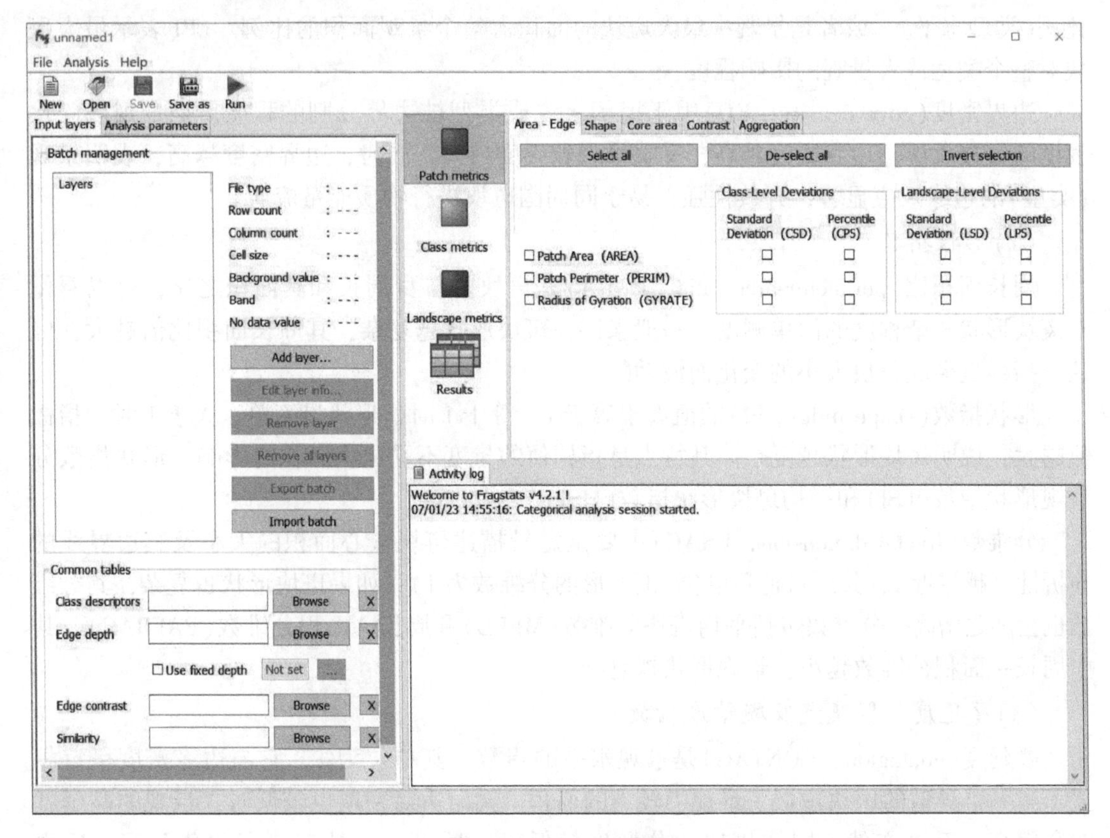

图 3-1　Fragstats 界面

栅格版本的Fragstats，其运行环境要求ArcGIS Workstation的支持，还要求ArcGIS的Spatial Analyst模块支持。对于ArcGIS10.0版本，Fragstats需要安装3.4以上版本。如果Fragstats不能正常运行，检查ArcGIS的licence是否已经启动(【我的电脑—右键—计算及管理—服务和应用程序—服务—arcgis licence manager—启动此服务】)。如果ArcGIS的spatial analyst tool不能运行，检查ArcMap的菜单【自定义—扩展模块—勾选Spatial Analyst】。

运行Fragstats，可以看到它的基本界面(图3-1)，包括主界面、运行参数设置界面、指标选择界面、结果浏览界面。各部分具体的功能将在后续的练习中介绍。

3.2.2 Fragstats常用景观指数

景观格局指数很多，这里简单介绍几种常用的景观指数，更多的指数可以参见Fragstats的帮助菜单和景观格局分析的相关文献。

(1)面积及边界指数

斑块平均面积(mean patch size，MPS)包括整个景观的斑块平均面积(MPS)和单一景观类型的斑块平均面积(MPS_i)，可用来描述景观粒度，在一定意义上揭示景观破碎化程度。

最大斑块指数(largest patch index，LPI)指某类型中最大斑块的面积占整个类型面积的比例(类型水平)，或者是景观中最大斑块的面积占整个景观面积的比例。LPI表示最大斑块对整个类型或者景观的影响程度。

边界密度(edge density，ED)用于揭示景观或类型被边界分割的程度，是景观破碎化程度的直接反应，边界密度越高，反映景观破碎度越大。同时，边界密度越高，表明景观(类型)的边缘效应显著，开放性强，易于同周围斑块进行物质能量流通。

(2)形状指数

周长面积比(perimeter-area ratio，PARA)是斑块的自身周长和其面积之比，可以看作对斑块形状复杂程度的简单测度。一般来讲，斑块形状越复杂，其周长面积比值越大，但这个指标也会随斑块大小的变化而波动。

形状指数(shape index，SI)的值大于等于1。等于1时，形状最简单；大于1时，指标值越大，说明斑块形状越复杂。其特点是指标值的量度不受斑块面积的影响。形状指数分景观形状指数(LSI)和平均斑块形状指数(MSI)。

分维数(fractal dimension，FRAC)主要是定量描述斑块核心面积的大小及其边界线的曲折性。越靠近1，其形状越简单(如正方形的分维数为1)；如果斑块形状越复杂，其分维数也会随之增高。分维数包括平均斑块分维数(MPFD)和周长—面积分维数(PAFRAC)，其中周长—面积分维数越小，景观形状越复杂。

(3)蔓延度、聚集度及凝结度指数

蔓延度(contagion，CONTAG)是景观水平的指数，其单位为%，它与边缘密度呈负相关。当一个类型的斑块占据了景观中较大的面积，同时边缘密度也较低时，景观的蔓延度就会很高；反之亦然。同样斑块的分散度较低时，景观也会具有较高的蔓延度；反之亦然。

聚集度指数(aggregation index，AI)来源于斑块类型水平上的邻近矩阵的计算，在景观水平上则是通过各个类型斑块面积加权平均计算而得。就斑块类型水平而言，景观中的同类型斑块呈最大程度的离散分布时，其聚集度为0；当此类型斑块聚集得更加紧密时，聚集度也随之升高；当景观中的此类型斑块被聚合成一个单独的、结构紧凑的斑块时，聚集度为100。测量这一个景观的聚集度可以解释该景观组分可能的最大邻近度。聚集度只计算同类型斑块的邻近程度，而不反映不同类型的邻近程度。

景观凝结度指数(COHESION，也称景观导度指数)是测量景观类型的空间连接度的指数、值越大，说明景观的空间连通性越高。

(4)多样性、均匀度、优势度及破碎度指数

香农多样性指数(Shannon's diversity index，SHDI)反映景观要素的多少及各景观要素所占比例的变化。当景观由单要素构成时，景观是匀质的，其多样性指数为0；随着景观类型的增加，或者随着不同类型的景观分布更加均衡，多样性指数也会随之上升，当各景观类型所占比例相等时，其景观多样性最高；如果各景观类型所占比例差异增大，则景观的多样性下降，取值范围大于等于0。

优势度指数(landscape dominance index，LDI)描述总景观格局中某种或某些景观类型支配景观的程度，反映了景观多样性与最大多样性的偏差。优势度指数大，表明景观只受一个或少数几个类型所支配；优势度指数小，表示各种景观类型所占比例大致相当；优势度指数为0，表示组成景观各种景观类型所占比例相等，或景观完全均质，即由一种景观要素类型组成。

香农均匀度指数(Shannon's evenness index，SHEI)和优势度指数一样，也是描述景观由少数几个主要景观类型控制的程度，这两个指数可以彼此验证。没有单位，范围介于0到1之间。当整个景观中只有一个斑块时，指数为0；整个景观中的分布极不均衡时，指数接近于0；当整个景观中的类型分布极其均匀时，指数为1。

破碎度指数(landscape fragmentation index，LFI)指景观要素被分割的破碎程度，反映景观空间结构的复杂性和人类活动对景观结构的影响程度。在目前的文献中，破碎度指数有3种计算公式，第一种相当于景观水平的斑块密度PD，第二种是PD乘以最小斑块面积，第三种是(NP-1)/MPS，即(斑块数-1)/平均斑块面积。采用最后一种计算公式可以计算类型水平和景观水平的破碎度。Fragstats没有提供破碎度指数的计算功能。

多样性指数、优势度指数、均匀度指数、破碎度指数，加上聚集度指数，被认为是景观生态学表征景观水平的五大综合性指数。在很多文献中，提到景观水平，往往只分析这五大指数，虽然这并不是景观水平指数的全部，但也凸显了这五大指数的重要性。

在景观生态学中，采用各种景观格局指标来描述景观格局，是一个最普遍使用的方法。多数教材或文献中都有各类景观格局指数的缩写，但是在实际的分析软件中，各种格局指标的缩写并不一致。因此，本章首先对Fragstats中的各类指标进行英文名称和中文名称的对应练习。将表3-2中的24个常用景观指数的中文全称全部浏览一遍，通过Fragstats软件的帮助菜单或Fragstats软件网站，查找并理解各指标的定义。

表 3-2　常用景观指数的名称

Fragstats 栏目名称	一般文献中对应的缩写	英文全称	中文全称
TYPE	—	—	类型
CA	CA	Total Class Area	总面积
PLAND	PLAND	Percentage of Landscape	面积百分比
NP	NP	Number of Patches	斑块数
PD	PD	Patch Density	斑块密度
LPI	LPI	Largest Patch Index	最大斑块指数
ED	ED	Edge Density	边缘密度
LSI	LSI	Landscape Shape Index	景观形状指数
AREA_MN	MPS	Mean Patch Area	平均斑块面积
SHAPE_MN	MSI	Mean Shape Index	平均斑块形状指数
FRAC_MN	FRAC	Mean Fractal Index	平均斑块分维数
PARA_MN	MPFD	Mean Perimeter-Area Ratio	周长面积比
PAFRAC	PAFRAC	Perimeter-Area Fractal Dimension	周长—面积分维数
ENN_MN	MNN	Mean Euclidean Nearest Neighbor Distance	平均最近邻体距离
PLADJ	PLADJ	Percentage of Like Adjacencies	邻近百分比
IJI	IJI	Interspersion & Juxtaposition Index	散布与并列指数
AI	AI	Aggregation Index	聚集度
CONTAG	CONTAG	Contagion	蔓延度
COHESION	COHESION	Patch Cohesion Index	景观凝结度指数
SHDI	SHDI	Shannon's Diversity Index	香农多样性指数
SIDI	SIDI	Simpson's Diversity Index	辛普森多样性指数
PR	PR	Patch Richness	丰富度
SHEI	SHEI	Shannon's Evenness Index	香农均匀度指数
SIEI	SIEI	Simpson's Evenness Index	辛普森均匀度指数

3.2.3　用 Fragstats 计算景观指数

➢ 步骤 1：景观分类数据的导入。

启动 ArcMap 加载数据加载“beijing2000. tif”“beijing2010. tif”和“beijing2020. tif”文件。查看要用于计算景观指数的 3 期景观数据的基础特征(图 3-2)。

打开 Fragstats，在【Input layers】页面，点击【Add layer】，设置输入文件类型为【GeoTIFF grid (. tif)】类型(图 3-3)。设置导入文件为数据文件夹下的“beijing2000. tif”。重复以上步骤，把“beijing2000. tif”“beijing2010. tif”和“beijing2020. tif”3 个文件全部添加进 Frag-

无标题 - ArcMap
文件(F) 编辑(E) 视图(V) 书签(B) 插入(I) 选择(S) 地理处理(G) 自定义(C) 窗口(W) 帮助(H)
Network Analyst
1:1,117,692
地理配准(G)
beijing2020.tif
Geostatistical Analyst
编辑器(R)
Tracking Analyst
捕捉(S)
内容列表
图层
D:\data\pattern_analysis\raw_data\
beijing2020.tif
Class_Name
water
city
forest
agriland
bareland
beijing2010.tif
Class_Name
water
city
forest
agriland
bareland
beijing2000.tif
Class_Name
water
city
forest
agriland
bareland

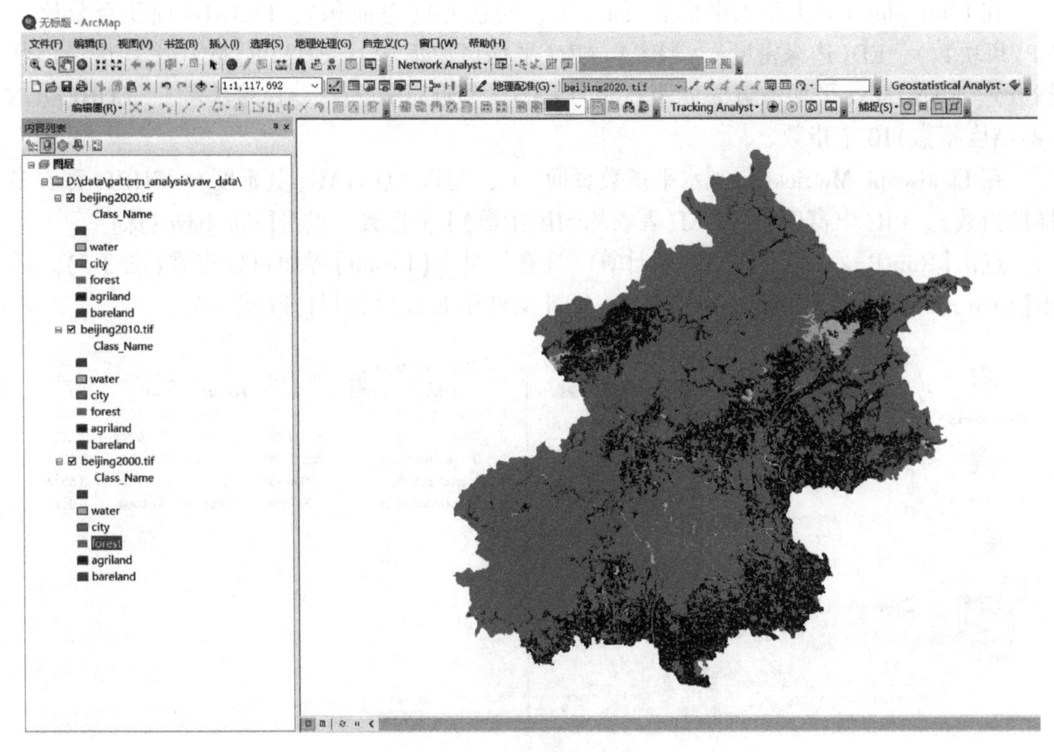

图 3-2　实验数据查看

stats 中。在【Analysis parameters】页面，勾上【Class Metrics】和【Land Metrics】选项(图 3-4)，表示仅计算 class 和 landscape 水平的景观指数。

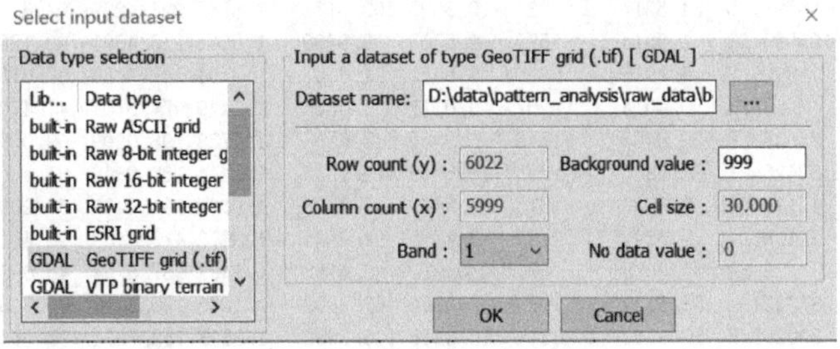

Select input dataset
Data type selection
Lib...　Data type
built-in　Raw ASCII grid
built-in　Raw 8-bit integer g
built-in　Raw 16-bit integer
built-in　Raw 32-bit integer
built-in　ESRI grid
GDAL　GeoTIFF grid (.tif)
GDAL　VTP binary terrain
Input a dataset of type GeoTIFF grid (.tif) [GDAL]
Dataset name:　D:\data\pattern_analysis\raw_data\b
Row count (y) :　6022
Background value :　999
Column count (x) :　5999
Cell size :　30.000
Band :　1
No data value :　0
OK
Cancel

图 3-3　Add layer 界面

➢ 步骤 2：景观指数的选择与计算。

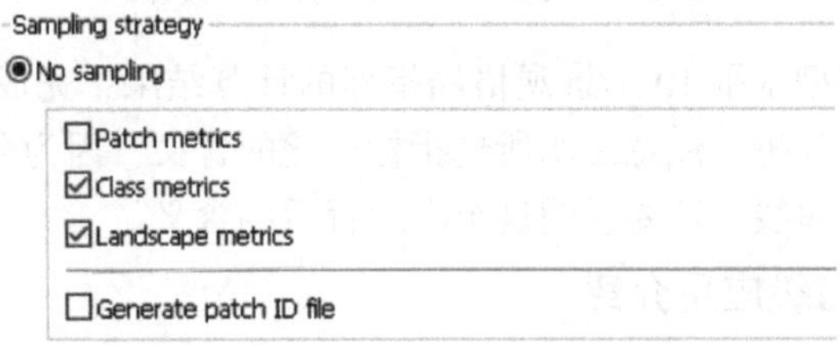

Sampling strategy
No sampling
Patch metrics
Class metrics
Landscape metrics
Generate patch ID file

图 3-4　Analysis parameters 勾选项

在 Class Metrics(类型水平指数页面)上，勾选 CA(总面积)、PLAND(面积百分比)、NP(斑块数)、ED(边缘密度)、AREA_MN(平均斑块面积)、SHAPE_MN(平均斑块形状指数)、ENN_MN(平均最近邻体距离)、PLADJ(邻近百分比)、AI(聚集度)、COHESION(凝结度指数)10 个指数。

在 Landscape Metrics(景观水平指数页面)上，勾选 CONTAG(蔓延度)、SHDI(香农多样性指数)、PR(丰富度)、SHEI(香农均匀度指数)4 个指数。点击【File-Save】保存。

点击【Run-Proceed】，进行指数计算。计算结果在【Result】界面可以查看(图 3-5)。单击【Save run as】保存后的 . class 文件和 . land 文件用 Excel 可以打开(图 3-6)。

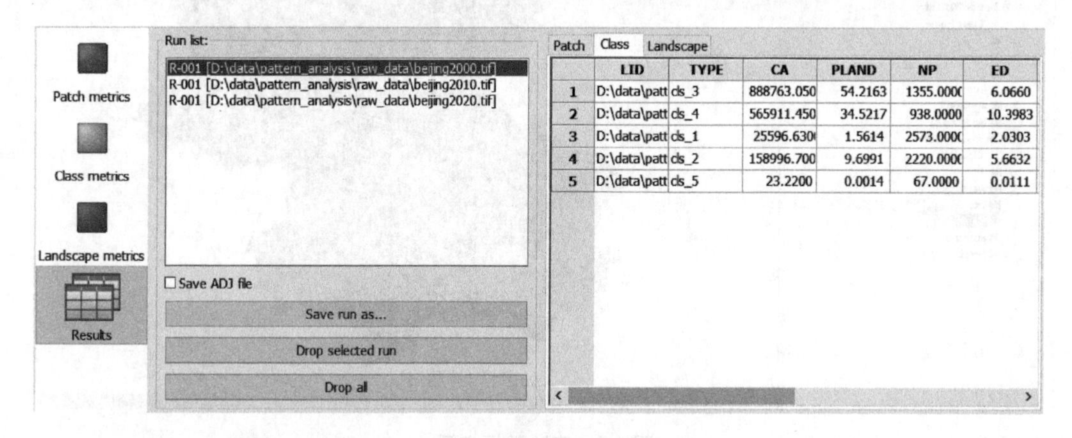

图 3-5 Result 界面

	A	B	C	D	E	F	G	H	I	J	K	L
1	LID	TYPE	CA	PLAND	NP	ED	AREA_MN	SHAPE_MI	ENN_MN	PLADJ	COHESIOI	AI
2	D:\data\\	cls_3	888763. 1	54. 2163	1355	6. 066	655. 9137	1. 4974	235. 7589	99. 0916	99. 9741	99. 1232
3	D:\data\\	cls_4	565911. 5	34. 5217	938	10. 3983	603. 3171	1. 8587	224. 4239	97. 6956	99. 9105	97. 7345
4	D:\data\\	cls_1	25596. 63	1. 5614	2573	2. 0303	9. 9482	1. 5601	218. 4391	90. 1284	98. 7635	90. 2978
5	D:\data\\	cls_2	158996. 7	9. 6991	2220	5. 6632	71. 6201	1. 3701	496. 658	95. 6157	99. 5499	95. 6877
6	D:\data\\	cls_5	23. 22	0. 0014	67	0. 0111	0. 3466	1. 1449	974. 5754	41. 4729	61. 0761	44. 3064
7	D:\data\\	cls_3	866353. 3	52. 8493	1346	5. 9355	643. 6503	1. 4738	195. 0809	99. 0892	99. 9741	99. 1211
8	D:\data\\	cls_4	534204. 1	32. 5875	1296	10. 6993	412. 1945	1. 7444	189. 8869	97. 4862	99. 9077	97. 5262
9	D:\data\\	cls_1	15119. 01	0. 9223	1815	1. 5487	8. 33	1. 6008	291. 9439	87. 2093	97. 3572	87. 4226
10	D:\data\\	cls_2	223585. 1	13. 6391	2455	6. 4785	91. 0734	1. 3972	473. 4488	96. 4316	99. 6768	96. 4928
11	D:\data\\	cls_5	29. 52	0. 0018	71	0. 013	0. 4158	1. 1487	967. 0704	46. 0366	67. 5862	48. 7884
12	D:\data\\	cls_3	877221. 2	53. 5122	1970	7. 0054	445. 2899	1. 4236	195. 6012	98. 9488	99. 9719	98. 9805
13	D:\data\\	cls_4	390250. 5	23. 8061	3244	12. 3246	120. 2992	1. 5503	152. 7974	96. 0658	99. 7661	96. 1119
14	D:\data\\	cls_2	347576	21. 2028	2911	9. 5357	119. 4009	1. 4852	391. 8641	96. 612	99. 7273	96. 6612
15	D:\data\\	cls_1	23832. 72	1. 4538	776	1. 4347	30. 7123	1. 7823	663. 8354	92. 3917	98. 8522	92. 5717
16	D:\data\\	cls_5	410. 58	0. 025	65	0. 0351	6. 3166	1. 1962	1788. 882	89. 5002	94. 3624	90. 8545

图 3-6 用 Excel 打开计算结果文件

根据上节所选的类型水平 10 个景观格局指标的计算结果，完成 2000、2010、2020 年北京城区景观格局变化分析。注意说明所选指标变化的含义，因为分析结果不仅仅是做出一个表或一个图、一个曲线，还要说明这个图表背后的含义。

3.2.4 Fragstats 的高级应用介绍

前面介绍了 Fragstats 载入文件、指标选择等基本设置方法。此外，它还有一些更复杂的设置，可用于不同类型的空间数据和特定的空间数据分析，这里简单介绍一下，有兴趣的同学可以自行下载 Fragstats 软件指导书和随带的练习数据学习。

(1) ASCII 文件的载入和分析

空间数据采用 ASCII 格式也很常见，此类文件开始部分包括头文件信息(如像元大小、栅格行列数、波段数等图层信息)，随后才是纯像元值的二维行列描述。以官方教程数据(Fragstats 网站的 Tutorial 中数据 reg78b. tif)为例，打开 ArcMap【转换工具—由栅格转出—栅格转 ASCII】将 reg78b. tif 转格式为 reg78. asc 文件，再用文本编辑器打开 reg78. asc 并修改(图 3-7)。

```
1  ncols         102
2  nrows         102
3  xllcorner     137882.625
4  yllcorner     875599.5625
5  cellsize      50
6  NODATA_value  -9999
7  -500 -500 -500 -500 -700 -500 -500 -500 -100 -100 -100 -100 -100 -500 -500 -500 -500 -500 -500 -500 -5
8  -500 500 500 500 500 100 100 100 100 100 100 100 500 500 500 500 500 500 500 500 500 500 500 300 300 5
9  -500 500 500 500 500 500 100 100 100 100 500 500 500 500 500 500 500 500 500 500 500 500 500 300 300 5
10 -500 500 500 500 500 500 500 500 500 500 500 500 500 500 500 500 500 500 500 500 500 500 300 300 300 5
11 -500 500 500 500 500 500 500 500 500 500 500 500 500 500 500 500 500 500 500 500 500 500 500 500 500 5
12 -500 500 500 500 500 500 500 500 500 500 500 500 500 500 500 500 500 500 500 500 500 500 500 500 500 5
13 -500 500 500 500 500 500 500 500 500 500 500 500 500 500 500 500 500 500 500 500 500 500 500 500 500 5
14 -500 500 500 500 500 500 500 500 500 500 500 500 500 500 500 500 500 500 500 500 500 500 500 500 500 5
15 -500 500 500 500 500 500 500 500 500 500 500 500 500 500 500 500 500 500 500 500 500 500 500 500 500 5
16 -500 500 500 500 500 500 500 500 500 500 500 500 500 500 500 500 500 500 500 500 500 500 500 500 500 5
17 -500 500 500 500 500 500 500 500 500 500 500 500 500 500 500 500 500 500 500 500 500 500 500 500 500 5
18 -500 500 500 500 500 500 500 500 500 500 500 500 500 500 500 500 500 500 500 500 500 500 500 500 500 5
19 -500 500 500 500 500 500 500 500 500 500 500 500 500 500 500 500 500 500 500 500 500 500 500 500 500 5
20 -500 500 500 500 500 500 500 500 500 500 500 500 500 500 500 500 500 500 500 500 500 500 500 500 500 5
21 -500 500 500 500 500 500 500 500 500 500 500 500 500 500 500 500 500 500 500 500 500 500 500 500 500 5
22 -500 500 500 500 500 500 500 500 500 500 500 500 500 500 500 500 500 500 500 500 500 500 500 500 500 5
23 -500 500 500 500 500 500 500 500 500 500 500 500 500 500 500 500 500 500 500 500 500 500 500 500 500 5
24 -500 500 500 500 500 500 500 500 500 500 500 500 500 500 500 500 500 500 500 500 500 500 500 500 500 5
25 -500 500 500 500 500 500 500 500 500 500 500 500 500 500 500 500 500 500 500 500 500 500 500 500 500 5
26 -500 500 500 500 500 500 500 500 500 500 500 500 500 500 500 500 500 500 500 500 500 500 500 500 500 5
27 -500 500 500 500 500 500 500 500 500 500 500 500 500 500 500 500 500 500 500 500 500 500 500 500 500 5
28 -500 500 500 500 500 500 500 500 500 500 500 500 500 500 500 500 500 500 500 500 500 500 500 500 500 5
29 -500 500 500 500 500 500 500 500 500 500 500 500 500 500 500 500 500 500 500 500 500 500 500 500 500 5
30 -500 500 500 500 500 500 500 500 500 500 500 500 500 500 500 500 500 500 500 500 500 500 500 500 500 5
```

用文本编辑器打开reg78.asc后删除框选部分，并将文件信息另存为对应的描述文件才可加载至Fragstats中计算

图 3-7　ASCII/二进制文件内容

用 Fragstats 分析 ASCII 文件时，在加载文件中，要对该文件进行编辑，只保存行列的像元数据，不能包括头文件；而头文件信息在加载图层时需要手工填写(图 3-8)。

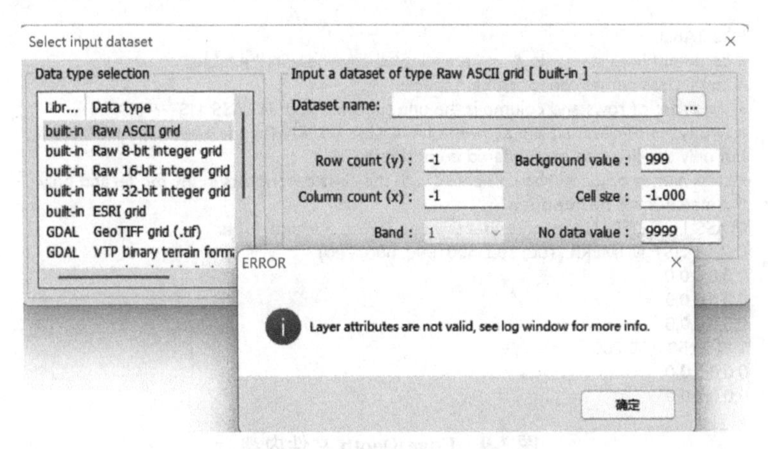

图 3-8　ASCII/二进制文件载入

(2) Class properity file(类型属性文件)的编辑

如果不指定景观中各土地类型的名称，那么在输出的结果文件中 TYPE 栏会显示各土地类型的数值，例如，beijing2000. class 中，TYPE 栏下显示 0、4、3、1、2、5，其实它们分别对应于背景、农业用地、绿地、水体、城市用地和未利用地。

虽然可以在 Excel 中将上述数值替换成文字，但是如果土地类型很多或者要对多个文件进行计算，整理起来就麻烦了。所以，Fragstats 提供了 Class properities 工具来设定土地类型名称，但类型属性文件 . fdc 应在使用前提前建好，可用记事本等工具建立一个纯文本文件，然后修改文件名后缀为 . fdc。

点击【Set Parameters(运行参数设置)—Class Properties File(类属性文件)】就可以指定类型属性文件。Fragstats 以 . fdc 作为类型属性文件的默认后缀，但未强制用户使用，用户也可以指定其他后缀的纯文本文件作为类型属性文件。类型属性文件的语法如下：类型值，类型名称，是否参与计算，是否作为背景值。

如用记事本打开 Classname. fdc，其内容如下：

```
ID, Name, Enabled, IsBackground
0, backgroud, false, true
1, water, true, false
2, city, true, false
3, forest, true, false
4, agriland, true, false
5, bareland, true, false
```

(3) 涉及边缘效应时的计算设置

涉及斑块边缘特征的一些指标，需要额外设置一些辅助文件，指定相邻斑块间计算时的一些参数。边缘辅助文件主要包括：边缘深度文件、边缘相似度权重文件、边缘对比度权重文件。仍以官方教程数据 reg78b. tif 为例，其边缘深度文件(Edge Depth)如图 3-9 所示。

```
FSQ_TABLE
# comment lines start with # and are allowed anywhere in the table
# literal class names cannot contain spaces
# the order of rows and column is the one specified in the CLASS_LIST_???????
# two types of class lists are allowed CLASS_LIST_LITERAL() and CLASS_LIST_NUMERIC(),
but only the first one encountered is considered
# class names or ids will be compared with the class descriptors in the model and only
the matches will be imported
CLASS_LIST_LITERAL(open, resident, water, forest, wetland, urban)
CLASS_LIST_NUMERIC(100, 300, 400, 500, 600, 700)
0,0,0,0,0,0
0,0,0,0,0,0
0,0,0,0,0,0
100,50,50,0,50,200
0,0,0,0,0,0
0,0,0,0,0,0
```

图 3-9 Edge Depth 文件内容

边缘相似度权重文件(Edge Similarity)如图 3-10 所示：

```
FSQ_TABLE
# comment lines start with # and are allowed anywhere in the table
# literal class names cannot contain spaces
# the order of rows and column is the one specified in the CLASS_LIST_???????
# two types of class lists are allowed CLASS_LIST_LITERAL() and CLASS_LIST_NUMERIC(), but only the first one encountered is considered
# class names or ids will be compared with the class descriptors in the model and only the matches will be imported
CLASS_LIST_LITERAL(open, resident, water, forest, wetland, urban)
CLASS_LIST_NUMERIC(100, 300, 400, 500, 600, 700)
1,0,0,0,0.5,0
0,1,0,0,0,0
0,0,1,0,0,0
0,0.2,0,1,0.2,0
0.2,0,0.8,0,1,0
0,0,0,0,0,0
```

图 3-10 Edge Similarity 文件内容

边缘对比度权重文件(Edge Contrast)如图 3-11 所示：

```
FSQ_TABLE
# comment lines start with # and are allowed anywhere in the table
# literal class names cannot contain spaces
# the order of rows and column is the one specified in the CLASS_LIST_???????
# two types of class lists are allowed CLASS_LIST_LITERAL() and CLASS_LIST_NUMERIC(), but only the first one encountered is considered
# class names or ids will be compared with the class descriptors in the model and only the matches will be imported
CLASS_LIST_LITERAL(open, resident, water, forest, wetland, urban)
CLASS_LIST_NUMERIC(100, 300, 400, 500, 600, 700)
0,0.75,0.5,0.75,0.5,0.75
0.75,0,1,0.5,0.75,0.5
0.5,1,0,1,0.5,1
0.75,0.5,1,0,0.75,0.5
0.5,0.75,0.5,0.75,0,0.75
0.75,0.5,1,0.5,0.75,0
```

图 3-11 Edge Contrast 文件内容

载入过程如图 3-12 所示(这里为 tif 格式)，然后才开始指标选择设置，最后进行计算。

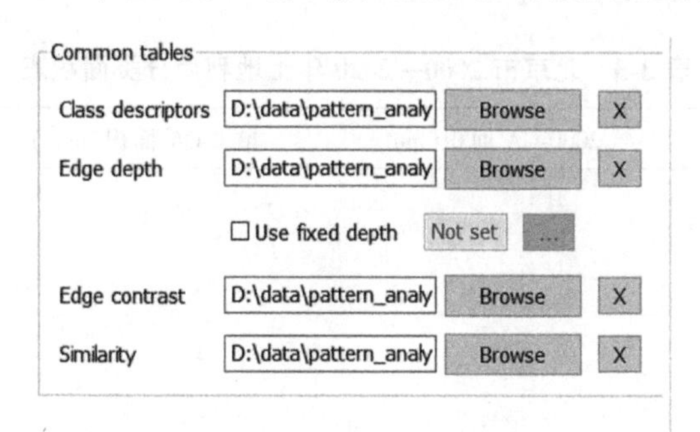

图 3-12 文件加载过程

还有一些指标，如斑块形状指标，计算时要涉及搜索半径距离(如聚集度类指数)和参考形状(如斑块形状类指数)的设定，选择特定指标时要注意理解其指标的含义。

(4)不同取样方式下的景观格局分析

Fragstats 可以根据载入的全部数据，进行不同的取样方式(从全部空间栅格数据中抽取样点用以计算景观格局指标)，分为全局及局部的取样及策略方案，本文不多解释，基本原理一致，分析规则设置不同而已，详情参考 Fragstats_4. 2_Tutorial(下载时随带)。其

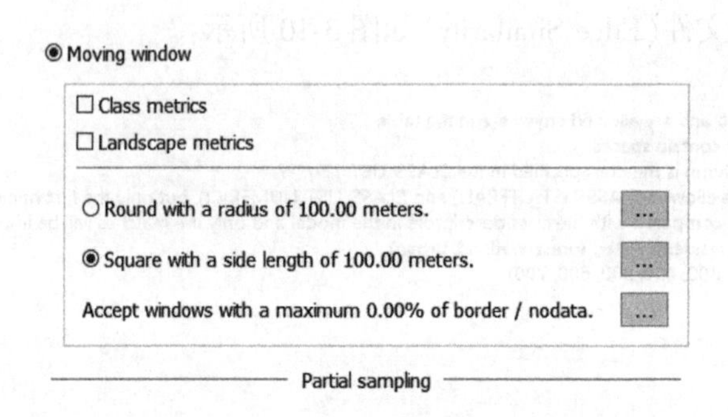

图 3-13　移动窗口分析选项

中移动窗口分析，是全局取样方式中的一种，基本设置如图 3-13 所示。

3.3　土地利用变化分析

构建土地利用变化模型是深入了解土地利用变化成因和过程，预测未来发展变化趋势及环境影响的重要途径，也是土地利用变化研究的主要方法。本节主要采用了土地资源数量变化模型来分析研究区的土地利用动态变化，了解其变化发展趋势。

借助 Fragstats 提取出各种土地类型的面积，在此基础上，进一步分析这些数据所包含的土地利用变化方面的信息(王计平等，2007)。数据处理可以在 Excel 中完成。

3.3.1　土地利用分类数据提取

构建批处理文件时，利用 Fragstats 对 2000、2010、2020 年北京市土地利用图中各土地利用类型(5 类)的面积进行统计，提取 CA(total area)数值，填写计算结果整理表(表 3-3)。

表 3-3　北京市 2000—2020 年土地利用分类面积表

一级类型	2000-CA 面积(hm^2)	2010-CA 面积(hm^2)	2020-CA 面积(hm^2)
耕地			
绿地(林地和草地)			
水域			
城市			
未利用土地			
合计			

3.3.2　土地利用变化幅度计算

区域土地利用变化包括土地利用类型的面积变化、空间变化和质量变化。其中，面积变化首先反映在不同类型的总量变化上，通过分析土地利用类型的总量变化，可了解土地利用变化总的态势和土地利用结构的变化。研究土地利用变化幅度，就是研究各类型的土地面积变化量。

由上面完成的 2000、2010、2020 年北京城区土地利用分类面积表中数据，求算出三个

表 3-4　北京市 2000—2020 年土地利用变化分类面积表

土地利用类型	2000 年面积百分比	2010 年面积百分比	2020 年面积百分比	2000—2010 年面积变化量(%)	2010—2020 年面积变化量(%)
耕地					
绿地(林地和草地)					
水域					
城市					
未利用土地					
合计					

年份间各土地类型面积变化量。填写计算结果整理表(表 3-4)，并尝试用柱状图表示各年份变化幅度，然后用文字简要描述不同年份各类型的变化情况。

3.3.3　土地利用变化速度计算

区域土地利用变化速度可采用土地利用动态度这一指标来定量描述。土地利用动态度以土地利用类型的面积为基础，反映了各土地利用类型面积的变化速度。它对比较土地利用变化的区域差异和预测未来土地利用变化趋势都具有重要的作用。

(1)单一土地利用类型动态度

单一土地利用类型动态度表达的是某研究区一定时间范围内某种土地利用类型的数量变化情况，其表达式为：

$$K=\frac{U_b-U_a}{U_a}\frac{1}{T}\times 100\% \tag{3-1}$$

式中，K 为研究时段内某一土地利用类型动态度；U_a，U_b 分别为研究期初和研究期末某一种土地利用类型的数量；T 为研究时段长。当 T 的时段设定为年时，K 为研究时段内某一土地利用类型的年变化率。

(2)综合土地利用动态度

综合土地利用动态度表达的是某研究区一定时间范围内土地利用的数量变化情况，其表达式为：

$$LC=\left[\frac{\sum_{i=1}^{n}\Delta LU_{i-j}}{2\sum_{i=1}^{n}LU_i}\right]\frac{1}{T}\times 100\% \tag{3-2}$$

式中，LU_i 为监测起始时间第 i 类土地利用类型面积；ΔLU_{i-j} 为监测时段第 i 类土地利用类型转为非 i 类土地利用类型面积的绝对值；T 为监测时段长度。当 T 的时段设定为年时，LC 的值就是该研究区土地利用年综合变化率。

根据上述公式，请计算出北京城区 5 种土地利用类型的年变化率和土地利用年综合变化率，填写计算结果整理表(表 3-5)，并用文字简要描述一下两个阶段的土地利用变化有何不同。

表 3-5　北京市土地利用动态度分析表(2000—2020 年)

时期	变化	耕地	绿地(林地和草地)	水域	城市	未利用土地
2000—2010 年	10 年间面积变化(hm^2)					
	年类型变化率 K (%)					
	年综合变化率 LC (%)					
2010—2020 年	10 年间面积变化(hm^2)					
	年类型变化率 K (%)					
	年综合变化率 LC (%)					

由于各种土地利用类型的面积基数不同，因此上述结果中，年变化率高的土地利用类型只是变化快的类型，而并不一定是区域变化的主要类型。此外，上述结果忽略了土地利用变化的内在过程，只反映了土地利用数量上的变化速度。所以，土地利用变化分析一定要结合速度和幅度来分析。

3.4　土地利用变化转移概率矩阵

选择若干相同的时间间隔，分析一个景观的各类斑块面积的变化，会发现各种类型的斑块面积都发生了变化。在一定时期内，各种景观要素类型分别向其他类型转变的面积百分率称为转移概率，这些景观中各种要素类型相互转换的面积百分比所组成的矩阵，称为转移概率矩阵。转移概率矩阵可以用于景观动态分析与变化趋势预测。

本节以北京市 2000—2010 年的土地利用数据为示范，用 GIS 计算北京市 2000—2010 年土地利用变化转移概率矩阵。请自主练习 2010—2020 年土地利用变化转移概率矩阵。

➢ 步骤 1：启动 ArcMap，加载“beijing2000. tif”和“beijing2010. tif”(图 3-14)。

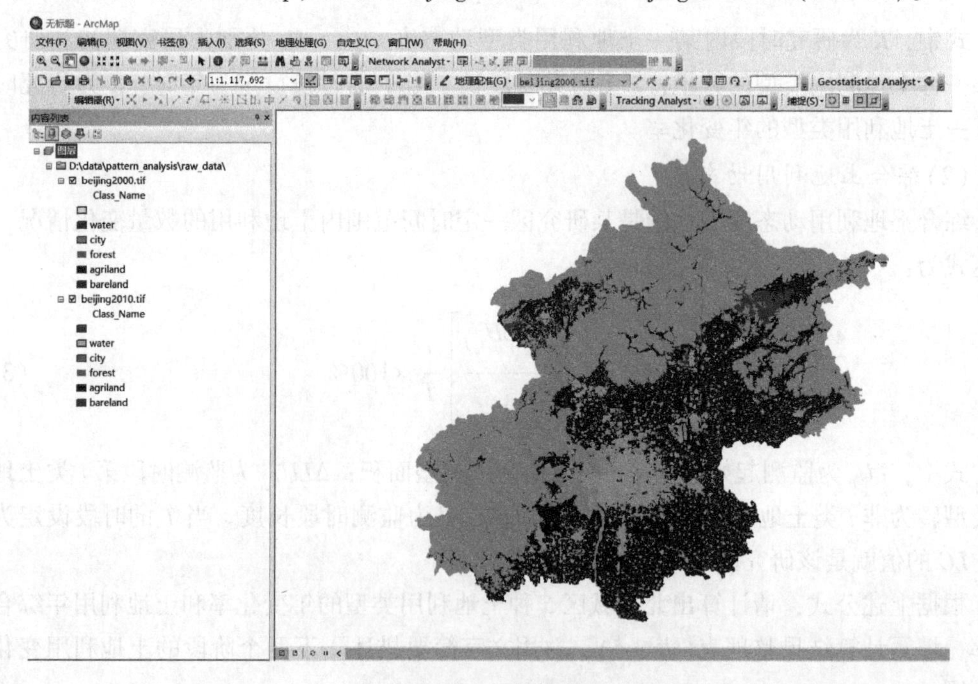

图 3-14　加载数据

➢ 步骤 2：打开 ArcToolbox，使用【转换工具—由栅格转出—栅格转面】工具，将两期的土地利用的栅格数据转换为矢量面数据。注意要勾选【创建多部件要素】(图 3-15)。

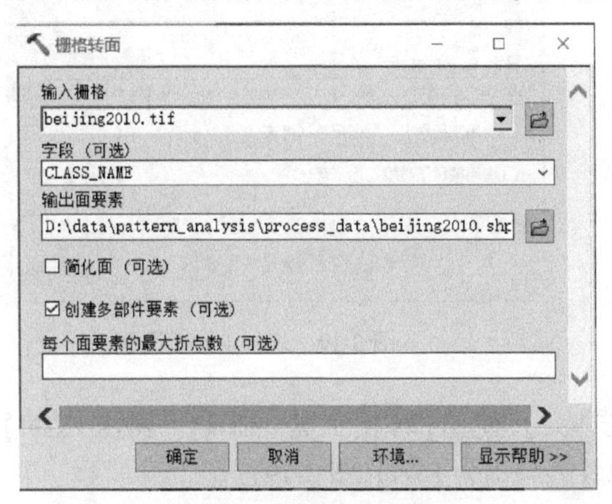

图 3-15　栅格转面设置

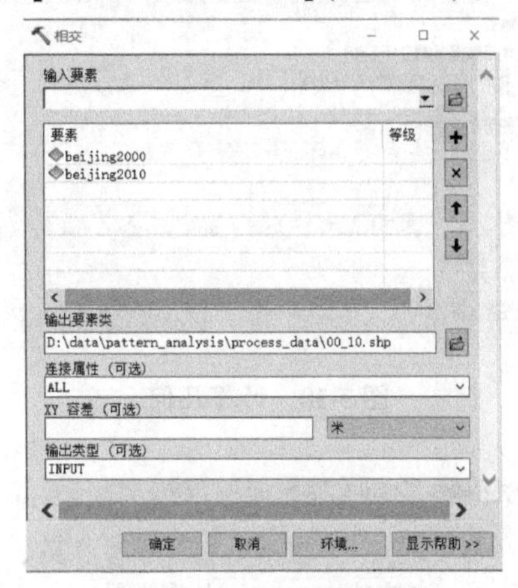

图 3-16　相交工具设置

➢ 步骤 3：使用【分析工具—叠加分析—相交工具】工具将转换后的两个矢量土地利用数据进行叠加(图 3-16)。

➢ 步骤 4：查看叠加后的数据属性表(图 3-17)，有两列土地利用的名称，左边一列表示 2000 年的土地利用，右边“CLASS_NA_1”字段一列表示 2010 年的土地利用类型“CLASS_NAME”字段。接下来需要计算每一行的面积，点击左上角【表选项—添加字段】，设置名称“area”，字段类型选择【浮点型】，创建字段完毕后【右键字段—计算几何】，选择属性为【面积】，单位【平方千米】(图 3-18)，单击确定按钮计算面积。

表

00_10

FID	Shape *	FID_beijin	ID	GRIDCODE	CLASS_NAME	FID_beij_1	ID_1	GRIDCODE_1	CLASS_NA_1
0	面	0	1	4	agriland	0	1	4	agriland
1	面	1	2	4	agriland	1	2	4	agriland
2	面	2	3	1	water	10353	10354	3	forest
3	面	3	4	1	water	10353	10354	3	forest
4	面	4	5	1	water	10353	10354	3	forest
5	面	5	6	1	water	10353	10354	3	forest
6	面	6	7	1	water	10353	10354	3	forest
7	面	7	8	1	water	3	4	1	water
8	面	8	9	1	water	7	8	1	water
9	面	9	10	1	water	8	9	1	water
10	面	10	11	1	water	9	10	1	water
11	面	11	12	1	water	10	11	1	water
12	面	12	13	1	water	12	13	1	water
13	面	13	14	1	water	13	14	1	water
14	面	14	15	1	water	14	15	1	water
15	面	15	16	1	water	15	16	1	water
16	面	16	17	1	water	16	17	1	water
17	面	17	18	2	city	17	18	2	city
18	面	17	18	2	city	10353	10354	3	forest
19	面	18	19	1	water	18	19	1	water
20	面	19	20	1	water	20	21	1	water
21	面	20	21	1	water	21	22	1	water
22	面	21	22	2	city	22	23	2	city
23	面	22	23	1	water	24	25	1	water
24	面	23	24	1	water	10353	10354	3	forest
25	面	24	25	1	water	10353	10354	3	forest
26	面	25	26	1	water	27	28	1	water
27	面	26	27	1	water	28	29	1	water
28	面	27	28	1	water	29	30	1	water
29	面	28	29	1	water	33	34	1	water
30	面	29	30	1	water	33	34	1	water
31	面	30	31	1	water	33	34	1	water
32	面	31	32	4	agriland	32	33	4	agriland
33	面	32	33	1	water	10353	10354	3	forest
34	面	33	34	4	agriland	35	36	4	agriland
35	面	34	35	2	city	30	31	4	agriland

1　(0 / 23441 已选择)

00_10

图 3-17　叠加后数据属性表

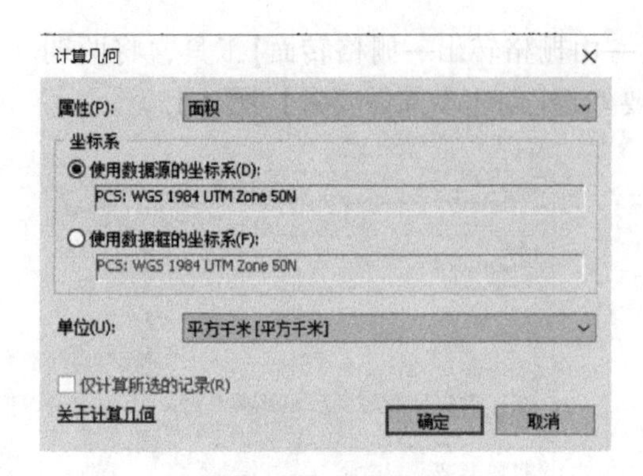

图 3-18 计算几何

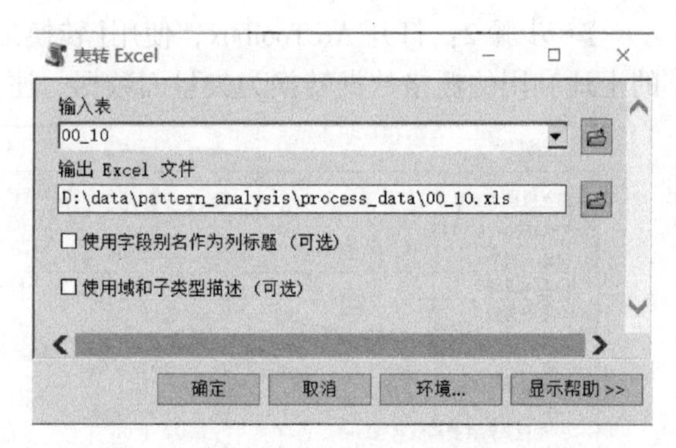

图 3-19 表转 Excel 设置

CLASS_NAME	CLASS_NA_1	area
water	water	123.2929993
water	city	3.450599909
water	forest	87.75270081
water	agriland	41.45130157
water	bareland	0.0189
city	water	4.074299812
city	city	1521.920044
city	forest	9.649800301
city	agriland	54.3185997
forest	water	11.0546999
forest	city	203.2350006
forest	forest	8398.219727
forest	agriland	275.0419922
forest	bareland	0.0792
agriland	water	12.76830006
agriland	city	507.2409973
agriland	forest	167.845993
agriland	agriland	4971.220215
agriland	bareland	0.0396
bareland	forest	0.064800002
bareland	agriland	0.0099
bareland	bareland	0.157499999

图 3-20 删除无关列

➢ 步骤 5：使用【转换工具—Excel—表转 Excel】工具，将属性表导出为 Excel（图 3-19）。

➢ 步骤 6：打开生成的 Excel，删除无关列（图 3-20），使用【插入—数据透视表】工具，设置横纵坐标（图 3-21），整理得到 2000—2010 年的不同土地类型之间的转化面积（表 3-6）。

➢ 步骤 7：根据每个元素的总行数划分初始记录矩阵中的每一个元素，将土地类型 i 转化为 j 的面积除以土地类型 i 的初始面积获得相应地类转移概率，制作一个表示转移概率矩阵，得到 2000—2010 年的土地利用变化转移概率矩阵（表 3-7）。

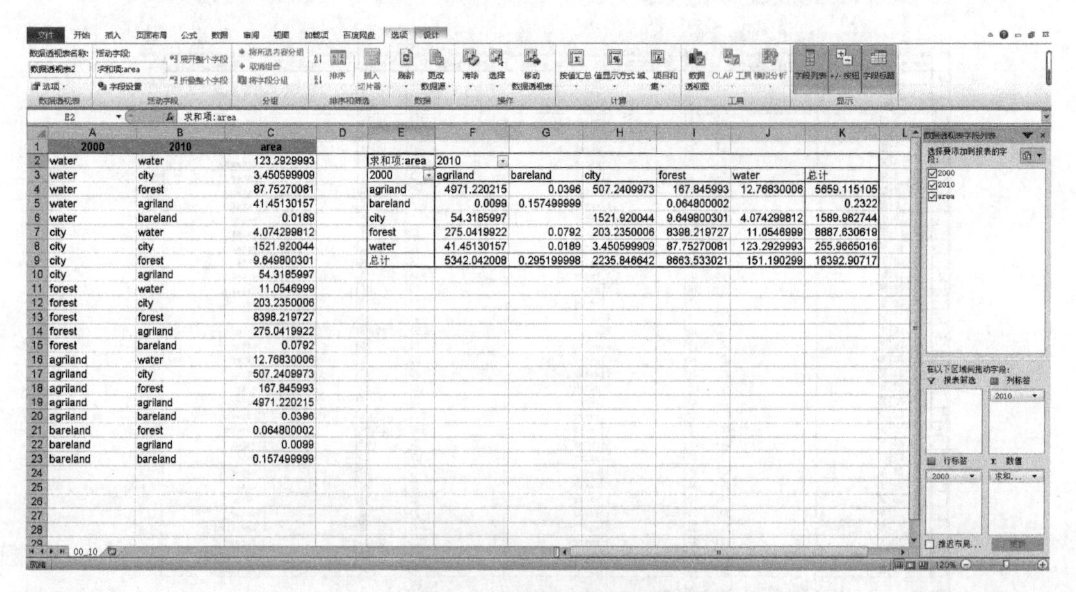

图 3-21 数据透视表设置

表 3-6　北京市 2000—2010 年不同土地类型之间转化面积

2000 年	2010 年					
	农田	未利用土地	城镇	绿地	水域	总计
农田	4971.22	0.04	507.24	167.85	12.77	5659.12
未利用土地	0.01	0.16		0.06		0.23
城镇	54.32		1521.92	9.65	4.07	1589.96
绿地	275.04	0.08	203.24	8398.22	11.05	8887.63
水域	41.45	0.02	3.45	87.75	123.29	255.97
总计	5342.04	0.30	2235.85	8663.53	151.19	16392.91

表 3-7　北京市 2000—2010 年土地利用变化转移概率矩阵

2000 年	2010 年					
	农田	未利用土地	城镇	绿地	水域	总计
农田	0.88	0.00	0.09	0.03	0.00	1.00
未利用土地	0.04	0.68	0.00	0.28	0.00	1.00
城镇	0.03	0.00	0.96	0.01	0.00	1.00
绿地	0.03	0.00	0.02	0.94	0.00	1.00
水域	0.163	0.00	0.01	0.34	0.48	1.00

3.5　用马尔可夫链模型预测土地利用变化

空间马尔可夫模型是景观生态学中用来模拟植被动态和土地利用格局变化的应用最早、最普遍的一类空间概率模型。一阶马尔可夫模型认为，如果转移矩阵恒定，只需知道 t 时刻的系统状态，便可预测 $t+1$ 时刻系统所处的状态。马尔可夫模型的核心是转移矩阵 $\boldsymbol{P}$，矩阵 $\boldsymbol{P}$ 反映了在单个时间步长内，某一单元从覆盖类型 i 转换为覆盖类型 j 的概率，观测变化的时间间隔即为一个时间步长，也就是两幅图像之间的时间间隔，在此基础上可以用迭代法计算系统的未来状态(图 3-22)。

虽然马尔可夫模型简单，但它有很大的魅力，特别是它可以用迭代法投影出系统的状态。可以将景观系统的状态表示为一个状态向量：

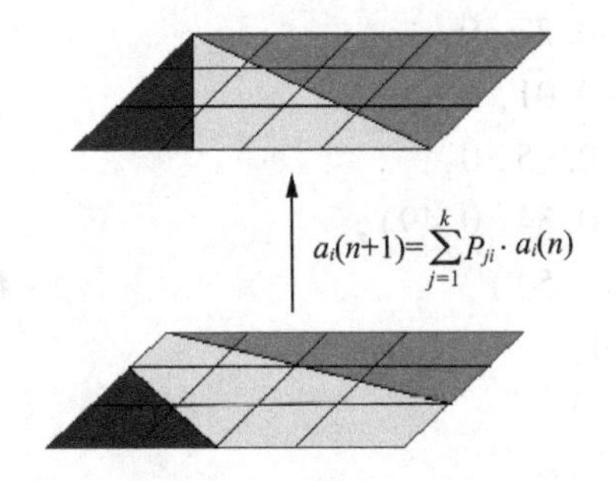

图 3-22　景观状态在两个时间间隔间的转换预测原理

$$x_t = [x_1, x_2, x_3, \cdots, x_i, \cdots] \tag{3-3}$$

式中，x_t 为 t 时刻类型 i 单元所占的比例。

马尔可夫模型可投影为：

$$x_{t+1} = x_t p \tag{3-4}$$

即转移矩阵右乘状态向量，$t+2$ 时刻的系统状态进而可投影为：

$$x_{t+2} = x_{t+1}p = x_t pp = x_t p^2 \tag{3-5}$$

一般地，$t=t+k$ 时刻的系统状态可由下式给出：

$$x_{t+k} = x_t p^k \tag{3-6}$$

在这里，x_t 是 t 时刻所用土地利用/土地覆盖图的面积分布状态。因此，马尔可夫模型可以通过简单的矩阵迭代运算投影出系统将来的状态。

系统的稳定状态或平衡状态由转移矩阵的特征向量确定，因此模型有一个闭式解。根据矩阵乘法运算规则，矩阵乘特征向量的结果还是一个向量：

$$\tilde{x} = \tilde{x}p \tag{3-7}$$

即，一旦系统达到稳定或正平衡状态之后，它的状态将保持不变。这里有很多估算稳定状态解的计算方法，可使用数学软件计算包（如 MatLab、R 等）来完成。对于简单的马尔可夫模型，它的解很快会收敛，从而能通过多次简单的投影来估算稳态时的解。

本实验中采用开源科学统计软件 R 的 Marcovchain 包（Spedicato，2017）展示其基本计算方法。首先通过 R 官方网站（https://www.r-project.org/）下载和安装对应自己计算机操作系统的 R 版本（如 R-4.2.2.win.exe）和对应 R 版本的 R.tools 版本（如 rtools40-86_64.exe），下载后直接运行安装即可。软件安装完毕后，在 R 软件运行窗口中手工输入 R 代码，进行马尔可夫模型预测练习。计算过程的 R 代码如下（“#”后为对代码的解释，不运行），也可以根据自己的计算目标修改使用。对马尔可夫模型感兴趣的读者可以根据文献进一步研究。

例如，已知 2000—2010 年这个时段的转移概率矩阵，如果这个转移概率矩阵在 2010—2020 年这个时段保持不变，则可以用这个转移矩阵和 2010 年的土地利用面积百分比，计算 2020 年的土地利用面积百分比，即对 2020 年土地利用变化进行预测。

```
install.packages("markovchain")                    #安装软件包
library(markovchain)                               #载入软件包
Mat.00to10<-new("markovchain",
    transitionMatrix=matrix(c(0.88, 0, 0.09, 0.03, 0,
        0.04, 0.68, 0, 0.28, 0,
        0.03, 0, 0.96, 0.01, 0,
        0.03, 0, 0.02, 0.95, 0,
        0.16, 0, 0.01, 0.34, 0.49),
    byrow=TRUE, nrow = 5))                         #输入转移概率矩阵
layout <- matrix(c(-2, 0,
        -1, -2,
        1, -2,
        2, 0,
```

```
      0, 2),
    ncol = 2, byrow = TRUE)                                    #设置画图布局，设定 5 个端点位置
plot(Mat.00to10, vertex.size = 25, layout = layout)          #转移概率矩阵空间图
State.2000 <- c(0.02, 0.08, 0.54, 0.36, 0.00)               #给定初始土地利用百分比
Predict.2010 <- State.2000 * Mat.00to10                      #计算 10 年后的土地利用
Predict.2020 <- State.2000 * Mat.00to10 * Mat.00to10         #计算 20 年后的土地利用
```

一阶马尔可夫概率模型用于预测未来土地利用变化，其重要的假设是：土地利用变化速率不随时间变化，即计算转移概率矩阵的时段和预测时段的土地利用变化速率相同、驱动力不变。这样的假设当然会有很大的局限性，读者可以自行检验。本文仅简介相关基本原理和计算方法，对马尔可夫空间模型的改进及空间预测结果展示不作赘述。

本章小结

景观格局分析是景观生态学研究的主要内容，GIS 和 Fragstats 软件的广泛应用，使得景观格局分析方法应用更易于实现。然而，必须认识到每一个指标都是一个特定角度描述景观格局，指标不是万能的；同时不是所有格局指标都需要计算，而且很多指标之间密切相关。最重要的是在开始分析之前要有一个精心构思的问题（Turner and Gardner，2015）。本章中提供了北京市 3 个时期的土地利用数据，可以探讨很多景观格局及动态变化方面的问题。景观指数与景观格局并不是一对一的对应关系，而是多对多的关系，分析的时候要具体问题具体分析；计算指数主要是希望通过定量的依据得出定性的结论；如果某个指数说明不了什么问题，那么这个数字就没有任何意义。因此，最好根据所研究问题选择一组最简洁的格局指标。当然，空间统计学的方法也可以用于景观结构分析。

土地利用/土地覆盖变化是当今全球变化的主题之一。本章提供了一些分析土地利用变化速率的简单方法和模型(如土地利用变化速率、土地利用变化转移概率矩阵)，这类方法属于一种非空间景观模型。事实上，土地利用/土地覆盖变化的研究方法有很多，同样包括空间特征明晰的土地利用变化预测模型(如第 7 章使用的 Landis 模型就是典型的空间显式景观模型方法)。值得注意的是，景观格局和景观变化的每种分析方法不是万能的，应当认识到研究方法是服务于研究目的的，采用适合的方法才能达成研究目标。

思考题

1. 为了准确描述北京市景观格局在 3 个时期的差异，在类型水平上应选择哪些指标？在景观水平上应选择哪些指标？为什么？

2. 在北京市土地利用动态度分析中，2000—2010 年和 2010—2020 年阶段哪些土地类型变化最快？查阅北京市相关研究文献，分析驱动这些变化的因素可能是什么？

3. 2000—2010 年和 2010—2020 年阶段的土地转移概率矩阵有何不同？结合问题 2 给出可能的解释。

第 4 章　景观连接度与网络分析

4.1　实验目的与准备

4.1.1　实验背景与目的

生物多样性保育面对的一个最大问题是人类活动导致的野生生物生境丧失和破碎化。对生物而言，随着生境越来越破碎和隔离，景观基质也变得愈加危险和不友好，本地生物种群可能会因此导致可遗传变异的丧失和局部种群的消失。景观尺度上，生境破碎化直接表现为景观连接度(landscape connectivity)的下降，景观中很多生态过程受到影响。因此，掌握景观连接度概念、准确测定景观连接度和理解景观连接度对生态、进化过程的影响非常重要。

景观生态学近期发展出了定量分析景观连接度的理论基础和计算方法。其中，网络分析方法(network analysis)可以综合景观格局和物种生活史特征信息，针对具体某一物种评估景观的潜在连接度。应该说明的是，由于不同物种具有不同的最小面积需求和不同的运动能力，因此对一个物种(或一群物种)适合的景观设计不一定对其他物种也适合，同一景观对于不同物种而言其景观连接度也会存在差异。

本节实验的“4.2 景观连接度的基础概率与测算”中练习都采用手工操作的方式，仅需要纸笔即可完成。通过该练习学习景观连接度的概念和网络分析的思路；认识网络分析的基本要素；计算并比较一些简单的景观连接度指标，强化学习者对景观连接度与网络分析的理解。随后在“4.3 景观生态网络构建”中学习使用景观连接度分析软件对真实景观进行生态网络构建，加强了解景观连接度在现实生态规划中的应用，掌握识别和分析景观或区域生态网络格局的方法。

4.1.2　实验内容与准备

本章生态网络 3 类评价练习的原始数据分别存放在 D:\data 路径下文件夹名为 ecological_network 的 raw_data 的子文件夹中；操作中的过程数据可存放在该操作主题下新建的 process_data 子文件夹中，避免与原始数据混淆。各小节实验操作内容、前期准备和数据概况详见表 4-1。

表 4-1　实验主要内容一览表

项目	具体内容	相关软件与工具准备	原始数据介绍
景观连接度计算	景观连接度的概念 网络分析的思路及其基本要素 景观连接度指数的手动计算	笔、纸 Excel 2017 或其他版本	参见图 4-2. pdf

（续）

项目	具体内容	相关软件与工具准备	原始数据介绍
生态网络构建	结合形态学空间格局方法和景观连接度评价的生态源地识别 基于最小累积阻力模型的生态廊道构建 基于重力模型方法评价生态廊道重要性	ArcGIS 10.2 或更高版本 Guidos Toolbox Conefor 及其 GIS 插件 Excel 2017 或其他版本	福州市 2014 年土地利用分类 landuse _ 2014. grid、福州市 2014 年植被归一化指数分布图 ndvi. grid、高程文件 altitude. grid

4.2　景观连接度的基础概念与测算

4.2.1　景观连接度与网络分析

景观连接度是对景观中源斑块之间运动的促进和阻碍程度的测度。在破碎化的环境中，生境斑块之间的连接对于基因、个体、物种、种群的在不同时间尺度上移动都有着重要的意义。当景观中生境出现衰退、减少、破碎及分散等情况下，生境间的连接显得更为重要了。景观连接度常用结构连接度和功能连接度刻画。结构连接度仅指景观的空间格局，一般不涉及特定生物的运动行为。功能连接度与结构连接度相反，它包含生物响应景观格局的运动，因而是对某一物种而言的生境间连接性的度量。功能连接度有两种形式：①实际连接度(actual connectivity)要求对生物个体运动进行细致观察，因而成本较高；②潜在连接度(potential connectivity)采用物种的生活史中关于运动的信息来估计可能的运动路径，成本相对较低。通过网络分析可以对潜在连接度进行测定，这对于解决一些基本的生态学问题和资源管理问题可能是目前最为高效的方式。

网络分析的方法来自图论(graph theory)数学，适用于分析景观连接度。景观通常主要由斑块构成，这种数据结构也很适合通过网络分析来测定景观在不同水平上的连接度。网络(network)，是指由节点(node)之间通过连接(links)而形成的体系，其中两点之间的连线表示两点之间存在联系。在景观网络中，节点代表生境斑块或局部种群，连接代表种群间的交互或扩散作用(图 4-1)。节点和连接是定义景观网络的两个基本要素。生境的离散斑块被视为节点，这里就采用了生境岛屿的观点，即景观可以看成很多离散的生境岛屿(即斑块)分散在非生境的“海洋”中(即景观基质)。使用网络分析量化潜在连接度可以更好地了解景观格局。

根据网络的特征，本节列出了一些可以描述连接度的指标(图 4-1、表 4-2)。其中一些指标与整个景观特征有关(景观连接度)，另一些仅能评价单个斑块的连接性(斑块连接度)。景观连接度是整个景观的一个属性特征，而斑块连接度可以看作斑块尺度的一个属性。在一个景观中，每个斑块可能有不同的连接度。一些斑块之间互相连接，而某些斑块则完全孤立存在。

在景观尺度上，成群地连接在一起的斑块称为组分(components)。根据这个定义，生物在同一组分的斑块间可以发生扩散，而不同组分之间的斑块不能发生扩散。一个很直接的景观连接度指标就是最大组分大小(size of the largest component)，即计算景观中最大组分内生境面积之和占所有生境面积的百分比。这个指标表示大尺度种群过程在景观中的潜

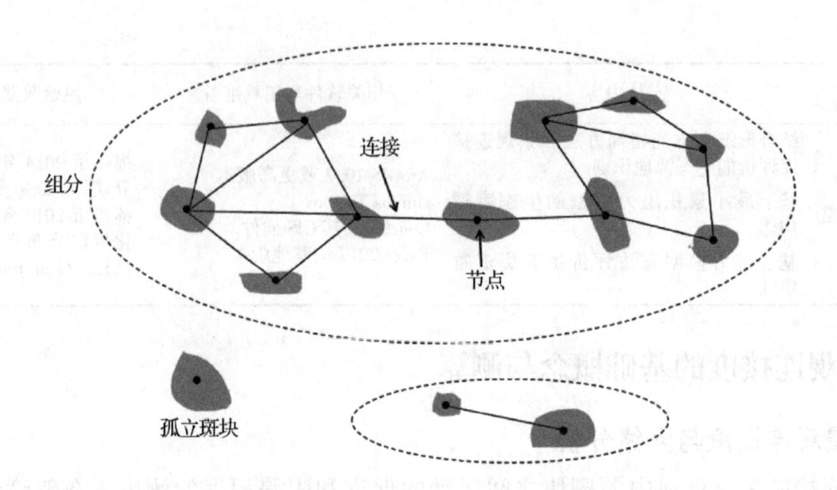

图 4-1　景观的网络示意(改绘自 Gergel and Turner, 2017)

注：连接画在两个节点的中心位置(即斑块中心点之间连线)，但实际上两个节点之间的距离通常是测定两个斑块的边缘之间的距离而不考虑斑块本身的直径。图中所有斑块被认为对目标物种而言是面积足够大的生境。最大组分(largest component)= 0.77(上面圈内一群连接斑块面积占所有斑块面积和的百分比)，连接密度(link density)= 0.18，标记节点的中心度(degree of centrality)= 2 个连接，标记节点的范畴(domain)= 10 个节点。

表 4-2　景观连接度指标及定义

指标层级	指标名称	单位	定义	公式编号
景观水平的连接度指标	最大组分	无单位	最大组成部分(H_C)中包含的生境面积除以适宜生境面积的总量(H_T)，适宜生境斑块面积必须大于最小生境需求面积	①
	连接密度	无单位	网络中的链路数(L)除以可能的最大连接数 $L/[n(n-1)/2]$(这里的 n=节点数)	②
斑块水平的连接度指标	中心度	连接	节点的总连接数(这是一种非常局部的衡量斑块连通性的方法，即仅考虑最近的邻居)	③
	范畴	节点	从节点可达的节点总数(这是一种更大范围的衡量斑块连通性的方法，即延伸到整个组分)	④

力。很多小的组分表示隔离的亚种群，而大组分则表示种群间交互作用很强。

另一个景观连接度的基本指标是网络的连接密度(link density)。连接密度计算公式为 $L/[n(n-1)/2]$，其中 L 和 n 分别是网络中连接和节点数量。公式中分母 $[n(n-1)/2]$ 代表网络中所有可能存在的最大连接数。网络中连接密度越高，景观中连接的冗余性就越大，丧失某一个连接而引起的脆弱性就越低。例如，修路可能导致两个斑块间出现障碍而丧失与扩散有关的连接，或某一斑块因土地开发被破坏掉会导致与这个斑块相关的所有连接丧失。从网络中系统地移除某些节点或连接是一种很好的练习，可以评价景观对于生境丧失或破碎化的脆弱性。

4.2.2　手工构建生态网络

假设在一个简化的高度破碎化的模拟景观(图 4-2)中，存在小型和大型两种类型哺乳动物，这两个物种生活史特征(最小生境需求和最大扩散距离)见表 4-3。根据物种的生活史特征，构建景观生态网络，计算并比较它们的景观连接度指标(最大组分指数和连接密度)。

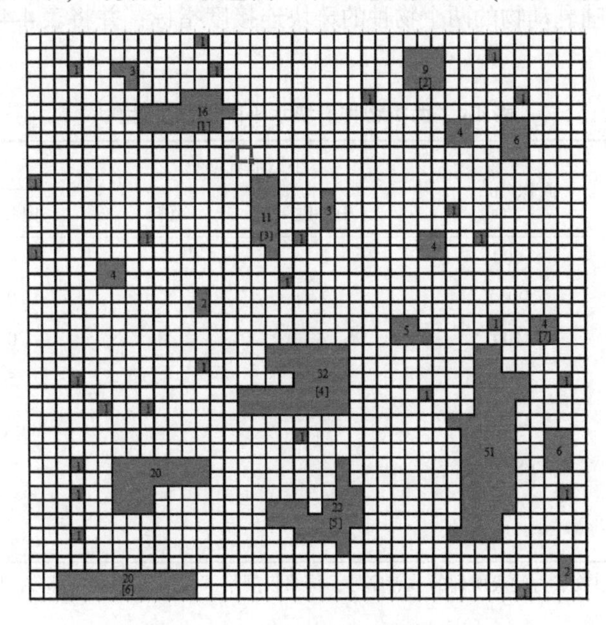

图 4-2　一个假设的破碎化景观

注：景观中灰色栅格为生境，白色栅格为非生境。生境斑块的数字编号按面积大小排序，共 45 个斑块，总面积 250 个栅格。

表 4-3　两类物种景观水平的连接度计算

物种类型	最小生境需求（栅格数）	最大扩散距离（栅格数）	最大组分指数	连接密度
小型哺乳动物	1	2		
大型哺乳动物	16	30		

➢ 步骤 1：景观水平的连接度计算。

首先，打印数据包提供的“图 4-2. pdf”，用作物种网络构建的潜在生境底图。在此以小型哺乳动物为例，只给出一个物种的构建过程。请用不同颜色的笔在潜在生境底图上确定小型哺乳动物适合的生境斑块(节点)，其遵循的条件是要满足小型哺乳动物的最小生境需求。

其次，对满足小型哺乳动物生境需求及扩散要求的斑块进行连接，只记录两个斑块边缘之间的栅格数即可，无论连线是斜线还是直线。连线的方向采用 8 邻域规则，即一个斑块要考虑 8 个方向上可能的连线，得到小型哺乳动物的生境网络。用相同的方式构建大型哺乳动物的景观网络(用不同颜色的笔绘制)。

最后，根据表 4-2 列出的指标①②，计算表 4-3 中小型哺乳动物的最大组分指数和连接密度；用相同方法计算大型哺乳动物的相应指数，最终获得表 4-3 中空缺的两类哺乳动物的景观连接度指标。

➢ 步骤 2：斑块水平的连接度计算。

假定图 4-2 的假设景观中每个网格面积为 100 m^2(10 m × 10 m)，请根据表 4-2 列出的指数③④计算大、小型哺乳动物的两个物种的斑块连接度指标；并将表 4-4 问号处缺失的信息补充完整。

表 4-4 两类物种斑块水平的连接度计算

节点序号	面积(m^2)	小型哺乳动物		大型哺乳动物	
		中心度	范畴	中心度	范畴
1	1600	2	4	4	5
2	900	2	5	0	0
3	1100	?	3	0	?
4	3200	2	?	5	?
5	2200	?	3	?	5
6	2000	?	4	4	?
7	400	?	?	?	?
平均值	—	?	?	?	?

注：图 4-2 中斑块[ ]中数字为此表所列的节点序号，网络仅展示了 45 个节点的一部分，但平均值为全部节点的平均值，需要计算填写。

4.3 景观生态网络构建

快速的城市化加剧了自然景观的破碎化，进而对许多生态过程产生影响。景观连接度是研究斑块间物质、能量、信息交流和物种迁移的有力工具，将连接度量化应用于破碎化景观中的研究，有利于生物多样性保护及促进城市可持续发展。生态网络是一种可以将生态源地、生态廊道、生态节点进行空间有机连接的网络体系。通过设置踏脚石和修复生态断裂点连接破碎的斑块，可以增强景观连接度，促进源地之间的物种迁移和能量流动，对生物多样性保护和生态环境可持续发展具有重要的理论和现实意义。本节以福建省福州市为例，学习在实际工作中综合采用多种专业软件工具从生态源地识别、阻力面制作、生态廊道构建与评价等方面逐步开展生态网络识别和构建的实操演练，为生态安全网络构建和国土空间规划提供参考。

4.3.1 生态源地的识别

生态源地是景观中面积较大，生态系统服务功能较好，可为物种提供较大栖息地的斑块，往往与周围环境进行着复杂且频繁的物质交换和能量交流，对维持生物多样性具有重大意义(彭建等，2017)。本节采用形态学空间格局分析(Morphological Spatial Pattern Analysis，MSPA)软件 Guidos Toolbox 来识别生态源地(P. Vogt，2022)。Guidos Toolbox 是一款在图形用户界面中提供按主题分组的光栅图像分析软件。该软件能够客观地描述和量化数字栅格数据中影像对象的各种空间属性。其形态学空间格局分析模块也被应用于绿色基础设施的网格格局分析，能够从功能上识别出 7 类功能不同的景观组分，分别是核心区、桥接区、孤岛、支线、孔隙、环岛区和边缘区等(Vogt et al., 2017)，各组分含义如图 4-3 所示。

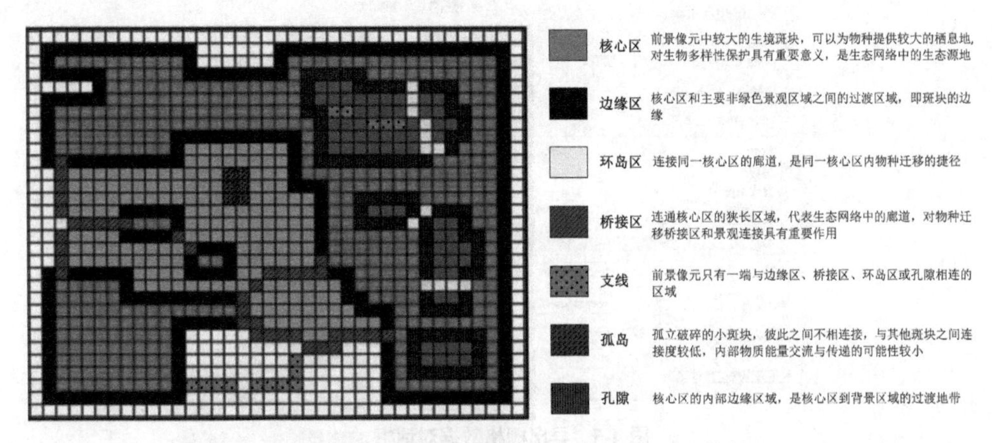

图 4-3　MSPA 输出结果类型及其生态学含义(尹海伟等，2018)

➢ 步骤 1：土地利用类型重分类并输出为 TIFF 栅格。

首先，打开 ArcMap，加载福州 landuse_2014 土地利用类型进行重分类操作(该数据源来源于武汉大学杨杰等发表于 *Earth System Science Data* 的研究成果，具体编码如下：1. 农田、2. 森林、3. 灌木、4. 草地、5. 水域、6. 裸地、7. 建设用地)。需要将林地、草地、灌木及水域等自然生态要素的土地类型重新赋值为 2，作为分析的前景数据，农田、裸地和建设用地重新赋值为 1，作为分析的背景数据。

其次，打开 ArcGIS 工具箱，选择【三维分析工具—栅格重分类—重分类命令】，【输入栅格】选择“landuse_2014”，将林地、草地、灌木及水域重新赋值为 2；农田、裸地和建设用地重新赋值为 1，【输出栅格】命名为：“reclass_use”(图 4-4)。

最后，右键“reclass_use”图层，选择【数据—导出数据】，根据 MSPA 指南手册，在进行分

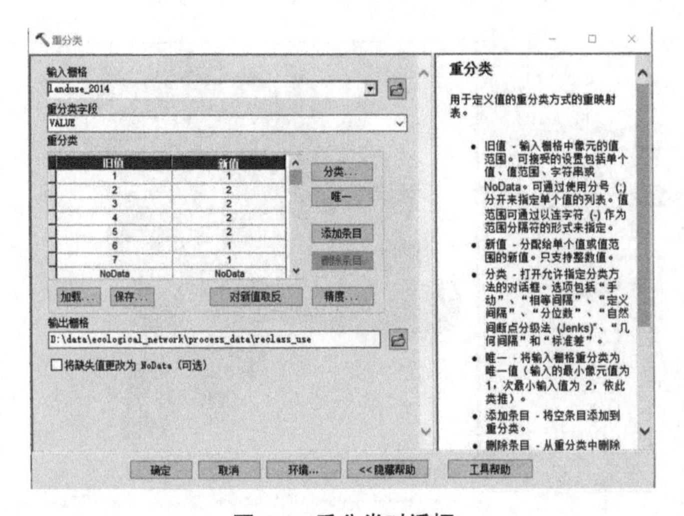

图 4-4　重分类对话框

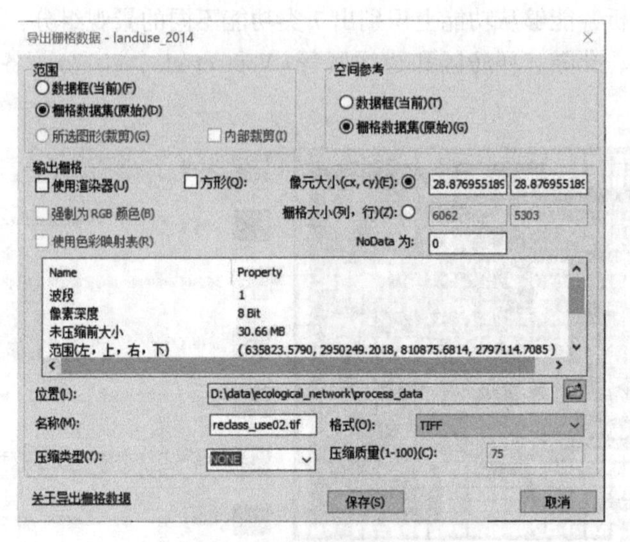

图 4-5　导出栅格数据对话框

析时，软件仅能读取 0 字节(缺失)、1 字节(背景)和 2 字节(前景)的数据，因此，此图框中的 NoData 值必须设置为 0，最后【导出栅格数据】(图 4-5)：命名为："reclass_use02. tif"。

➢ 步骤 2：对二值栅格图像进行 MSPA 分析。

在进行 MSPA 分析时，不同的边缘宽度及粒度大小对景观格局的形成都具有一定的影响。本次实验选择 30 m 粒度，8 个像素的边缘宽度进行操作。打开 Guidos Toolbox 软件，点击右上角【File—Read Image—Geo TIFF】，选择"reclass_use02"文件，加载后，在【MSPA SETTINGS】窗口处做如下设置(MSPA 参数设置参考 MSPA 操作手册)并根据研究区森林覆盖情况选择 8 个像素作为边缘宽度(图 4-6)。设置完毕后选择【Image Analysis—Pattern—Morphological—MSPA】，MSPA 分析结束后点击【File—Save Image—Geo TIFF】保存文件，命名为"mspa_8_8_1_1. tif"。

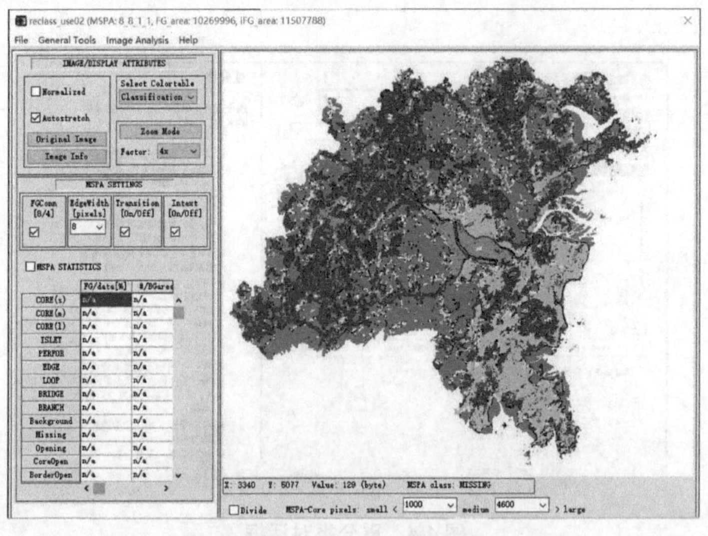

图 4-6　MSPA 分析对话框

➢ 步骤 3：核心区提取并进行栅格转面。

在 ArcMap 中加载经过 MSPA 分析后的图层“mspa_8_8_1_1”，右键该图层，选择【属性—符号系统—唯一值】，点击【是】(图 4-7)，构建完属性表后，右键图层，选择【打开属性表】，根据 Guidos Toolbox 操作指南，选择 Value 值为 17 和 117 的核心区(图 4-8)，打开【转换工具—由栅格转出—栅格转面】，【输入栅格】选择“mspa_8_8_1_1”，不勾选“简化面(可选)”(图 4-9)，最后生成得到 MSPA 分析后的核心区，存储在文件地理数据库中，【输出栅格】命名为“mspa_core”。

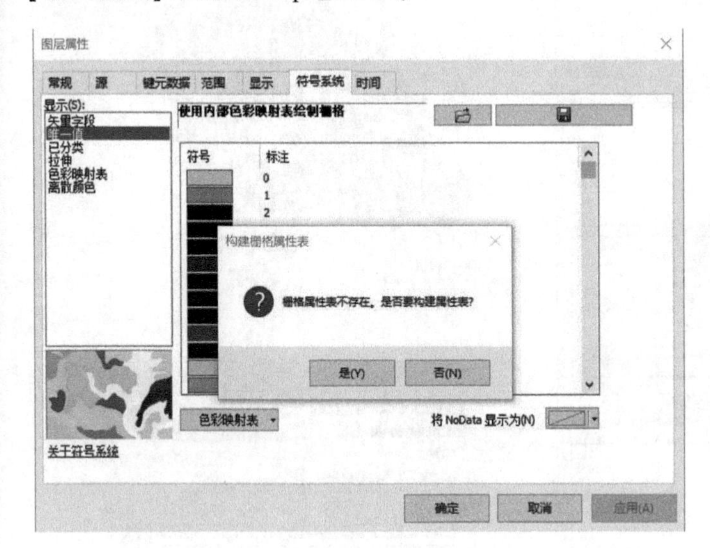

图 4-7　构建栅格属性表对话框

表

mspa_8_8_1_1.tif

OID	Value	Count
0	0	1730333
1	1	113517
2	3	416648
3	9	169377
4	17	5661865
5	33	1077665
6	35	1390916
7	65	162115
8	67	315172
9	100	81843
10	101	6735
11	103	682
12	105	257724
13	109	955
14	117	4034
15	129	16543719
16	133	64529
17	135	31544
18	137	155866
19	165	51107
20	169	389545

(2 / 22 已选择)

mspa_8_8_1_1.tif

图 4-8　属性表选择对话框

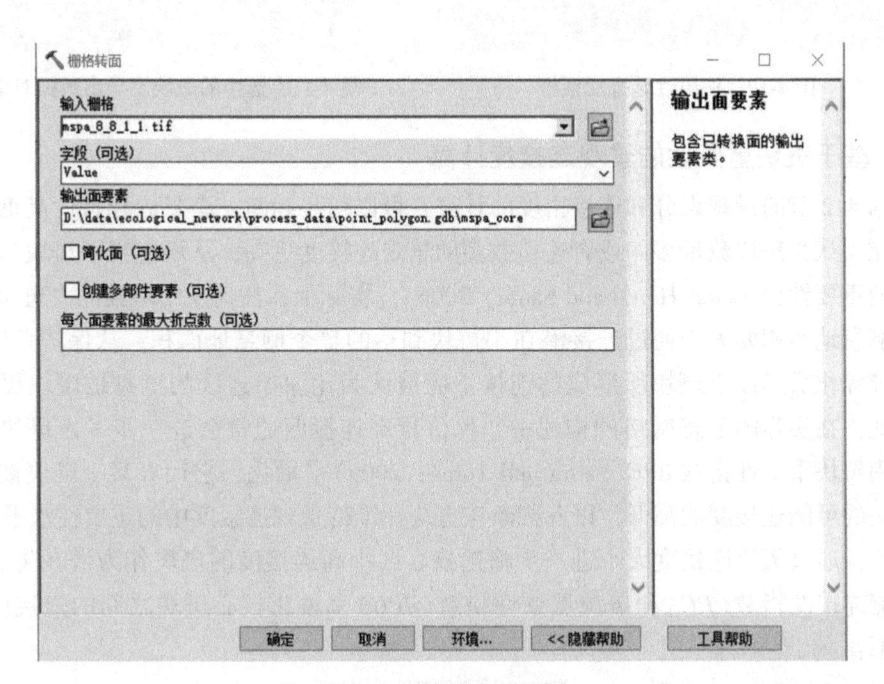

图 4-9　栅格转面对话框

➢ 步骤 4：选择面积大于 $1km^2$ 的核心区。

加载“mspa_core”文件，参考有关文献及研究区概况，选择面积大于 $1km^2$ 的核心区作为景观连接度评价的备选源地。右键图层“mspa_core”打开属性表并点击属性表左上角的按钮【打开属性表—按属性选择】，双击【Shape Area 及>=符号】，“输入 1000000”(图 4-10)，输入后点击【应用】，选中面积大于 $1km^2$ 的核心区(图 4-11 上)，然后右键【数据—导出数据】，命名为“core_1km”(图 4-11 下)。

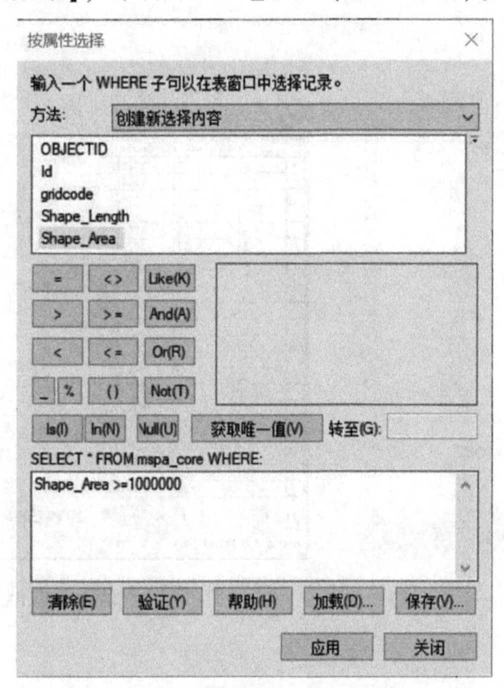

图 4-10　按属性选择对话框

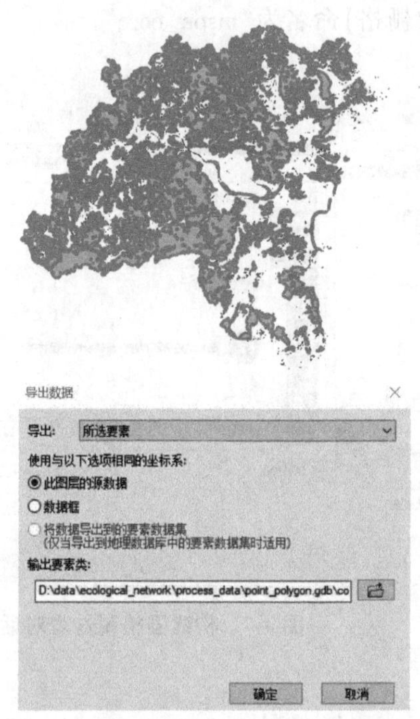

图 4-11　选中的斑块及导出数据对话框

4.3.2　基于斑块重要性的景观连接度计算

根据 4.2 节的景观组分和连接密度的计算，可以初步判断一个景观连接度高低，但是也容易让人认为斑块数量多的或者连接数多的景观连接度更高，从而忽视了斑块的面积或者斑块的重要性(Pascual-Hortal and Saura，2006)。实际上，任何一个单独的大斑块所包含的连通栖息地面积要大于通过连接潜在小斑块到达的整个栖息地面积。从保护角度来看，大斑块破碎化后形成小斑块所形成的连接不应被认为比原始连续的栖息地斑块更具连接性。因此，在实际的生态网络的构建中，评价景观连接度通常会进一步考虑斑块的重要性，常用斑块重要性指数 dPC(Saura and Torné，2009)来量化，它代表某一斑块被剔除后其余斑块的可能连接度的高低，以此判断该斑块在维持景观连接度中的重要性水平。

因此，通过斑块连接度大小进一步筛选核心区中高连接度的斑块作为潜在生态源地。采用可能连接度指数(PC)和斑块重要性指数(dPC)来量化核心斑块之间的连接度大小，公式如下：

PC 和 dPC(Saura and Torné，2009)公式如下：

$$PC = \frac{\sum_{i=1}^{n} a_i \sum_{j=1}^{n} a_j \cdot p_{ij}^*}{A_L^2} \tag{4-1}$$

$$dPC = \frac{PC - PC_{\text{remove}}}{PC} \times 100\% \tag{4-2}$$

式中，a_i，a_j 分别为斑块的面积；p_{ij}^* 为两个斑块间所有路径概率的乘积的最大值；A_L^2 为区域自然景观要素的总面积；PC_{remove} 为某一斑块被剔除后其余斑块的可能连接度的高低，可判断该斑块重要性。

Conefor 是由马德里理工大学和莱达大学所开发的景观生态学软件。Conefor 作为一种空间生态分析工具，通过识别和优先排序栖息地和景观连接的关键地点，为保护规划提供决策支持，它可以量化栖息地区域和廊道对于维持或改善连接度的重要性，以及评估对栖息地连接度和景观变化的影响(Saura and Torné，2009)。Conefor 既有独立的软件包，也有 GIS 的插件。这里使用 Conefor 2.6 软件计算可能连接度指数 *PC* 和斑块重要性指数 *dPC*(Saura，2009)。

➢ 步骤 1：对面积大于 1km^2 的核心区进行景观连接度分析。

评价每一个核心区斑块需要对斑块进行编号，加载“core_1km”文件，添加字段(图 4-12)。右键【打开属性表—添加字段】，输入名称“ID_1”，点击全选该字段，右键【字段计算器】，双击【OBJECTID】，令 ID_1=OBJECTID，以便后续景观连接度分析(图 4-13)。

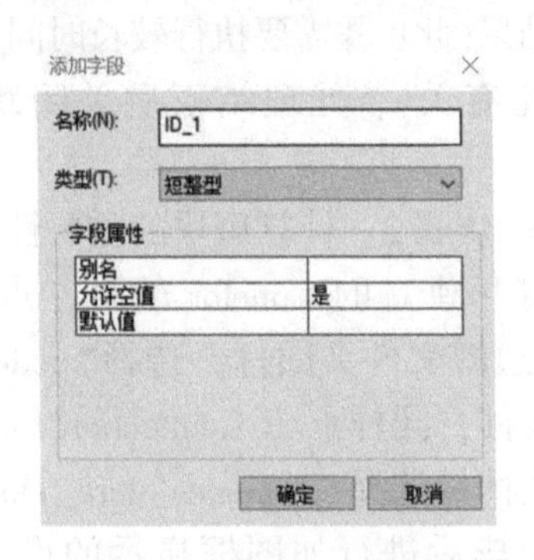

图 4-12　添加字段对话框

图 4-14　Conefor 插件图标

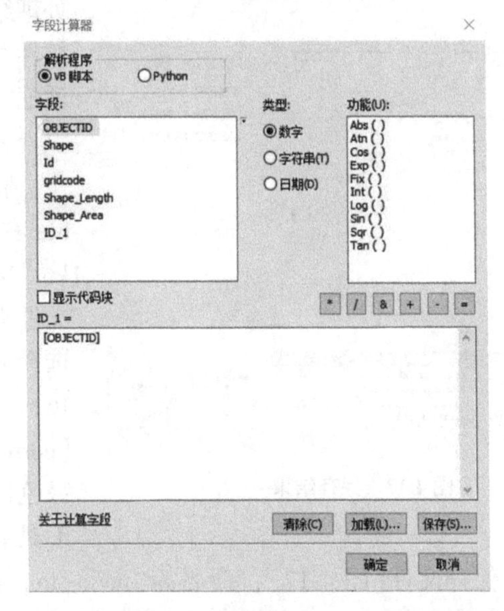

图 4-13　字段计算器对话框

打开 ArcMap，选择【自定义—工具条—勾选 Conefor 插件】出现如图 4-14 所示的图标，点击图标中的【D】符号出现如图 4-15 所示的对话框，参考 Conefor 使用手册、相关文献及研究区实际情况选择连接距离为 1000 m(图 4-12)，连接概率为 0.5(图 4-16)，对话框中【Include features within】填写“1000”为连接距离，其余设置如图框所示，然后点击【OK】，等待

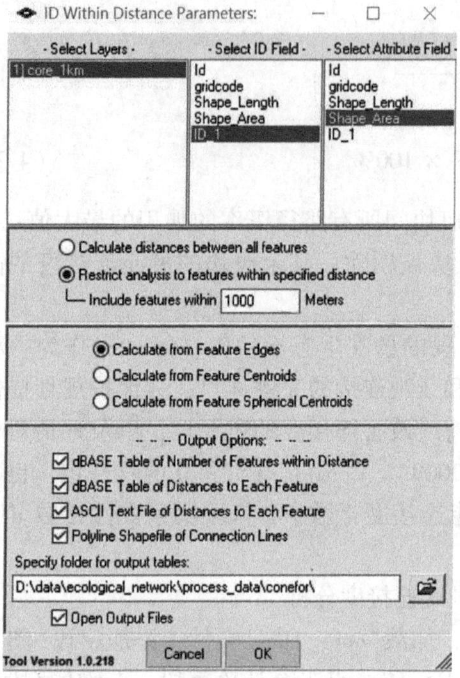

图4-15　Conefor GIS 插件斑块连接度评价对话框

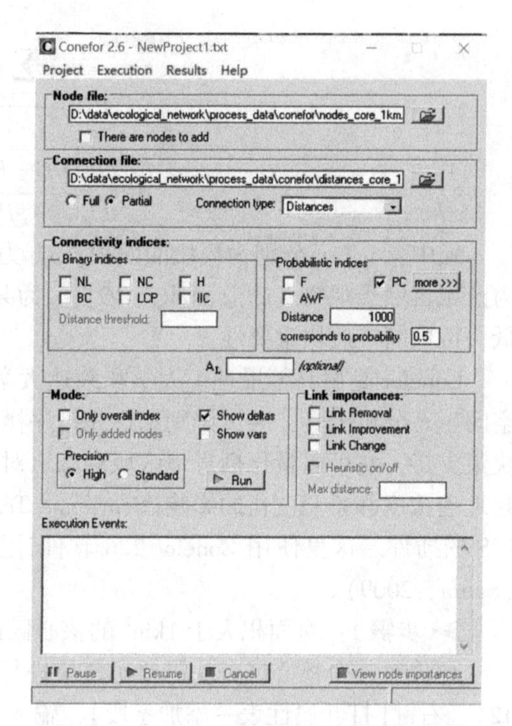

图 4-16　Conefor 斑块重要性指数评价对话框

处理结果(此步骤需要执行较长时间，与计算机性能有关)，处理结束后关闭跳出的对话框。

➤ 步骤 2：计算斑块的重要性指数。

打开独立的 Conefor 软件，点击 Node file 右边的文件夹图标，选择“node_core_1km”文件，同样点击 Connection file 右边的文件夹图标选择“distances_core_1km”文件，选择完毕后进行如图框显示的设置(图 4-16)，【勾选 PC】，【Distance】设置 1000 m，【corresponds to probability】设置 0.5，点击绿色按钮【Run】，运行完毕后，在对话框上工具栏选择【result—node importance—save as txt file】，保存文件(图 4-17)，命名为“node_importance”。打开“node importance ”将其内容复制粘贴到新建 Excel 表格中，本练习仅保留 *Node* 和 *dPC* 两列数据，然后另存为 csv 格式，命名为“node_dpc”。

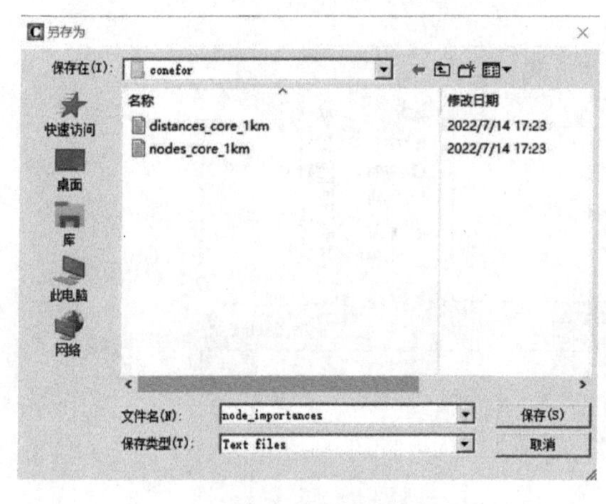

图 4-17　保存结果

➤ 步骤 3：连接属性表并导出数据。

采用连接命令，将“node_dpc. csv”连接到“core_1km”文件里。右键“core_1km”图层【连接和关联—连接】，选择【Node】为连接字段(图 4-18)。

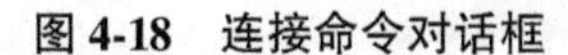

图 4-18　连接命令对话框

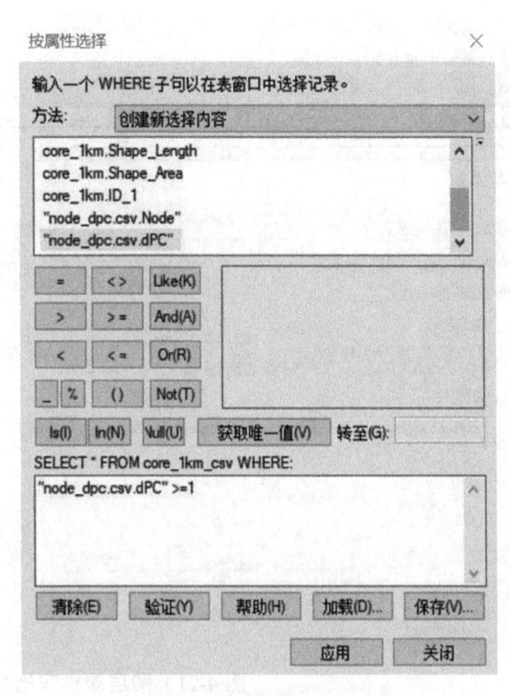

图 4-19　按属性选择对话框

连接完毕后，选择斑块重要性指数(*dPC* 值)大于等于 1 的斑块作为研究区的生态源地。右键“core_1km”文件，【打开属性表—按属性选择—输入 Where 语句 dPC>=1】。选择所有 *dPC* 大于 1 的面(图 4-19)，然后右键导出数据，命名为“Eco_origin”，对“Eco_origin”进行要素转点，打开工具箱选择【数据管理工—要素—要素转点】,【输出要素类】命名为“D:\data\…\Eco_origin_point”(图 4-20)。接着，将“Eco_origin_point”中所有生态源点逐步导出，为后续廊道路径分析做准备。具体操作步骤如下：【打开属性表】选中“origin_point_01”属性表的生态源点 1(OBJECTED 等于 1)，右键“Eco_origin_point”文件选择【数据—导出数据】，文件命名为“origin_point_01”(图 4-21 左)；再选中除生态源点 1 之外的其余所有源点，导出数据命名为“origin_point_01_Dest”。选中生态源点 2，导出数据文件命名“origin_point_02”，选中除生态源点 2 之外的余下各点导出文件并命名为“origin_point_02_Dest”，以同样方式重复操作，直到所有生态源点都导出完毕(图 4-21 右)。

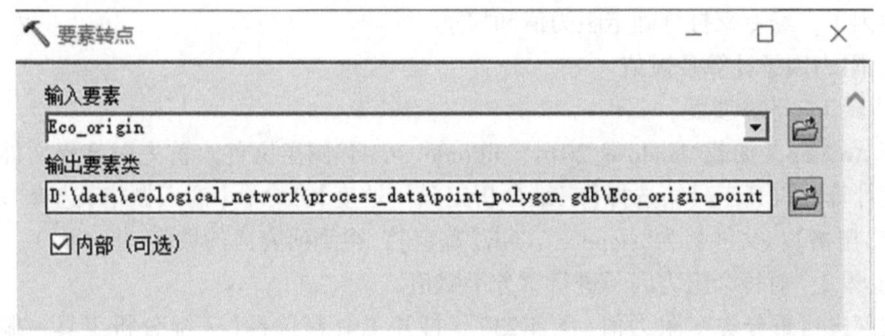

图 4-20　要素转点对话框

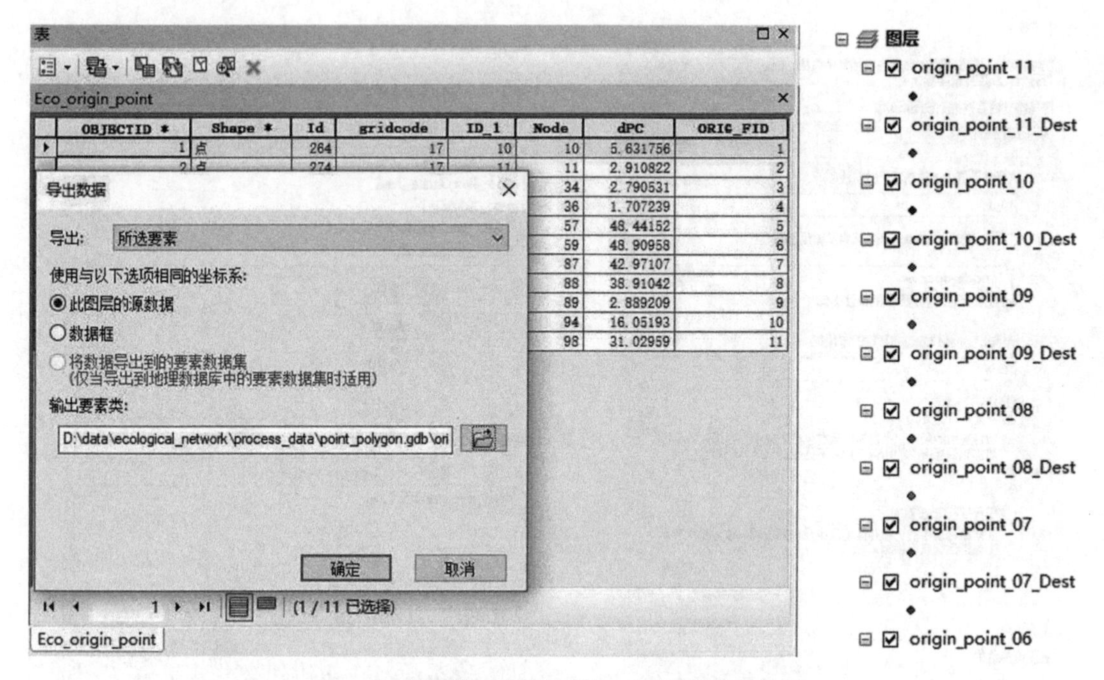

图 4-21　图层属性表选择要素对话框及导出数据

4.3.3　基于最小阻力累积模型的生态廊道构建

最小阻力累积(minimum cumulative resistance，MCR)模型最初是作为研究物种扩散的方法，由荷兰学者提出，经国内学者俞孔坚修改并引进。物种在景观中迁移及各种物质能量的交流需要克服景观中的阻力，例如，物种在建设用地中的迁徙比在森林中迁徙所克服的阻力往往较大。MCR 模型能根据景观表面阻力模拟出物种在源与目标之间移动的最佳路线(戴璐等，2020)，目前该方法多被用于构建生态廊道，计算公式如下：

$$MCR = f_{\min} \sum_{j=b}^{i=a} D_{ij} \cdot R_i \tag{4-3}$$

式中，$f_{\min}$ 为最小累积阻力值；D_{ij} 为斑块 i 和斑块 j 之间的距离；R_i 为阻力系数。

MCR 所需要的基础数据为生态源地和生态阻力面。物种在生态源地之间的移动会避开高阻力值的区域。综合研究区概况，本文使用高程、坡度、土地利用类型和植被覆盖度作为阻力因子，经专家打分确定阻力值和权重。

4.3.3.1　阻力因子计算及赋值

➢ 步骤 1：计算坡度。

打开 ArcMap，加载“landuse_2014、altitude、ndvi”图层文件。首先对高程文件 altitude 进行坡度计算，打开工具箱选择【三维分析工具—坡度】命令，【输入栅格】选择“altitude”文件【输出栅格】：文件名为“slope”，点击【确定】，得到研究区的坡度(图 4-22)。

➢ 步骤 2：对每个阻力因子进行重分类赋值。

对坡度进行重分类赋阻力值(图 4-23)。打开工具箱选择【三维分析工具—栅格重分类—重分类】命令，【输入栅格】选择“slope”文件，点击【分类】，【类别】选择 5，设置如图

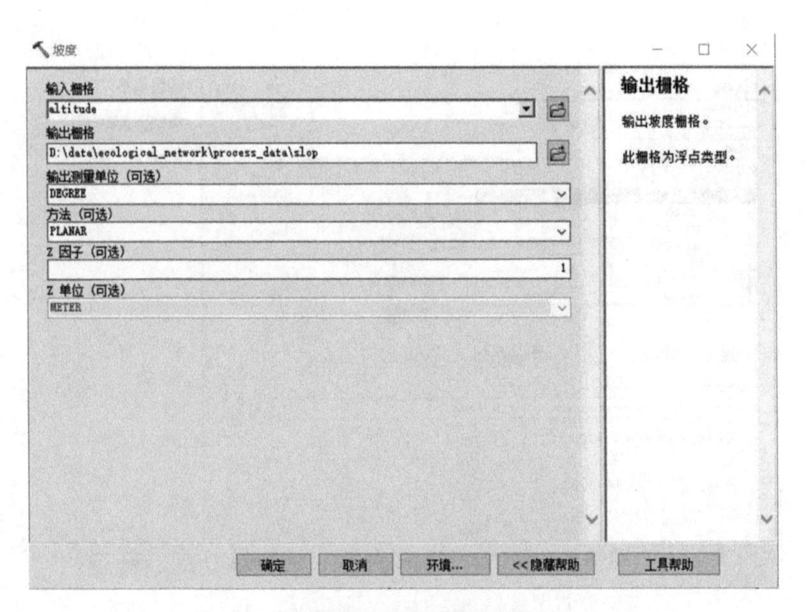

图 4-22　坡度计算对话框

框所示的中断值依次是 5、10、25、35，点击【确定】，并在新值处设置 1、3、5、7、9 阻力值，【输出栅格】：文件命名为“r_slope”。

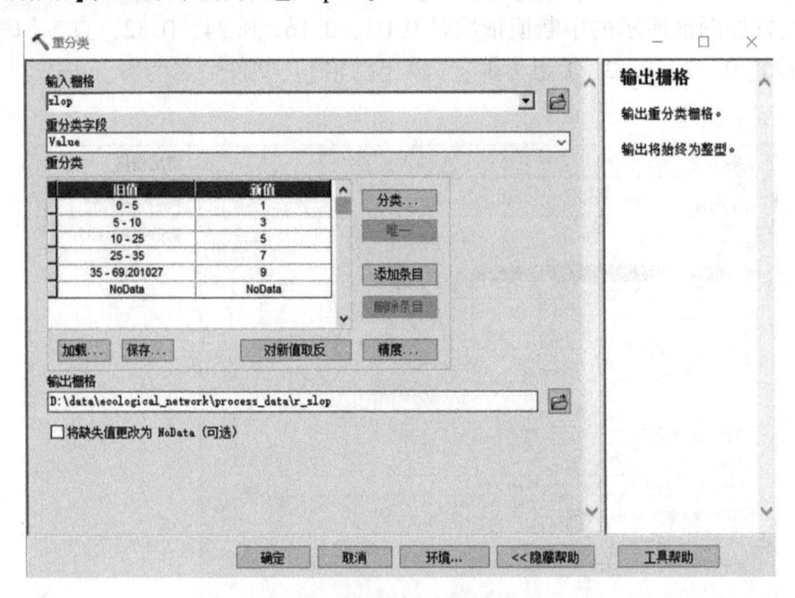

图 4-23　坡度重分类对话框

对高程也以同样的方式进行重分类赋值(图 4-24)。打开工具箱选择【三维分析工具—栅格重分类—重分类】命令，【输入栅格】选择“altitude”文件，点击【分类】，类别选择 5，设置如图框所示的中断值依次是 200、400、600、1000，点击【确定】，并在新值处设置 1、3、5、7、9 阻力值，【输出栅格】：文件命名为“r_altitude”。

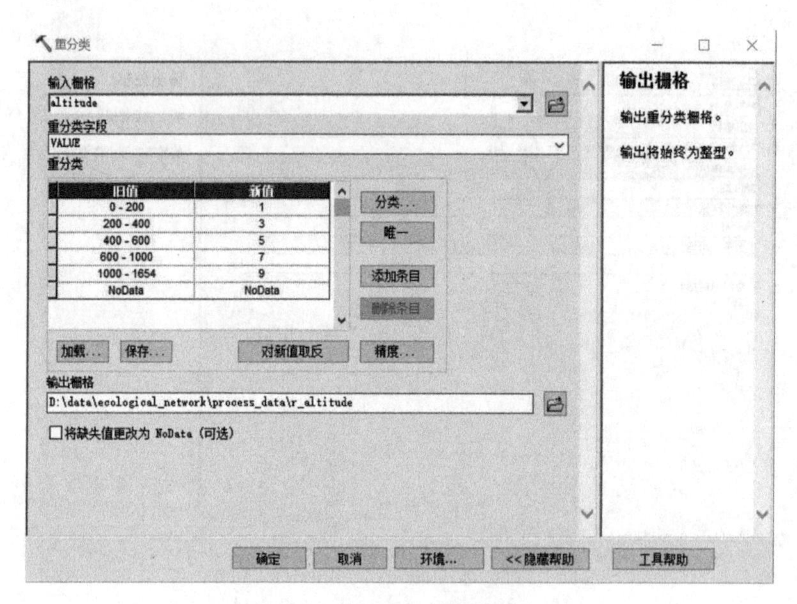

图 4-24　高程重分类对话框

对植被覆盖度(*NDVI*)也以同样的方式进行重分类赋值(图 4-25)。打开工具箱选择【三维分析工具—栅格重分类—重分类】命令，【输入栅格】选择“ndvi”文件，点击【分类】，类别选择 5，设置如图框所示的中断值依次是 0.05、0.16、0.24、0.32，点击【确定】，并在新值处依次设置 9、7、5、3、1 阻力值，【输出栅格】：文件命名为“r_ndvi”。

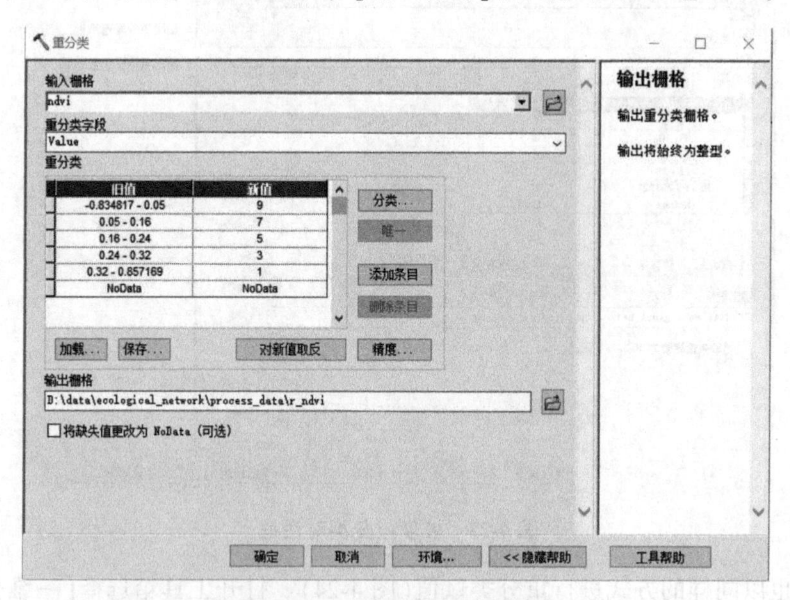

图 4-25　NDVI 重分类对话框

对土地利用分类也以同样的方式进行重分类操作(图 4-26)。打开工具箱选择【三维分析工具—栅格重分类—重分类】命令，【输入栅格】选择“landuse_2014”文件，在新值处设置 1、3、5、7、9 阻力值，【输出栅格】：文件命名为“r_landuse”。

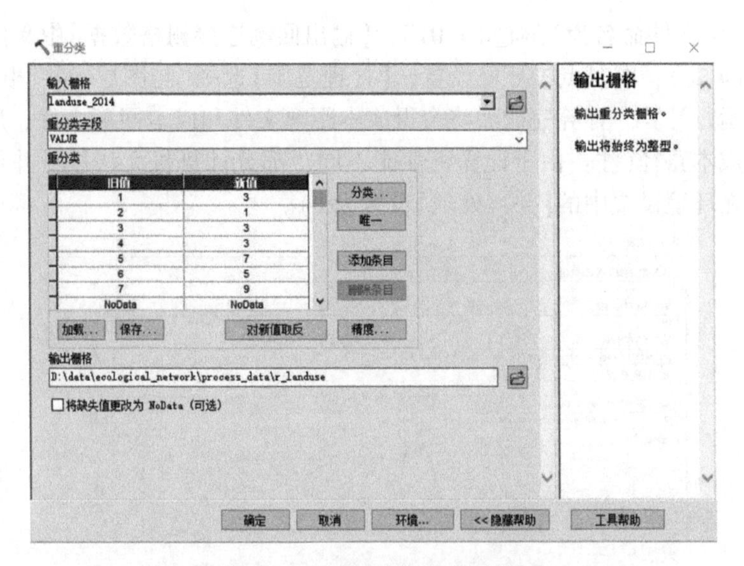

图 4-26　土地利用重分类对话框

4.3.3.2　综合阻力因子计算

对生成的单个阻力因子图层使用栅格计算器进行叠加，生成区域的综合阻力面文件。

打开工具箱【空间分析工具—地图代数—栅格计算器】，土地利用、*NDVI*、坡度、海拔分别以 0.63、0.06、0.17、0.14 的权重叠加计算获得研究区的综合阻力面，【输出栅格】：文件命名为“cost”（图 4-27）。

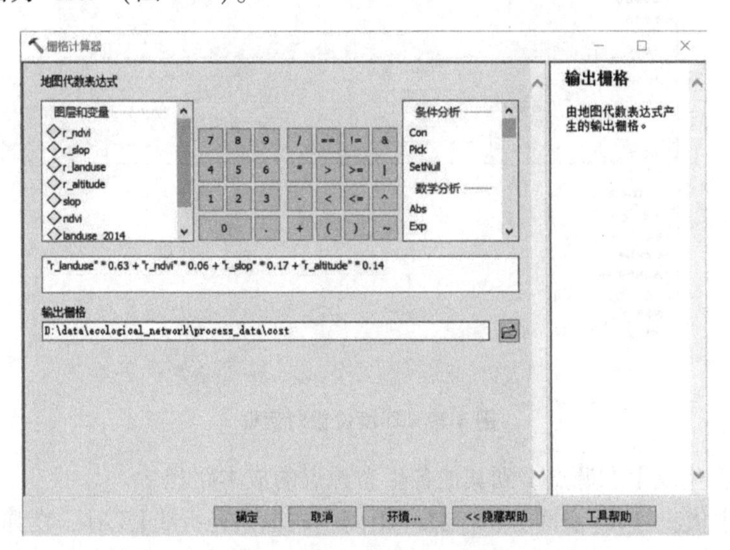

图 4-27　栅格计算器对话框

4.3.3.3　生态源点间潜在生态廊道构建

➢ 步骤 1：计算生态源点 1 到其他各源点间的成本距离。

打开【空间分析工具—距离—成本距离】工具，在弹出的对话框中【输入栅格数据或要素源数据】选择“origin_point_01”文件，【输入成本栅格数据】选择“cost”成本文件；【输出距离栅格数据】中文件命名为“cost_dis_01”，【输出回溯连接栅格数据】中文件命名为“cost_back_01”(图4-28)；同时点击环境设置，【处理范围】选择“与图层 cost”相同(图4-29)，单击确定按钮运行计算。计算完成后将会得成本距离文件和成本回溯文件，后续将根据这两个文件计算成本路径(注：由于计算机性能不同，部分计算机无法进行并行处理导致此步骤报错，可在环境设置中的【并行处理】设置为0)。

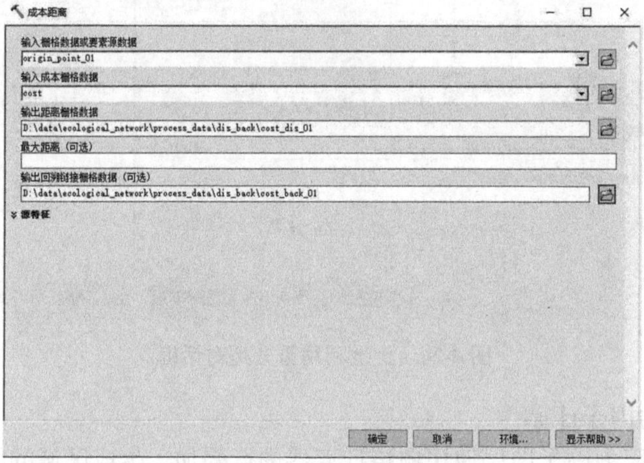

图4-28　成本距离对话框

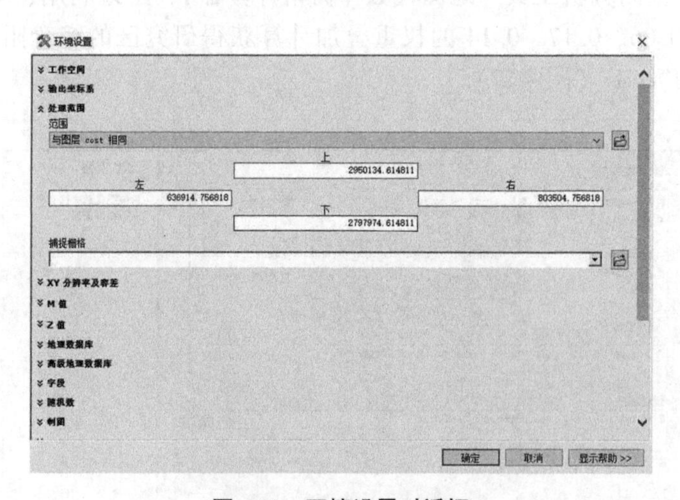

图4-29　环境设置对话框

➢ 步骤2：生成生态源点1到其他各生态源点的成本路径。

在工具箱中依次打开【空间分析工具—距离—成本路径折线】工具，在弹出的对话框中【输入栅格数据或要素目标数据】选择“origin_ point_ 01_ Dest”，目标字段选择“ORIG_FID”，输入上一步骤生成的成本距离文件和回朔文件，即【输入成本距离栅格数据】选择“cost_dis_01”，【输入成本回朔连接、反向或流向】选择“cost_ back_ 01”，【输出折线要素】中文件命名为“cost_path_01”，【路径类型(可选)】选择“EACH_ZONE”，单击确定按钮执行运算(图4-30)。最终得到从生态源地1到其他各源地之间的最小成本路径(图4-31)。打开“cost_path_01”文件的属性表，添加各廊道起点源地的编号字段“start_ID”(类型为短整型)并赋上相应生态源地的起点编号值，由于“origin_ point_01_ Dest”文件的起点源地编号为 1，这里对字段 start_ID 赋值为 1(图 4-32)。余下各源点也根据上述步骤重复进行成本距离、成本路径折线分析和起点源地编号赋值的操作，直至获得所有源地之间的成本路径折线。

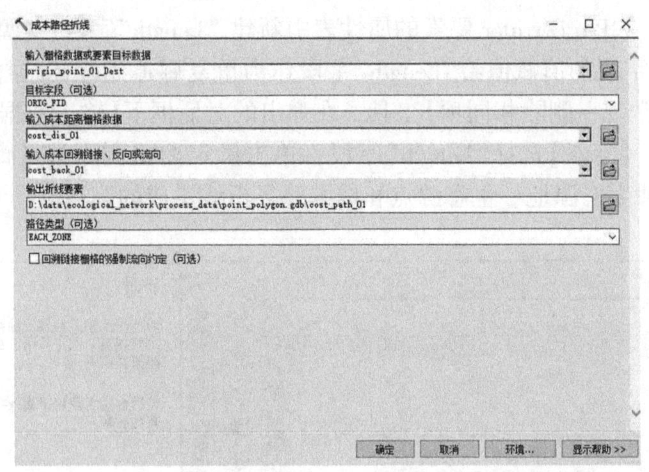

图 4-30　成本路径折线对话框

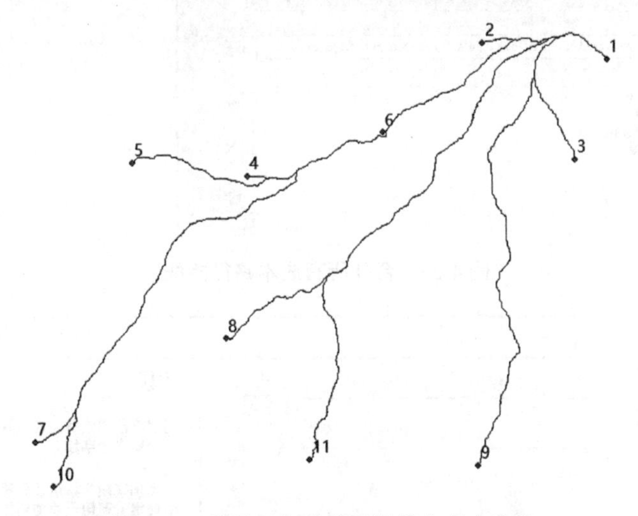

图 4-31　源地 1 与其他源地最小成本路径

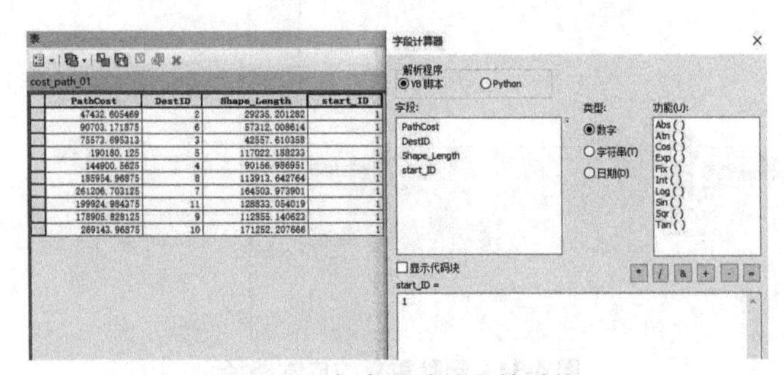

PathCost	DestID	Shape_Length	start_ID
47432. 605469	2	29235. 201282	1
90703. 171875	6	57312. 008614	1
75573. 695313	3	42557. 610358	1
190180. 125	5	117022. 188233	1
144900. 5625	4	90156. 986951	1
185954. 96875	8	113913. 642764	1
261206. 703125	7	164503. 973901	1
199924. 984375	11	128833. 054019	1
178905. 828125	9	112855. 140623	1
269143. 96875	10	171252. 207666	1

图 4-32　起点源地编号的赋值

➢ 步骤 3：合并所有成本路径折线并剔除重复的折线后生成最终潜在廊道。

首先，在工具箱中点击【数据管理工具—常规—合并】，弹出对话框下【输入数据集】选择所有的成本路径折线，【输出数据集】文件命名为：Po_corridor，单击确定按钮并获得所有成本路径折线矢量文件(图 4-33)。其次，针对 Po_corridor 文件进行删除重复廊道操作。具体步骤为：在 Po_corridor 要素的属性表中新建"Length"字段(类型设置为长整型)，将"Shape_Length"字段的值赋值给"Length"字段作为重复廊道剔除的选择依据。接着打开【数据管理工具—常规—删除相同项】工具，在弹出的对话框下【输入数据集】选择"Po_corridor"要素数据集，【字段】选择"Length"字段，单击确定按钮删除重复廊道(图 4-34 和图 4-35)。最后，加载生态源地、生态源点和成本路径折线生成的廊道制作专题图。

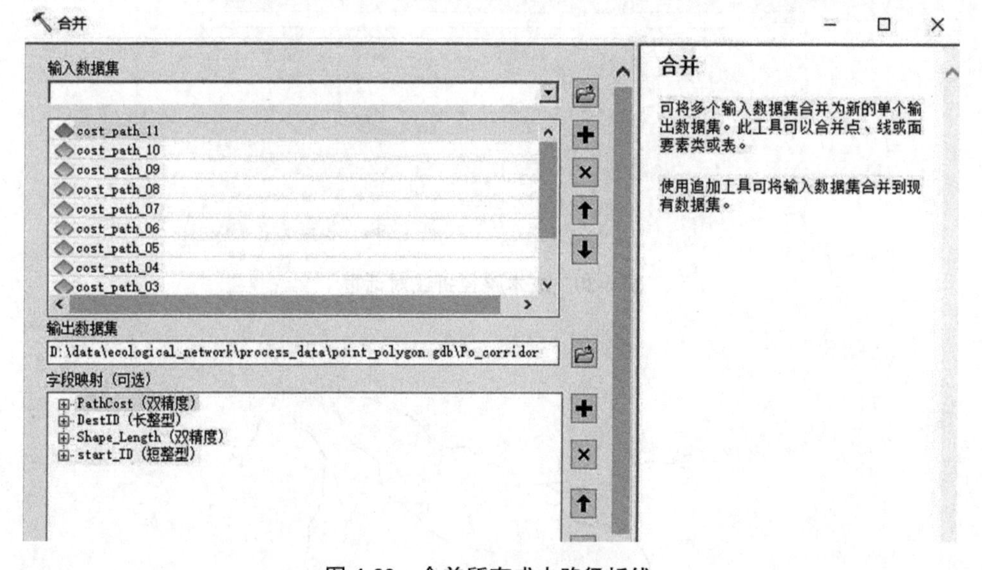

图 4-33 合并所有成本路径折线

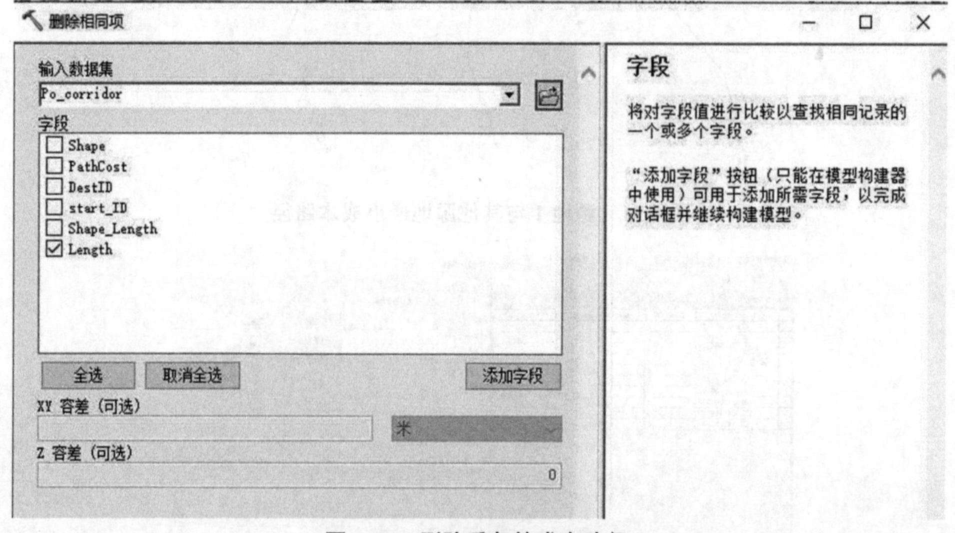

图 4-34 删除重复的成本路径

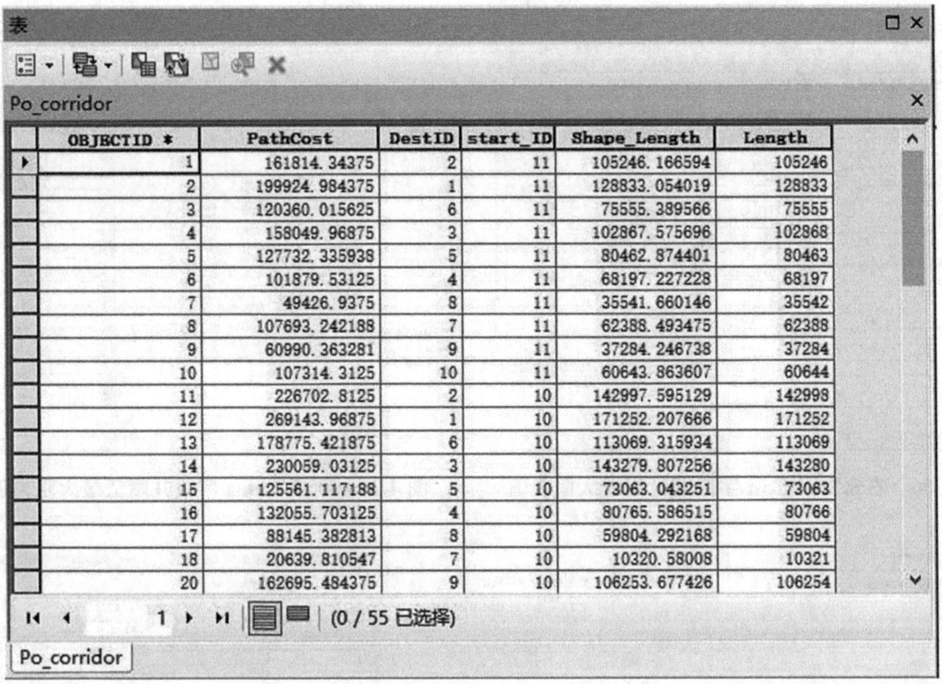

表

Po_corridor

OBJECTID *	PathCost	DestID	start_ID	Shape_Length	Length
1	161814.34375	2	11	105246.166594	105246
2	199924.984375	1	11	128833.054019	128833
3	120360.015625	6	11	75555.389566	75555
4	158049.96875	3	11	102867.575696	102868
5	127732.335938	5	11	80462.874401	80463
6	101879.53125	4	11	68197.227228	68197
7	49426.9375	8	11	35541.660146	35542
8	107693.242188	7	11	62388.493475	62388
9	60990.363281	9	11	37284.246738	37284
10	107314.3125	10	11	60643.863607	60644
11	226702.8125	2	10	142997.595129	142998
12	269143.96875	1	10	171252.207666	171252
13	178775.421875	6	10	113069.315934	113069
14	230059.03125	3	10	143279.807256	143280
15	125561.117188	5	10	73063.043251	73063
16	132055.703125	4	10	80765.586515	80766
17	88145.382813	8	10	59804.292168	59804
18	20639.810547	7	10	10320.58008	10321
20	162695.484375	9	10	106253.677426	106254

1 (0 / 55 已选择)

Po_corridor

图 4-35　剔除重复廊道后的潜在廊道

4.3.4　基于重力模型的生态廊道重要性评价

使用重力模型计算生态源地间的相互作用力并提取重要廊道。重力模型起源于万有引力定律，用来衡量两个斑块之间相互作用力的大小，可定量反映出两个斑块之间廊道重要性的高低。本实验使用重力模型构建不同生态源地之间的相互作用矩阵，并将相互作用力大于300的源地间的廊道选为重要廊道，其余为一般廊道，最终得到研究区生态网络。公式如下：

$$G_{ab}=\frac{L_{\max}^{2}\ln S_{a}\ln S_{b}}{L_{ab}^{2}P_{a}P_{b}} \tag{4-4}$$

式中，$L_{\max}$ 为最大阻力值；S_a，S_b 为斑块 a、b 的面积；L_{ab} 为 a 斑块和 b 斑块之间廊道的阻力值；P_a，P_b 为斑块 a、b 的阻力值。

➢ 步骤 1：获取最大阻力值 $L_{\max}$。

加载并打开“Po_corridor”要素数据集的属性表，右击累积最小通行成本【PathCost】字段，点击【统计】获取阻力最大值(图 4-36)。在属性表中新建“Lmax”字段(类型为双精度)，将该最大值赋值给“Lmax”字段(图 4-37)。

➢ 步骤 2：计算源地的面积和源地范围内的平均阻力值。

加载成本文件“cost”图层和生态源地面状图层“Eco_origin”，打开【空间分析工具—区域分析—以表格显示分区统计】工具，在对话框中【输入栅格数据或要素区域数据】选择“Eco_origin”图层，【区域字段】选择“OBJECTID”字段，【统计类型】选择“MEAN”；【输出表】中将文件命名为“Average_resistance”，单击确定按钮(图 4-38)。计算得到的数据表中AERA 字段值为各表源地面积和 MEAN 为相应源地内的平均阻力值(图 4-39)。

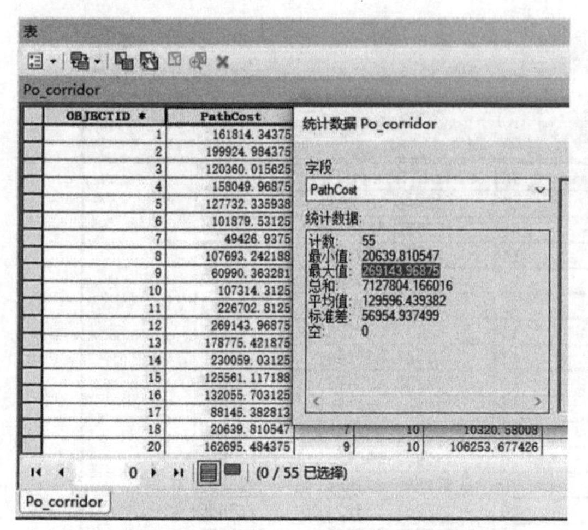

图 4-36　右击 PathCost 字段统计出最大阻力值　　图 4-37　新建 Lmax 字段并赋值最大阻力值

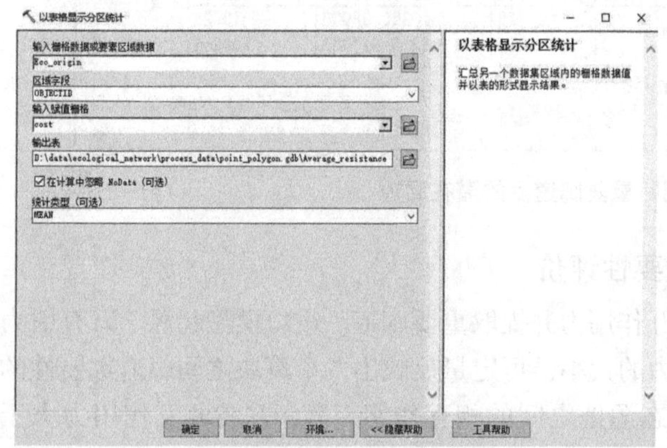

图 4-38　以表格显示分区统计对话框设置

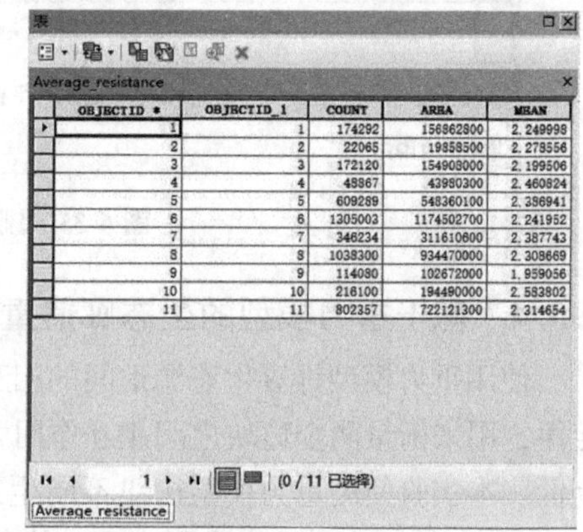

OBJECTID *	OBJECTID_1	COUNT	AREA	MEAN
1	1	174292	156862800	2.249998
2	2	22065	19858500	2.278556
3	3	172120	154908000	2.199506
4	4	48867	43980300	2.460824
5	5	609289	548360100	2.396941
6	6	1305003	1174502700	2.241952
7	7	346234	311610600	2.387743
8	8	1038300	934470000	2.308669
9	9	114080	102672000	1.959056
10	10	216100	194490000	2.583802
11	11	802357	722121300	2.314654

图 4-39　每个源地的面积及其平均阻力值

➢ 步骤 3：计算各廊道对应的斑块面积 S_a、S_b 和阻力值 L_a、L_b。

首先，打开“Po_corridor”要素的属性表，新建“Sa”，“Sb”，“La”，“Lb”字段，类型均设置为双精度。其次，打开属性表，点击左上角的首选项并选择【连接和关联—关联】进入连接数据对话框界面，在【选择该图层中连接将基于的字段】选择“start_ID”字段，【选择要连接到此图层的表，或者从磁盘加载表】选择“Average_resistance”表，【选择此表中要作为连接基础的字段】选择“OBJECTID_1”字段(图 4-40)，单击确定按钮。再次，分别将字段“AREA”和“MEAN”的值通过字段计算器赋值给字段“Sa”和“La”(图 4-41)；赋值计算完成之后，点击首选项选择【连接和关联—移除连接—移除所有连接】移除连接。最后，再进行属性表连接，步骤与前文一致，但是在【选择该图层中连接将基于的字段】需要选择“DestID”字段；同样进行字段赋值计算，分别将字段“AREA”和“MEAN”的值赋给字段“Sb”和“Lb”，计算完之后同样移除连接。

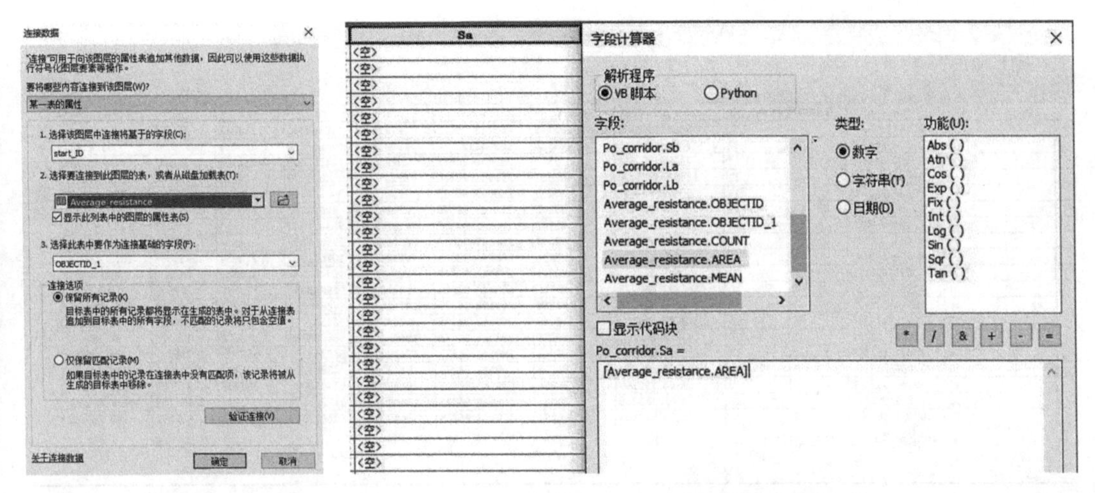

图 4-40 属性表连接设置　　　　图 4-41 字段计算器的赋值过程

➢ 步骤 4：根据重力模型公式计算生态源地相互作用的强度值。

打开“Po_corridor”要素的属性表，新建“strength”字段(类型为双精度)。右击字段打开字段计算器，解析程序点击切换至 Python。输入如下公式：(! Lmax! * ! Lmax! * math. log(! Sa!) * math. log(! Sb!)) / (! PathCost! * ! PathCost! * ! La! * ! Lb!)(图 4-42)，最后单击确定按钮计算得到不同源地之间相互作用的强度值(图 4-43)。

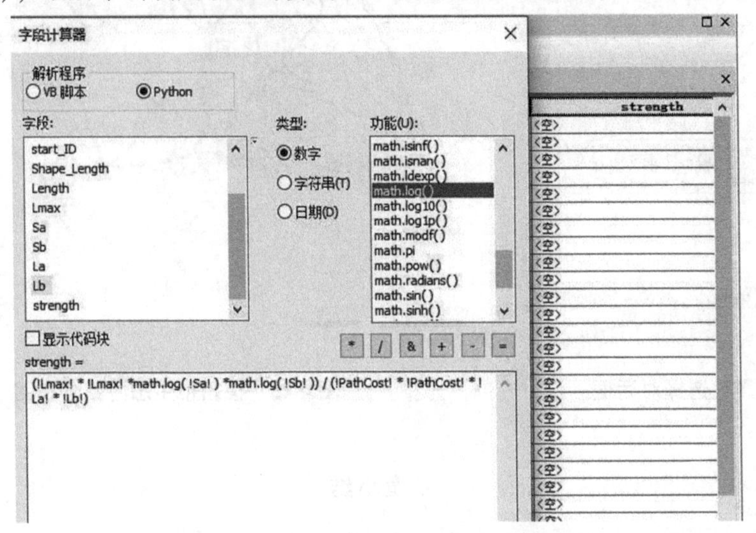

图 4-42 字段计算器计算相互作用强度值

➢ 步骤 5：根据相互作用强度值筛选出重要廊道与一般廊道并制作专题图。

打开“Po_corridor”要素的属性表，点击左上角的【按属性选择】，在弹出的对话框界面输入 strength >= 300，单击应用按钮，将选中的廊道导出命名为“important_corridor”(图 4-44)；重新输入 strength < 300，单击应用按钮，将选中的廊道导出命名为“general_corridor”。最后，加载生态源地、生态源点、一般廊道、重要廊道和研究区边界制作所需专题图(图 4-45)。

表

Po_corridor

OBJECTID *	PathCost	DestID	start_ID	Shape_Length	Length	Lmax	Sa	Sb	La	Lb	strength
1	161814.34375	2	11	105246.166594	105246	269143.96875	722121300	19858500	2.314654	2.278556	179.79893
2	199924.984375	1	11	128833.054019	128833	269143.96875	722121300	156862800	2.314654	2.249998	133.94931
3	120360.015625	6	11	75555.389566	75555	269143.96875	722121300	1174502700	2.314654	2.241952	410.477796
4	158049.96875	3	11	102867.575696	102868	269143.96875	722121300	154908000	2.314654	2.199506	219.10586
5	127732.335938	5	11	80462.874401	80463	269143.96875	722121300	548360100	2.314654	2.386941	329.838908
6	101879.53125	4	11	68197.227228	68197	269143.96875	722121300	43980300	2.314654	2.460824	439.849641
7	49426.9375	8	11	35541.660146	35542	269143.96875	722121300	934470000	2.314654	2.308669	2337.819659
8	107693.242188	7	11	62388.493475	62388	269143.96875	722121300	311610600	2.314654	2.387743	450.825188
9	60990.363281	9	11	37284.246738	37284	269143.96875	722121300	102672000	2.314654	1.959056	1615.928232
10	107314.3125	10	11	60643.863607	60644	269143.96875	722121300	194490000	2.314654	2.583802	409.45151
11	226702.8125	2	10	142997.595129	142998	269143.96875	194490000	19858500	2.583802	2.278556	76.783054
12	269143.96875	1	10	171252.207666	171252	269143.96875	194490000	156862800	2.583802	2.249998	61.953148
13	178775.421875	6	10	113069.315934	113069	269143.96875	194490000	1174502700	2.583802	2.241952	155.954021
14	230059.03125	3	10	143279.807256	143280	269143.96875	194490000	154908000	2.583802	2.199506	86.680679
15	125561.117188	5	10	73063.043251	73063	269143.96875	194490000	548360100	2.583802	2.386941	286.122038
16	132055.703125	4	10	80765.586515	80766	269143.96875	194490000	43980300	2.583802	2.460824	219.443061
17	88145.382813	8	10	59804.292168	59804	269143.96875	194490000	934470000	2.583802	2.308669	616.165437
18	20639.810547	7	10	10320.58008	10321	269143.96875	194490000	311610600	2.583802	2.387743	10288.018154
20	162695.484375	9	10	106253.677426	106254	269143.96875	194490000	102672000	2.583802	1.959056	190.349425

0 (0 / 55 已选择)

Po_corridor

图 4-43　计算结果

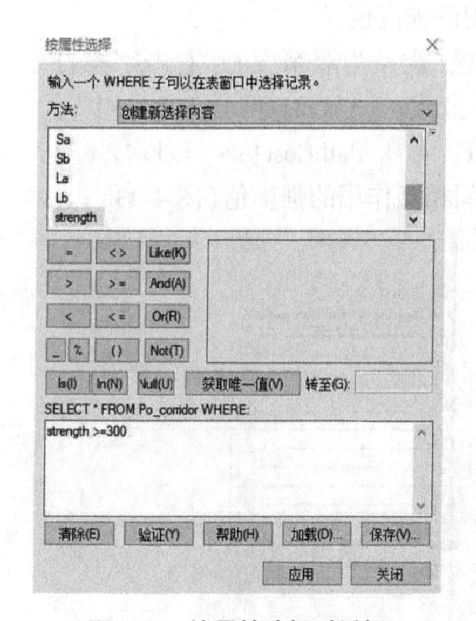

图 4-44　按属性选择对话框

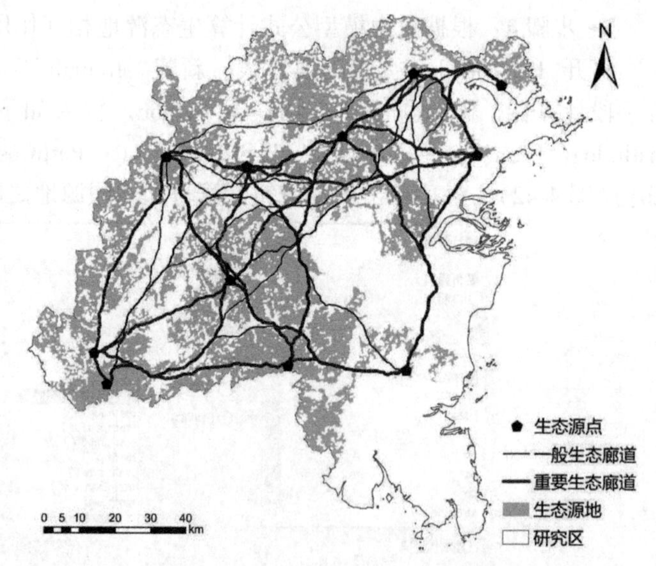

图 4-45　福州市生态网络分布图

本章小结

网络分析为生物多样性保育提供了具有直观可视性、计算高效、资源管理者容易解读等优点的一套有用工具，在设计和评价保护地网络、确定重要运动廊道或生境连接、探测源、汇种群等方面都得到了应用，在研究破碎景观中的复合种群模型时也很有价值。由于景观网络构建依赖于物种生活史特征，所以多数应用是针对某一具体物种的。不同物种对于其生活其中的景观的感知是不同的(景观的动物视角)，从而形成了适合生境斑块的构成、穿越景观的意愿和能力等信息。用网络术语来说，就是：同一个网络的节点和连接对不同物种而言可能是不一样的。大尺度的生物多样性保育计划应该从所有相关物种群体的角度来考虑景观连接度。总结不同物种群的需求对于多物种应用是很有价值的，如绿色基础设施(green infrastructure)设计、海洋保护区域网络等。

生态网络构建中最为关键的两个步骤是生态源地的识别和生态阻力面的构建。在源地选择方面，本章使用 MSPA 分析和景观连接度相结合的方法，较好避免了人为选择源地的主观性。应用 MCR 构建城市生态网络时，MCR 模型考虑了源、景观阻力和运动距离 3 个因素，描绘了景观中各种物质能量和物种迁移需要克服的阻力，以此表征景观的生态系统服务功能及完整性状况，能够较好地反映出景观格局的变化与生态过程演变之间的关系，因而在生态网络构建中被广泛使用；MCR 模型阻力面构建中，阻力因子的确定也在不断优化，例如，除了考虑自然因素的阻力因子，一些与人有关的因素也常被选作阻力因子或引入夜间灯光数据来修正阻力面，这些研究都使得 MCR 模型的应用日趋完善。但是，MCR 模型也有其局限性，如生成的廊道不带宽度信息，更无法像电路理论一样可以识别出廊道内部的关键夹点和障碍点(韦宝婧等，2022)。建议学习者充分考虑自身研究需要，选择合适的生态网络构建方法。

生态安全格局构建可以被视为对已存在的或者潜在的、对于维护和控制特定地段某种生态过程有着重要意义的关键生态要素(如节点、斑块、廊道乃至整体网络)的空间识别及其生境恢复与重建(彭建等，2017)。当前“源地—廊道”组合的生态网络作为区域生态安全格局构建的范式之一，逐渐成为研究的热点，识别并保护重要生态安全空间也已经提升为国家生态保护战略的核心。通过对节点、斑块、廊道乃至整体网络的空间识别及其生境恢复与重建，可以达到对特定生态过程的有效调控，从而保障生态系统功能及服务的充分发挥，提升区域发展的人类福祉，进而维护了区域的生态安全格局。

思考题

1. 在 4. 2. 2 中计算的两类哺乳动物的连接度指标中，哪类物种的景观网络具有更大的连接度?

2. 在 4. 2. 2 中，对小型哺乳动物来说，若表 4-4 中节点序号为 4 和 5 之间的斑块丧失(1 个栅格大小)，两个斑块连接度指数将如何变化?

3. 假设一个土地开发商想要占用图 4-2 景观中的总面积为 4 个栅格大小的生境用于建房，那么：①占用哪个/哪些位置的危害最大?请在图上画圈确认。这个/这些位置是否对两个物种而言是相同的?说明理由。②如果法律规定，开发商占用生境必须在景观中新造出同样面积大小的生境，以弥补所占用生境。那么在这个景观中，人工新建 4 个栅格大小的生境的位置(可选方案包括：在已有斑块上添加生境、制造全新的斑块、随机安放新生境位置)设在哪里最好(忽略①中占用的生境位置问题，仅关注新建生境位置问题)?

4. 在“4. 3. 1 生态源地的识别”练习中，MSPA 分析过程中采用不同的边缘宽度会对分析结果有何影响?

第 5 章　景观生态敏感性与风险评价

5.1　实验目的与准备

5.1.1　实验背景与目的

景观生态评价是正确认识景观、有效保护和合理开发利用景观资源的前提，是景观生态规划的基础。景观评价内容十分丰富，采用的方法也逐渐多元化。生态敏感性是生态系统对人类活动干扰和自然环境变化的反映程度，表明发生区域生态环境问题的难易程度和可能性大小。景观生态风险是指自然因素或人类活动干扰对生态环境与景观格局交互作用造成的消极影响(李青圃等，2019)。景观生态风险评价是生态风险评价的重要组成部分，其基于景观生态学中的空间格局和生态过程的耦合关联视角，强调对区域生态环境可能面临的不同灾害的潜在影响予以综合风险评价，对区域生态环境质量的保护和发展具有重要意义。

本章选择了景观生态敏感性和生态风险两种不同类型的景观生态评价内容供学习者实操练习。通过本章“5.2 生态敏感性评价”的操作练习，能够掌握通过叠加分析开展景观生态敏感性评价的常用方法。通过本章“5.3 景观生态风险评价”的操作练习，能够掌握运用空间网格途径对开展大尺度生态风险评价及其变化分析的方法。

5.1.2　实验内容与准备

本章练习的原始数据分别存放在 D:\data 路径下文件夹名为 ecological_sensitiviety 和 ecological_risk 的 raw_data 子文件夹中；操作中的过程数据可存放在该操作主题下新建的 process_data 子文件夹中，避免与原始数据混淆。各小节实验操作内容、前期准备和数据概况详见表 5-1。

表 5-1　实验主要内容一览表

项目	具体内容	相关软件与工具准备	原始数据介绍
生态敏感性评价	水土流失敏感性 地质灾害敏感性	ArcGIS 10. 2 或以上版本	永春县水土流失敏感性分级图“soil_erosion. tif”、地质灾害敏感性分级图“geological_disaster. tif”和永春县乡镇边界图“yongchun. shp”
生态风险评价	景观生态风险小区划分 景观生态风险模型构建 景观生态风险可视化 景观生态风险动态评价	ArcGIS 10. 2 或以上版本 Fragstats 4. 2 Excel 2017 或其他版本	武夷山风景名胜区 1986 年景观类型图“landscape1986. img”、2009 年景观类型图“landscape2009. img”

5.2　生态敏感性评价

生态敏感区指对外界干扰和环境变化具有特殊敏感性或潜在自然灾害影响，极易受到人为的不当开发活动影响而产生负面生态效应的区域。生态敏感性评价是根据区域主要生态环境问题及其形成机制，通过分析影响各主要生态环境问题的敏感性因素进行综合评价，明确特定生态环境问题可能发生的地区范围与可能程度，以及区域敏感性的总体分异规律，可为国土空间规划提供依据。本节以福建省永春县为例，从水土流失敏感性和地质灾害敏感性两个方面量化永春县生态敏感性；生态敏感性越高，表明区域生态系统的结构越不稳定，越容易发生灾害，越需要保护。为便于读者理解与掌握景观生态敏感性评价操作过程中的核心框架，本节原始数据包中直接提供了水土流失敏感性“soil_erosion. tif”和地质灾害敏感性“geological_disaster. tif”两个单因子图层的最终评估结果，这两个单因子图层制作的具体操作过程不作练习，读者可参见 5. 2. 1 和 5. 2. 2 介绍或相关文献了解具体方法。

5.2.1　水土流失敏感性

参考我国《生态功能分区技术规范》，选取降水侵蚀力、土壤可蚀性、坡度坡长和地表植被覆盖等指标，根据研究区的实际情况对分级评价标准做相应的调整。将反映各因素对水土流失敏感性的单因子评价数据，采用栅格计算器进行乘积运算，公式如下：

$$SS_i = \sqrt[4]{R_i \cdot K_i \cdot LS_i \cdot C_i} \tag{5-1}$$

式中，SS_i 为 i 空间单元水土流失敏感性指数；R_i 为降水侵蚀力；K_i 为土壤可蚀性；LS_i 为坡度坡长；C_i 为地表植被覆盖。

一般而言，针对更大区域或空间分异明显的研究区多采用空间插值法绘制 R 值分布图。出于永春县地域面积和操作方便的考虑，本节参考黄炎和等(1992)研究结果将永春县全域 R 值取 333. 77。

K_i 计算方法及计算公式参考上述水土保持功能重要性评价。

LS_i 可运用 ArcGIS 的水文分析功能和栅格计算功能计算，计算公式如下：

$$S = \begin{cases} 10.8\sin\theta + 0.036 & (\theta < 5°) \\ 16.8\sin\theta - 0.5 & (5° \leqslant \theta < 10°) \\ 21.9\sin\theta - 0.96 & (\theta \geqslant 10°) \end{cases} \tag{5-2}$$

$$L = (\lambda/22.2)^m \tag{5-3}$$

$$m = \beta/(1+\beta) \tag{5-4}$$

$$\beta = (\sin\theta/0.089)/[3.0(\sin\theta)^{0.8} + 0.56] \tag{5-5}$$

$$LS_i = L \cdot S \tag{5-6}$$

C_i 可利用林业图绘制，也可运用遥感影像计算 $NDVI$ 获得。本节采用永春县林业小班图中郁闭度来表示地表植被覆盖度。

上述所有栅格图的分辨率统一为 30 m×30 m，最终获得的 SS_i 图层，在 GIS 中采用自然断点分级法分级，评价结果划分为极敏感、高度敏感、中等敏感、轻度敏感、不敏感 5 个等级，并对 5 个等级进行重新赋值，由高到低分别赋予 9，7，5，3，1 的分值，以此确定水土流失敏感性等级(图 5-1)。

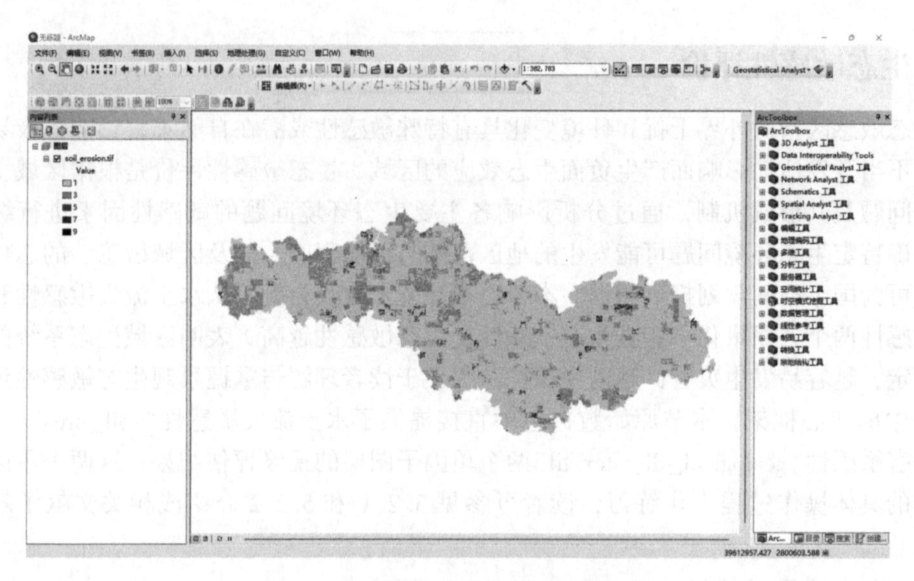

图 5-1　永春县水土流失敏感性评价图

5.2.2　地质灾害敏感性

永春县地质灾害敏感性主要考虑对自然和人为因素共同作用下引发的滑坡、崩塌、泥石流、地震等地质灾害进行评价。将永春县地质灾害发展的概率作为评价指标，利用 GIS 的空间分析功能，对区域进行地质灾害敏感性分级赋值(表 5-2)。永春县地质灾害敏感性由永春县提供的地质灾害易发区矢量图制作获得，将矢量图根据表 5-2 赋值后转为分辨率 30 m×30 m 的栅格图(图 5-2)。

表 5-2　地质灾害敏感性分级标准

地质灾害发生概率(%)	敏感级别	赋值
≥30	敏感地区	5
<30	一般地区	0

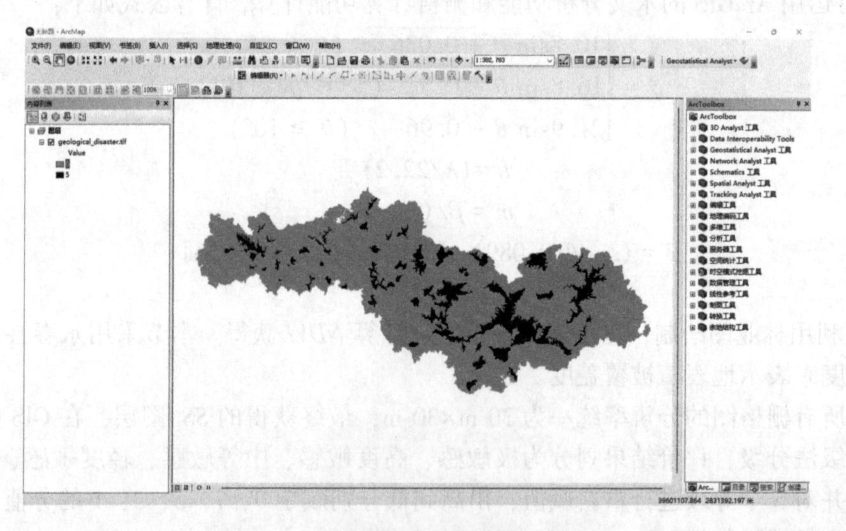

图 5-2　永春县地质灾害敏感性评价图

5.2.3　生态敏感性多因子的叠加

从上文单因子分析得出的生态敏感性只反映了某一因子的作用程度，没有将生态环境敏感性的区域分异综合表现出来，应采用一定的技术方法对多个因子进行综合集成。由于不同因子对生态环境敏感性的影响程度不同，要实现对生态敏感性的综合评价，必须确定各生态因子在生态敏感性评价指标体系中的相对重要性程度并确定权重。确定权重的方法有很多，常见的有层次分析法、主成分分析法等。权重的合理性很大程度上关系到生态敏感性综合评价结果的正确性和科学性。由于因子加权叠置方法会降低某些约束因子的敏感性程度，而因子叠加求取最大值法符合木桶理论且相对简便易行，所以目前后者使用的频率较高(尹海伟等，2018)。故本节操作叠加方法采用最大值法。

在实际应用中，图层叠加常会遇到两种情况：第一种情况，若叠加图层空间不完全重叠，可使用 ArcToolbox 中的【数据管理工具—栅格—栅格数据集—镶嵌至新栅格】功能工具，采用取最大值的方法将不同空间范围和大小的图层综合集成；第二种情况，当叠加图层的空间范围和大小完全一致时，可在 ArcMap 中加载栅格数据后，通过 ArcToolbox 选择【空间分析工具—地图代数—栅格计算器】启动栅格计算器来运算。本节采用后者将水土流失敏感性分级图与地质灾害敏感性分级图进行条件叠加运算，保留重叠区的更高的值，获得最终生态敏感性综合评价结果。具体操作如下：

➢ 步骤1：加载数据。

启动 ArcMap，加载“soil_erosion.tif”和“geological_disaster.tif”两个敏感性图层数据。

➢ 步骤2：栅格图层叠加运算。

利用【栅格计算器】进行图层叠加运算。首先，点击 ArcToolbox 中【空间分析工具—地图代数—栅格计算器】，弹出【栅格计算器】对话框。对话框中的左侧文本框可以选择需要的地图要素和属性，右侧文本框可以选择需要的计算符号和函数模型。其次,在对话框中部的文本框中输入计算公式“Con("soil_erosion.tif">="geological_disaster.tif","soil_erosion.tif","geological_disaster.tif")”，【输出栅格】命名为“eco_sensitivity.tif”(图5-3)。最后，点击【确定】按钮，完成计算并生成新图层，获得永春县生态敏感性分布图(图5-4)。

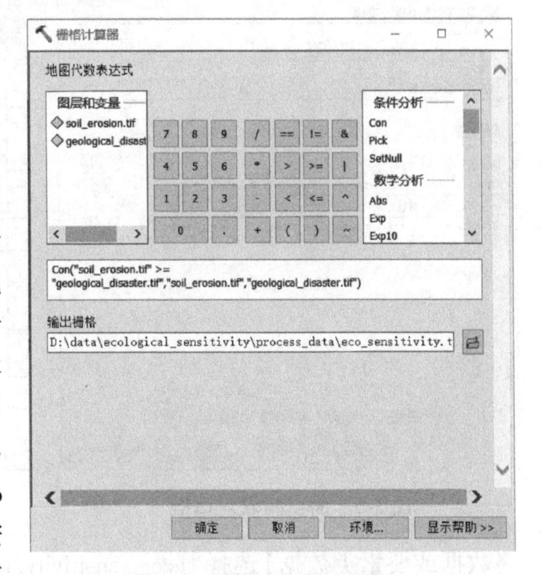

图5-3　栅格计算器对话框

5.2.4　生态敏感性的统计与分析

➢ 步骤1：利用面积制表工具统计不同生态敏感性等级的面积。

首先，加载“yongchun.shp”文件。点击 ArcToolbox 中【空间分析工具—区域分析—面积制表】，弹出【面积制表】对话框。其次，在对话框内做如下定义：【输入栅格数据或要素区域数据】选择“yongchun.shp”文件；【区域字段】选择乡镇名称“XZMC”字段；【输入栅

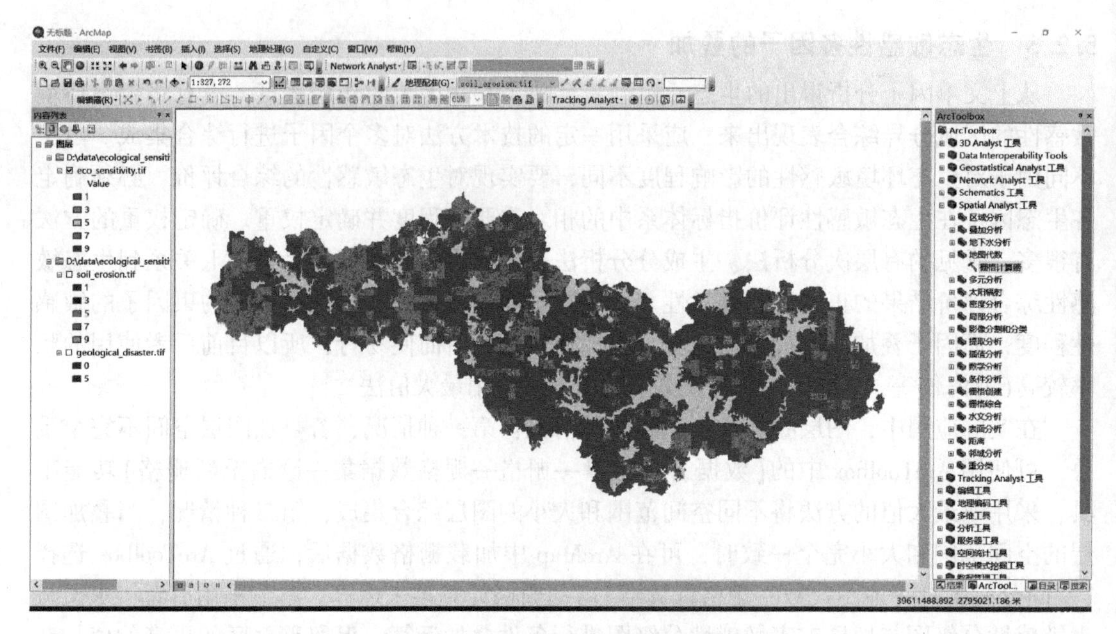

图 5-4 永春县生态敏感性分布图

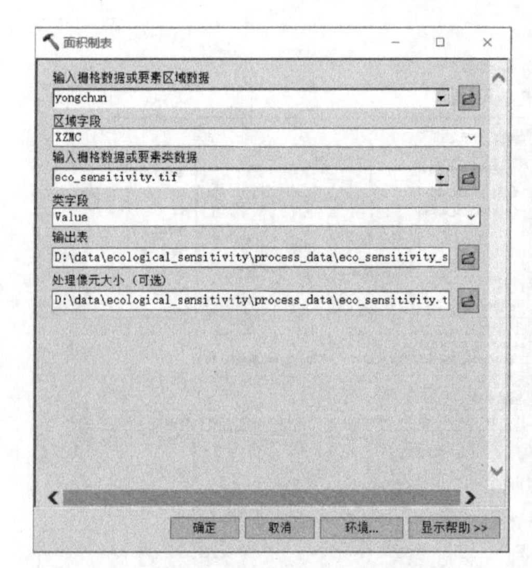

图 5-5 面积制表对话框

表

eco_sensitivity_statistic

Rowid	XZMC	VALUE_1	VALUE_3	VALUE_5	VALUE_7	VALUE_9
1	桃	46617300	5955300	18671400	949500	2700
2	下	67648500	27009900	8411400	698400	5400
3	五	21117600	2170800	14798700	57600	0
4	蓬	59268600	4288500	18891000	27000	0
5	岵	33108300	6845400	8652600	328500	6300
6	湖	104817600	12801600	21855600	1618200	6300
7	一	121239000	49316400	13158000	234000	2700
8	坑	59065200	12969900	7101900	351900	32400
9	玉	44025300	7335000	5679900	558900	29700
10	桂	56315700	16798500	2740500	4500	0
11	锦	26370900	7396200	7940700	0	0
12	苏	22807800	2055600	5737500	327600	0
13	达	97952400	6509700	14598000	647100	1800
14	吾	25565400	2860200	4507200	115200	0
15	石	35136900	3508200	10805400	0	0
16	东	35309700	3639600	5980500	0	0
17	仙	27580500	1242900	5463000	383400	0
18	东	51343200	6150600	5076900	6300	0
19	横	46888200	11895300	5102100	389700	19800
20	呈	8217000	3433500	4967100	0	0
21	介	28602900	964800	7783200	3600	0
22	外	33737400	3108600	170100	39600	0

(0 / 22 已选择)

eco_sensitivity_statistic

图 5-6 面积统计表

格数据或要素类数据】选择“eco_sensitivity.tif”文件；【类字段】选择“Value”字段；【输出表】命名为“eco_sensitivity_statistic”；【处理像元大小】设置为“eco_sensitivity.tif”文件(图 5-5)。最后，点击【确定】按钮，得到永春县 22 个乡镇不同生态敏感性等级的面积统计表(图 5-6)，并用于评价分析。

➤ 步骤 2：结果制图与分析。

采用 Excel 的百分比堆积柱形图显示永春县 22 个乡镇不同生态敏感性等级的面积占比(图 5-7)，作为评价分析的基础数据。具体比较分析不再赘述。

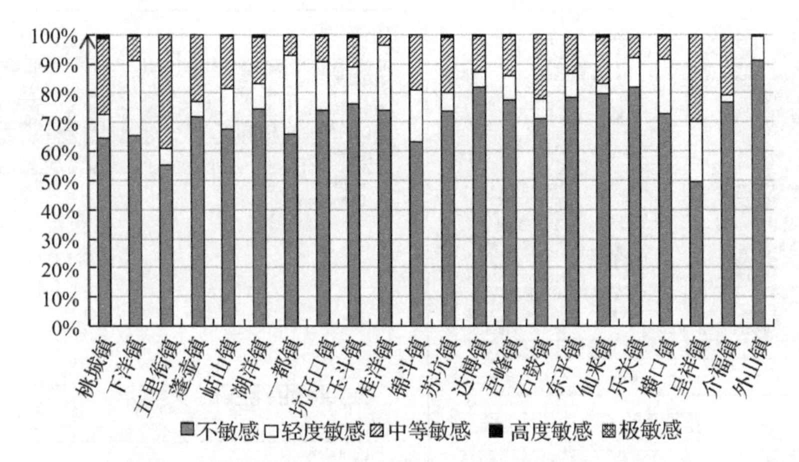

图 5-7　永春县 22 个乡镇不同生态敏感性等级的面积占比

5.3　景观生态风险评价

景观生态风险评价是指从景观要素镶嵌、景观格局演变和景观生态过程入手，通过分析它们对于内在风险源和外部干扰的响应，针对一个特定区域进行的景观组分、结构、功能和过程受人类活动或自然灾害影响的判定或预测方法(彭建等，2015)，可以为区域综合风险管理提供决策依据，对区域生态环境质量的提高和发展具有指导意义(于航等，2022)。本节以武夷山风景名胜区(约 70km^2)为研究对象进行景观生态风险评价的操练。武夷山风景名胜区(以下简称景区)不仅是武夷山世界文化和自然遗产地中受自然和人类等生态过程作用最为强烈和频繁的区域，同时是双遗产地中自然和文化景观最为集中的重要旅游区，更是中国名茶武夷岩茶的核心产区。景区亦是 2020 年确立的全国首批 5 个国家公园之一的武夷山国家公园的重要组成部分。

5.3.1　景观生态风险小区的创建

为了合理表达景观格局的空间异质性以及区域景观生态风险指数空间化的需要，采用空间网格单元将研究区划分为不同风险小区。空间网格划分需要确定网格大小，前人研究结果表明 200 m 的网格大小能较为合理地表征武夷山风景名胜区景观格局变化特征(游巍斌等，2011)，因而本节将景区内的风险小区网格大小设置为 200 m×200 m。景观生态风险小区划分的具体操作步骤如下：

➢ 步骤 1：加载数据。

启动 ArcMap，加载“landscape1986. img”和“boundary. shp”文件。

➢ 步骤 2：创建渔网。

首先，在 ArcToolbox 中【环境设置】中定义【处理范围】为“boundary. shp”文件的范围。其次，点击 ArcToolbox 中【数据管理工具—采样—创建渔网】工具，弹出【创建渔网】对话框(图 5-8)。在【创建渔网】对话框作如下定义：【输出要素类】命名为“fishnet. shp”；【模板范围】选择“与图层 boundary 相同”；【像元宽度】与【像元高度】填写 200；【创建标注点】不勾选；【几何类型】选择“POLYGON”；其余采用默认设置。

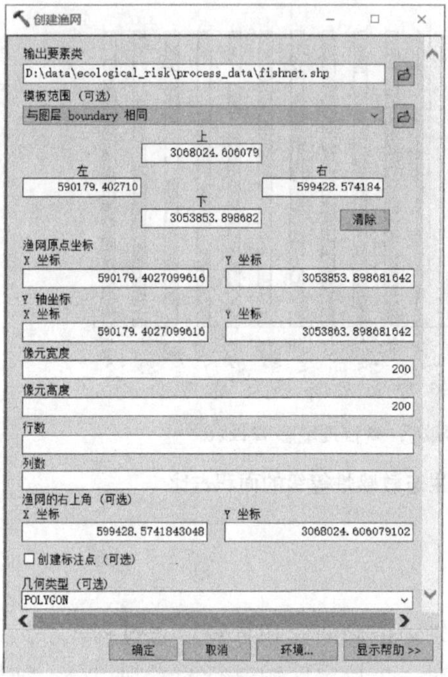

创建渔网
输出要素类
D:\data\ecological_risk\process_data\fishnet.shp
模板范围（可选）
与图层 boundary 相同
上
3068024.606079
左
590179.402710
右
599428.574184
下
3053853.898682
清除
渔网原点坐标
X 坐标
590179.4027099616
Y 坐标
3053853.898681642
Y 轴坐标
X 坐标
590179.4027099616
Y 坐标
3053863.898681642
像元宽度
200
像元高度
200
行数
列数
渔网的右上角（可选）
X 坐标
599428.5741843048
Y 坐标
3068024.606079102
创建标注点（可选）
几何类型（可选）
POLYGON
确定
取消
环境...
显示帮助 >>

图 5-8　创建渔网对话框

按位置选择
依据要素相对于源图层中的要素的位置从一个或多个目标图层中选择要素。
选择方法(M):
从以下图层中选择要素
目标图层(T):
fishnet
boundary
在此列表中仅显示可选图层(O)
源图层(S):
boundary
使用所选要素(U)
(选择了 0 个要素)
目标图层要素的空间选择方法(P):
在源图层要素范围内
应用搜索距离(D)
2000.000000
米
关于按位置选择
确定
应用(A)
关闭(C)

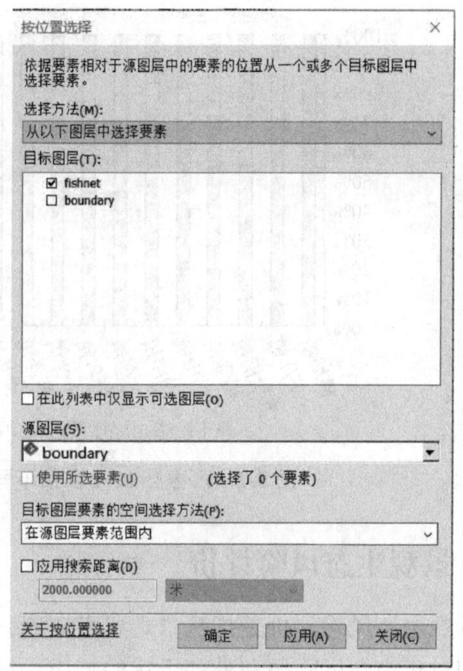

图 5-9　按位置选择对话框

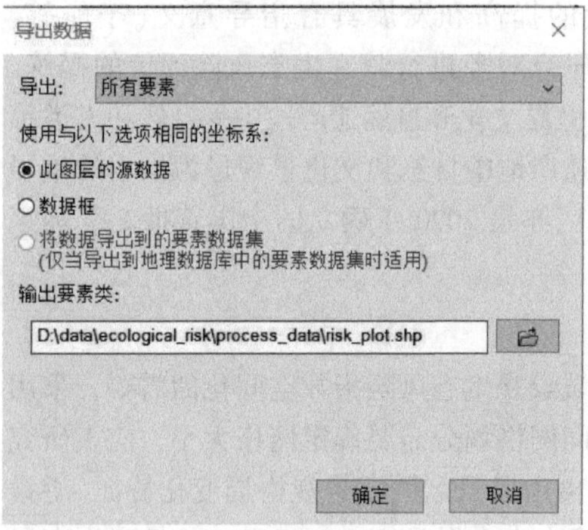

导出数据
导出:
所有要素
使用与以下选项相同的坐标系:
此图层的源数据
数据框
将数据导出到的要素数据集
(仅当导出到地理数据库中的要素数据集时适用)
输出要素类:
D:\data\ecological_risk\process_data\risk_plot.shp
确定
取消

图 5-10　导出数据对话框

➢ 步骤 3：边缘网格的处理。

选取研究区内完整的网格作为景观生态风险小区。首先，点击菜单栏中的【选择—按位置选择】工具，弹出【按位置选择】对话框（图 5-9）。在【按位置选择】对话框中作如下定义：【选择方法】选择“从以下图层中选择要素”；【目标图层】勾选“fishnet. shp”；【源图层】选择“boundary. shp”；【目标图层要素的空间选择方法】选择“在源图层要素范围内”；其余采用默认设置；点击【确定】。

其次，右键点击“fishnet. shp”图层，在弹出的快捷菜单中点击【数据—导出数据】，弹出【导出数据】对话框（图 5-10）。在【导出数据】对话框作如下定义：【导出】选择“所选要素”；【使用与以下选项相同的坐标系】选择“此图层的源数据”；【输出要素类】命名为“risk_plot. shp”，最终网格化的生态风险小区如图 5-11 所示。

再次，为了方便后续的统计分析，需要给景观风险小区进行编号。右键点击“risk_plot. shp”图层，在弹出的快捷菜单中点击【打开属性表】，弹出【表】对话框。在【表】中选择“ID”字段后右键点击，在弹出的快捷菜单中点击【字段计算器】，弹出【字段计算器】对话框，输入公式“Id = [FID] +1”，点击【确定】，完成“ID”字段的编码（图 5-12）。

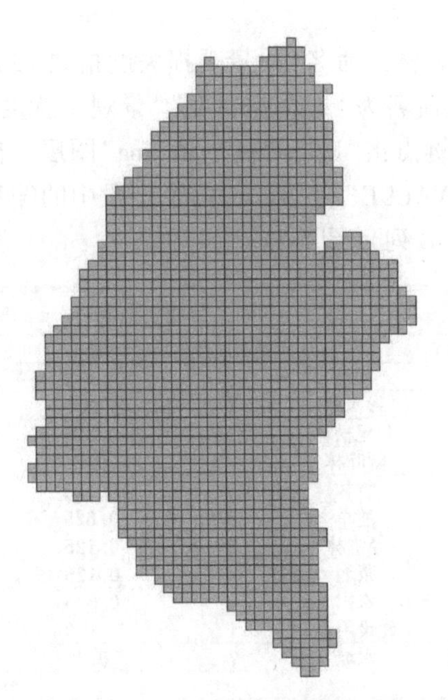

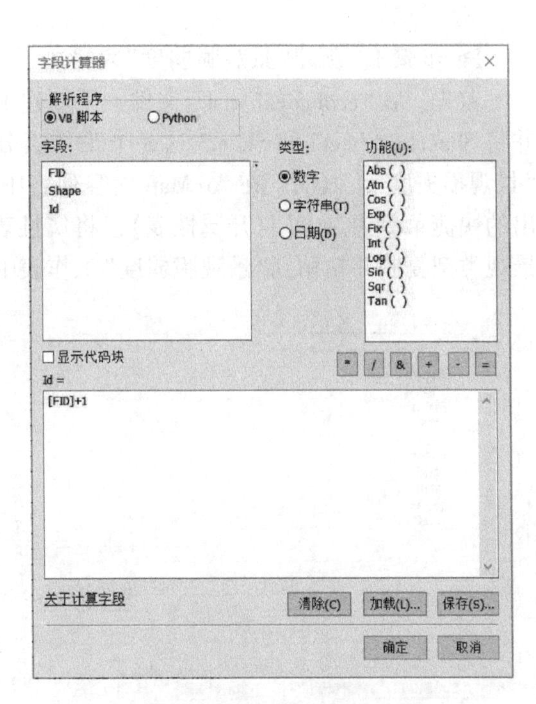

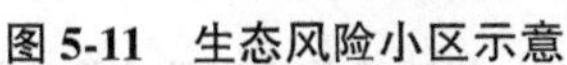

图 5-11　生态风险小区示意　　　　图 5-12　字段计算器对话框

最后，点击菜单栏上的【保存】按钮，对地图文档进行保存，将其命名为“景观风险指数评价 . mxd”。

5. 3. 2　景观生态风险评价模型

通过计算景观脆弱度(F_i)和景观干扰度(E_i)来建立景观损失度指数(R_i)，从而构建景观生态风险指数(ERI_k)。其计算公式为：

$$R_i = F_i \cdot E_i \tag{5-7}$$

$$ERI_k = \sum_{i=1}^{n} \frac{A_{ki}}{A_k} \cdot R_i \tag{5-8}$$

式中，R_i，F_i，E_i 分别为第 i 类景观的景观损失度指数、景观脆弱度指数、景观干扰度指数；ERI_k 为第 k 个风险小区的景观生态风险指数；A_{ki} 为第 k 个风险小区中第 i 类景观的面积(m^2)；A_k 为第 k 个风险小区的总面积(m^2)。

5. 3. 2. 1　景观脆弱度指数计算

不同的景观类型抵抗外界干扰能力及对外界敏感程度存在差别，景观抵御干扰的能力越弱，该景观类型就越脆弱，越易受损；反之亦然。景观类型的脆弱程度与景观自然演替过程所处阶段、景观类型结构与功能的完整性、外界干扰的性质和强度等多方面均存在密切关系，要准确确定某类景观类型的脆弱程度存在困难。因此，本节景观类型脆弱度(F_i)的赋值更多强调的是景区内不同景观类型之间相对的脆弱程度(游巍斌等，2011)。参考前人研究(李月臣，2008；郭泺等，2008)并结合景区景观类型特点，对各景观类型脆弱度进行如下赋值：裸地为 9、农田为 8、水域为 7、灌草为 6、杉木林为 5、马尾松林为 4、阔叶林为 3、竹林为 3、经济林为 2、茶园为 2、建设用地为 1。

➢ 步骤 1：新建“景观脆弱度”表格。

首先，在“ecological_risk”文件夹下新建 Excel 表格，命名为“景观损失度指数 1986”。并将 Sheet1、Sheet2 和 Sheet3 这 3 个工作表分别重命名为“景观脆弱度”“景观干扰度”和“景观损失度”。其次，在 ArcMap 内容列表中，右键点击“landscape1986. img”图层，在弹出的快捷菜单中点击【打开属性表】，将属性表中“VALUE”与“Type”两个字段中的编号和景观类型复制并粘贴到“景观脆弱度”工作表中（A、B 列）（图 5-13）。

	A	B	C	D	E	F	G
1	VALUE	Type					
2	0	裸地					
3	1	杉木林					
4	2	马尾松林					
5	3	阔叶林					
6	4	竹林					
7	5	灌草					
8	6	经济林					
9	7	茶园					
10	8	农田					
11	9	建设用地					
12	10	水域					
13							
14							
15							
16							
17							
18							
19							
20							
21							

景观脆弱度　景观干扰度　景观损失度　+

图 5-13　景观脆弱度表格

	A	B	C	D	E
1	VALUE	Type	景观脆弱度Fi	归一化Fi	
2	0	裸地	9	1	
3	1	杉木林	5	0.5	
4	2	马尾松林	4	0.375	
5	3	阔叶林	3	0.25	
6	4	竹林	3	0.25	
7	5	灌草	6	0.625	
8	6	经济林	2	0.125	
9	7	茶园	2	0.125	
10	8	农田	8	0.875	
11	9	建设用地	1	0	
12	10	水域	7	0.75	
13					

图 5-14　景观脆弱度指数计算结果

➢ 步骤 2：计算景观脆弱度指数。

首先，在“景观脆弱度”工作表中增加一列，命名为“景观脆弱度 F_i”，将上述各景观的脆弱度指标填入表格内。其次，根据最大最小值归一化公式“$x'=(x-x_{min})/(x_{max}-x_{min})$”，利用 Excel 表格的计算功能，将景观脆弱度进行归一化（图 5-14）（C、D 列）。

5.3.2.2　景观干扰度指数计算

景观干扰度指数由景观的破碎度、分离度和优势度为基础构建。其计算公式为：

$$E_i = aC_i + bS_i + cD_i \tag{5-9}$$

式中，E_i 为景观干扰度指数；C_i 为类型斑块破碎度；S_i 为类型斑块分离度；D_i 为类型斑块优势度；a，b，c 分别为破碎度、分离度和优势度的权重，在本实验中依据景观的重要性将 a、b、c 取值为 0.5、0.3、0.2。

①类型斑块破碎度（C_i）是景观破碎化程度的度量。其计算公式为：

$$C_i = N_i/A \tag{5-10}$$

②类型斑块分离度（S_i）是指某景观类型中斑块间的分离程度。其计算公式为：

$$S_i = \sqrt{C_i}/2P_i \tag{5-11}$$

③类型斑块优势度（D_i）是度量某斑块在景观中重要程度的指标，其值大小直接反映了斑块对景观格局形成和变化的影响程度。其计算公式为：

$$D_i = (Q_i + M_i + P_i)/3 \tag{5-12}$$

式中，N_i 为景观类型 i 的斑块数；A 为景观的总面积；面积比例 P_i = 斑块 i 的面积/样方的总面积；频度 Q_i = 斑块 i 出现的样方数/总样方数；密度 M_i = 斑块 i 的数目/斑块的总数目。

(1)类型斑块破碎度计算

➢ 步骤 1：计算景观面积(*CA*)和斑块数量(*NP*)。

参见“3. 2. 3 用 Fragstats 计算景观指数”方法，在 Fragstats 中导入“landscape1986. img”，并在【Analysis parameters】界面，选择领域“Use 8 cell neighborhood”计算景观指数，勾选“Class metrics”(图 5-15)，接着点击【Class metrics】模块，在【Area-Edge】界面勾选“Total Area(CA/TA)”(图 5-16)，在【Aggregation】界面勾选“Number of patches(NP)”(图 5-17)。点击左上角【Run】按钮，弹出【Running】对话框，点击【Proceed】按钮运行。运行结束后点击右上角的【Results】按钮，进入【Class】界面查看(“TYPE”表示景观类型)计算结果(图 5-18)。

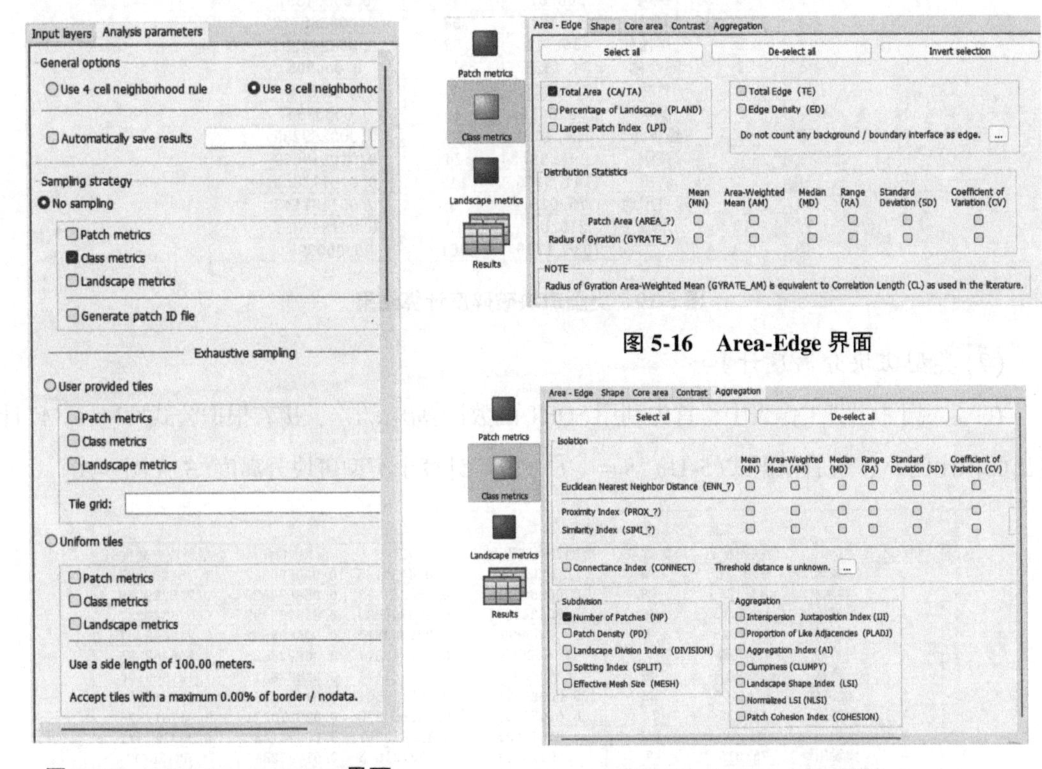

图 5-16　Area-Edge 界面

图 5-15　Analysis parameters 界面　　图 5-17　Aggregation 界面

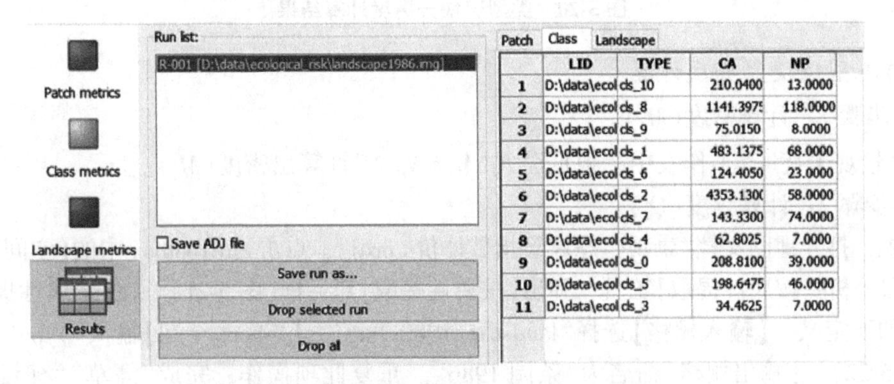

	LID	TYPE	CA	NP
1	D:\data\ecol	cls_10	210.0400	13.0000
2	D:\data\ecol	cls_8	1141.397	118.0000
3	D:\data\ecol	cls_9	75.0150	8.0000
4	D:\data\ecol	cls_1	483.1375	68.0000
5	D:\data\ecol	cls_6	124.4050	23.0000
6	D:\data\ecol	cls_2	4353.130	58.0000
7	D:\data\ecol	cls_7	143.3300	74.0000
8	D:\data\ecol	cls_4	62.8025	7.0000
9	D:\data\ecol	cls_0	208.8100	39.0000
10	D:\data\ecol	cls_5	198.6475	46.0000
11	D:\data\ecol	cls_3	34.4625	7.0000

图 5-18　Class 指数计算结果输出界面

➢ 步骤 2：计算类型斑块破碎度(C_i)。

首先，将运行结果复制并粘贴到“景观干扰度”工作表中，注意 Fragstats 运行结果中的“TYPE”编号与“景观干扰度”工作表中“VALUE”相对应，“*CA*”与“斑块面积 A_i”相对应，“*NP*”与“斑块数量 N_i”相对应。

其次，在“景观干扰度”工作表中，利用 Excel 表格的计算功能，根据式(5-10)“$C_i = N_i/A$”，计算出类型斑块破碎度(C_i)(图 5-19)。

	A	B	C	D	E
1	VALUE	Type	斑块面积Ai	斑块数量Ni	类型斑块破碎度Ci
2	0	裸地	208.81	39	0.00554357
3	1	杉木林	483.1375	68	0.009665712
4	2	马尾松林	4353.13	58	0.008244284
5	3	阔叶林	34.4625	7	0.000995
6	4	竹林	62.8025	7	0.000995
7	5	灌草	198.6475	46	0.00653857
8	6	经济林	124.405	23	0.003269285
9	7	茶园	143.33	74	0.010518569
10	8	农田	1141.3975	118	0.016772853
11	9	建设用地	75.015	8	0.001137143
12	10	水域	210.04	13	0.001847857
13	SUM		7035.1775	461	0.000995

图 5-19　类型斑块破碎度计算结果

(2)类型斑块分离度计算

在“景观干扰度”工作表中，首先利用 SQRT 函数计算出 $\sqrt{C_i}$，接着根据公式“$P_i = A_i/A$”计算出面积比例 P_i，最后根据式(5-11)“$S_i = \sqrt{C_i}/2P_i$”计算出类型斑块分离度(S_i)(图 5-20)。

	A	B	C	D	E	F	G	H
1	VALUE	Type	斑块面积Ai	斑块数量Ni	类型斑块破碎度Ci	√Ci	面积比例Pi	类型斑块分离度Si
2	0	裸地	208.81	39	0.00554357	0.074455155	0.029680843	1.254262807
3	1	杉木林	483.1375	68	0.009665712	0.098314353	0.068674529	0.715799256
4	2	马尾松林	4353.13	58	0.008244284	0.090798039	0.618766193	0.073370232
5	3	阔叶林	34.4625	7	0.000995	0.031543617	0.004898597	3.219658241
6	4	竹林	62.8025	7	0.000995	0.031543617	0.008926925	1.766768395
7	5	灌草	198.6475	46	0.00653857	0.080861424	0.028236317	1.431869196
8	6	经济林	124.405	23	0.003269285	0.057177661	0.017683278	1.616715553
9	7	茶园	143.33	74	0.010518569	0.102560075	0.020373331	2.517017836
10	8	农田	1141.3975	118	0.016772853	0.129510051	0.162241464	0.399127471
11	9	建设用地	75.015	8	0.001137143	0.033721545	0.010662844	1.58126411
12	10	水域	210.04	13	0.001847857	0.042986704	0.029855679	0.719908333

图 5-20　类型斑块分离度计算结果

(3)类型斑块优势度计算

➢ 步骤 1：计算密度(M_i)。

在“景观干扰度”工作表中，根据公式“$M_i = N_i/N$”计算出密度(M_i)。

➢ 步骤 2：计算频度(Q_i)。

首先，打开地图文档“景观生态风险指数评价 . mxd”，点击 AreToolbox 中的【空间分析工具—提取分析—按属性提取】工具，弹出【按属性提取】对话框(图 5-21)。在【按属性提取】对话框作如下定义：【输入栅格】选择“landscape1980. img”；【Where 子句】输入“Type” = ‘茶园’(图 5-22)；【输出栅格】命名为“茶园 1986”。重复此项操作，完成“灌草”“建设用地”“经济林”“阔叶林”“裸地”“马尾松林”“农田”“杉木林”“水域”和“竹林”其余 10 种景观类型的提取。

其次，点击 AreToolbox 中的【空间分析工具—区域分析—以表格显示分区统计】工具，弹出【以表格显示分区统计】(图 5-23)。在【以表格显示分区统计】对话框作如下定义：【输入栅格数据或要素区域数据】选择“risk_plot”；【区域字段】选择“ID”；【输入赋值栅格】选择“茶园 1986”；【输出表】命名为“茶园 1986_表”；其余选项默认设置。重复此项操作，完成“灌草”“建设用地”“经济林”“阔叶林”“裸地”“马尾松林”“农田”“杉木林”“水域”和“竹林”其余 10 种景观类型的统计。

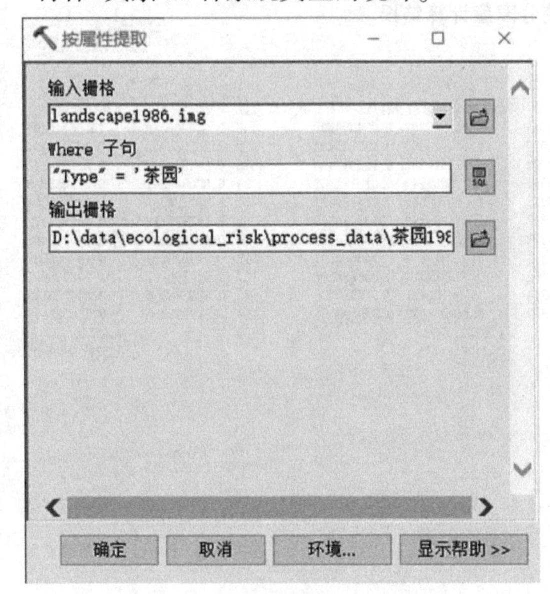

图 5-21　按属性提取对话框

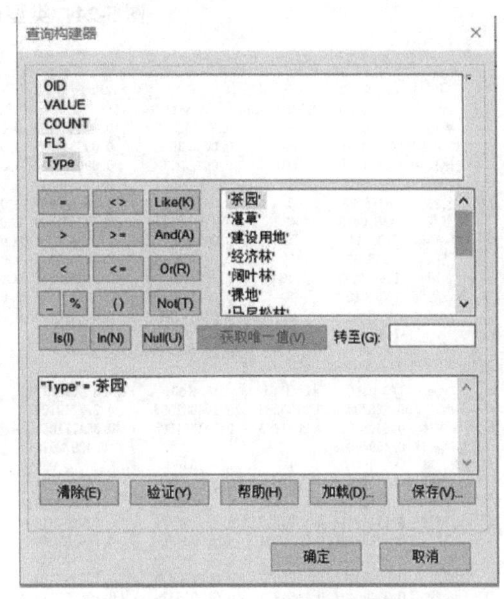

图 5-22　查询构建器对话框

再次，打开景观分类统计的表格，查看各个景观类型的样方数量，将其填入“景观干扰度”工作表中。

最后，右键点击“risk_plot”图层，在弹出的快捷菜单中点击【打开属性表】，在属性表中查看总样方数为 1628 个，之后根据频度的计算公式，计算出频度(Q_i)。

➢ 步骤 3：计算斑块优势度(D_i)。

采用式(5-12)“$D_i=(Q_i+M_i+P_i)/3$”算出类型斑块优势度(D_i)(图 5-24)。

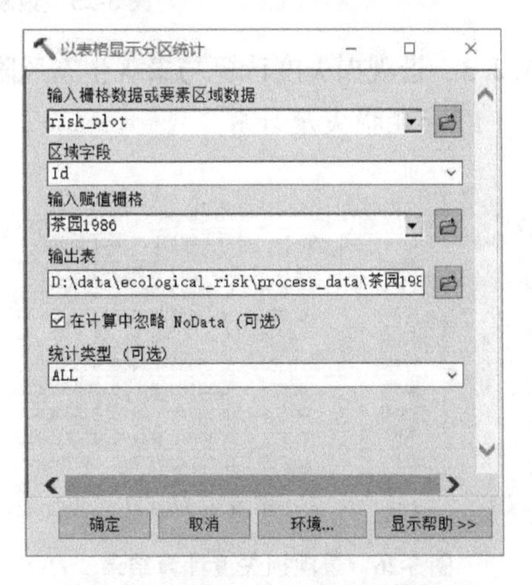

图 5-23　类型斑块分离度计算结果

(4)景观干扰度指数计算

在(1)~(4)已经计算好了类型斑块破碎度(C_i)、类型斑块分离度(S_i)和类型斑块优势度(D_i)。为消除各指数的量纲影响，对以上 3 个指数做归一化后，利用公式“$E_i=0.5C_i+0.3S_i+0.2D_i$”计算出景观干扰度指数(E_i)(图 5-25)。

	A	B	C	D	E	F	G	H	I	J	K	L
1	VALUE	Type	斑块面积Ai	斑块数量Ni	类型斑块破碎度Ci	√Ci	面积比例Pi	类型斑块分离度Si	密度Mi	景观样方数	频度Qi	类型斑块优势度Di
2	0	裸地	208.81	39	0.00554357	0.074455155	0.029680843	1.254262807	0.084598698	145	0.089066339	0.06778196
3	1	杉木林	483.1375	68	0.009665712	0.098314353	0.068674529	0.715799256	0.147505423	329	0.202088452	0.139422801
4	2	马尾松林	4353.13	58	0.008244284	0.090798039	0.618766193	0.073370232	0.125813449	1375	0.844594595	0.529724746
5	3	阔叶林	34.4625	7	0.000995	0.031543617	0.004898597	3.219658241	0.015184382	34	0.020884521	0.013655833
6	4	竹林	62.8025	7	0.000995	0.031543617	0.008926925	1.766768395	0.015184382	51	0.031326781	0.018479363
7	5	灌草	198.6475	46	0.00653857	0.080861424	0.028236317	1.431869196	0.09978308	192	0.117936118	0.081985172
8	6	经济林	124.405	23	0.003269285	0.057177661	0.017683278	1.616715553	0.04989154	86	0.052825553	0.040133457
9	7	茶园	143.33	74	0.010518569	0.102560075	0.020373331	2.517017836	0.160520607	212	0.13022113	0.103705023
10	8	农田	1141.3975	118	0.016772853	0.129510051	0.162241464	0.399127471	0.255965293	727	0.446560197	0.288255651
11	9	建设用地	75.015	8	0.001137143	0.033721545	0.010662844	1.58126411	0.017353579	173	0.106265356	0.044760593
12	10	水域	210.04	13	0.001847857	0.042986704	0.029855679	0.719908333	0.028199566	179	0.10995086	0.056002035

图 5-24 类型斑块分离度计算结果

	B	C	D	E	F	G	H	I	J	K	L
1	Type	斑块面积Ai	斑块数量Ni	类型斑块破碎度Ci	√Ci	面积比例Pi	类型斑块分离度Si	密度Mi	景观样方数	频度Qi	类型斑块优势度Di
2	裸地	208.81	39	0.00554357	0.074455155	0.029680843	1.254262807	0.084598698	145	0.089066339	0.06778196
3	杉木林	483.1375	68	0.009665712	0.098314353	0.068674529	0.715799256	0.147505423	329	0.202088452	0.139422801
4	马尾松林	4353.13	58	0.008244284	0.090798039	0.618766193	0.073370232	0.125813449	1375	0.844594595	0.529724746
5	阔叶林	34.4625	7	0.000995	0.031543617	0.004898597	3.219658241	0.015184382	34	0.020884521	0.013655833
6	竹林	62.8025	7	0.000995	0.031543617	0.008926925	1.766768395	0.015184382	51	0.031326781	0.018479363
7	灌草	198.6475	46	0.00653857	0.080861424	0.028236317	1.431869196	0.09978308	192	0.117936118	0.081985172
8	经济林	124.405	23	0.003269285	0.057177661	0.017683278	1.616715553	0.04989154	86	0.052825553	0.040133457
9	茶园	143.33	74	0.010518569	0.102560075	0.020373331	2.517017836	0.160520607	212	0.13022113	0.103705023
10	农田	1141.3975	118	0.016772853	0.129510051	0.162241464	0.399127471	0.255965293	727	0.446560197	0.288255651
11	建设用地	75.015	8	0.001137143	0.033721545	0.010662844	1.58126411	0.017353579	173	0.106265356	0.044760593
12	水域	210.04	13	0.001847857	0.042986704	0.029855679	0.719908333	0.028199566	179	0.10995086	0.056002035
13		7035.1775	461	0.000995			0.073370232		1628		0.013655833
14				0.016772853			3.219658241				0.529724746
15											
16	Type	归一化Ci	归一化Si	归一化Di	景观干扰度Ei						
17	裸地	0.28828829	0.3753288	0.104881588	0.277719109						
18	杉木林	0.54954955	0.2041863	0.243701888	0.384771053						
19	马尾松林	0.45945946	0	1	0.42972973						
20	阔叶林	0	1	0	0.3						
21	竹林	0	0.538221	0.009346677	0.163335624						
22	灌草	0.35135135	0.4317783	0.132403516	0.331689876						
23	经济林	0.14414414	0.4905289	0.051306372	0.229492028						
24	茶园	0.6036036	0.7766764	0.17449063	0.569702844						
25	农田	1	0.103537	0.532099128	0.637480927						
26	建设用地	0.00900901	0.4792612	0.060272493	0.160337374						
27	水域	0.05405405	0.2054923	0.082055324	0.105085795						

图 5-25 景观干扰度指数计算结果

5.3.2.3 景观损失度计算与景观生态风险指数计算

(1)景观损失度计算

将“VALUE”“Type”以及归一化后的“类型斑块脆弱度 F_i”和“类型斑块干扰度 E_i”复制并粘贴到“景观损失度”工作表中。利用式(5-7)“$R_i = F_i \cdot E_i$”计算出景观损失度(图 5-26)。

	A	B	C	D	E
1	VALUE	Type	归一化Fi	景观干扰度Ei	景观损失度
2	0	裸地	1	0.277719109	0.277719109
3	1	杉木林	0.5	0.384771053	0.192385527
4	2	马尾松林	0.375	0.42972973	0.161148649
5	3	阔叶林	0.25	0.3	0.075
6	4	竹林	0.25	0.163335624	0.040833906
7	5	灌草	0.625	0.331689876	0.207306173
8	6	经济林	0.125	0.229492028	0.028686504
9	7	茶园	0.125	0.569702844	0.071212855
10	8	农田	0.875	0.637480927	0.557795811
11	9	建设用地	0	0.160337374	0
12	10	水域	0.75	0.105085795	0.078814346

图 5-26 景观损失度计算结果

(2)景观生态风险指数计算

➢ 步骤 1：将景观分类统计的表格与“risk_plot.shp”文件进行连接(Join)。

鼠标右键点击“risk_plot.shp”图层，在弹出的快捷菜单中点击【连接与关联—连接】，打开【连接数据】对话框(图 5-27)。在【连接数据】对话框中做如下定义：【要将哪些内容连接到该图层】选择“某一表的属性”；【选择该图层中连接将基于的字段】选择“ID”字段；【选择要连接到此图层的表】选择“茶园 1986_表”；【选择此表中要作为连接基础的字段】选择“ID”字段；【连接选项】选择“保留所有记录”。点击【确定】按钮，执行文件连接。重复以上步骤，将其余 10 种景观的分区统计表格都与“risk_plot. shp”文件进行连接。

➢ 步骤 2：将连接后的图层文件的属性表导出。

将各景观类型的分区统计表与“risk_plot”连接后，连接的字段仅仅是在属性表中显示而已，并不会永久保存。因此，为了将各风险小区内各景观类型的面积进行保存，需要将其导出保存。

首先，鼠标右键点击“risk_plot. shp”图层，在弹出的快捷菜单中点击【打开属性表】，打开“risk_plot. shp”的属性表。

其次，点击属性表中的【表选项—导出】，弹出【导出数据】对话框（图 5-28）。在【导出数据】对话框作如下定义：【导出】选择“所有记录”；【输出表】命名为“景观类型的面积 Aki1986”；【保存类型】选择“文本文件”。

➢ 步骤 3：计算各风险小区的景观生态风险指数。

首先，在“ecological_risk”文件夹下新建 Excel 表，命名为“景观生态风险指数 1986. xslx”。

连接数据
“连接”可用于向该图层的属性表追加其他数据，因此可以使用这些数据执行符号化图层要素等操作。
要将哪些内容连接到该图层(W)?
某一表的属性
1. 选择该图层中连接将基于的字段(C):
Id
2. 选择要连接到此图层的表，或者从磁盘加载表(T):
茶园1986_表
显示此列表中的图层的属性表(S)
3. 选择此表中要作为连接基础的字段(F):
ID
连接选项
保留所有记录(K)
目标表中的所有记录都将显示在生成的表中。对于从连接表追加到目标表中的所有字段，不匹配的记录将只包含空值。
仅保留匹配记录(M)
如果目标表中的记录在连接表中没有匹配项，该记录将被从生成的目标表中移除。
验证连接(V)
关于连接数据　确定　取消

图 5-27　连接数据对话框

其次，打开“景观生态风险指数 1986. xslx”表格，点击右上角“倒三角”按钮，在弹出的快捷菜单中点击【数据—导入外部数据—导入数据】，弹出【第一步：选择数据源】对话框（图 5-29），点击【选择数据源】按钮，浏览文件找到“景观类型的面积 Aki1986. txt”。之后一直点击下一步，直到【文本导入向导—3 步骤之 2】对话框弹出（图 5-30），【分隔符号】选择“逗号”。再点击下一步，点击【完成】按钮，完成文本的导入。

再次，整理表格，仅保留“FID”“Id”和 11 个“AREA”的列，删除其余所有列。并将 11 个“AREA”列按“步骤 1”中连接各景观类型表格的顺序进行命名。

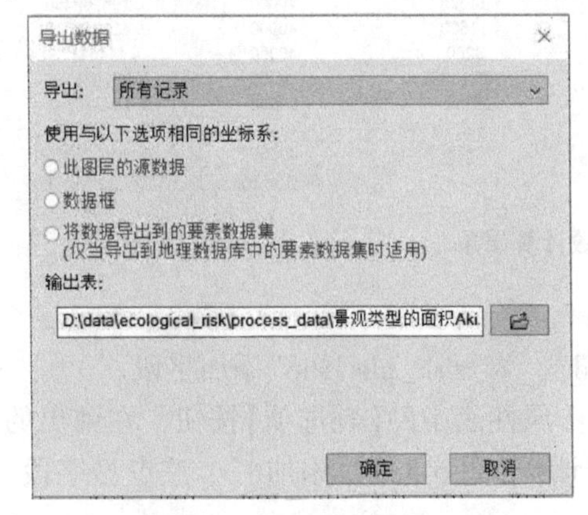

图 5-28　导出数据对话框

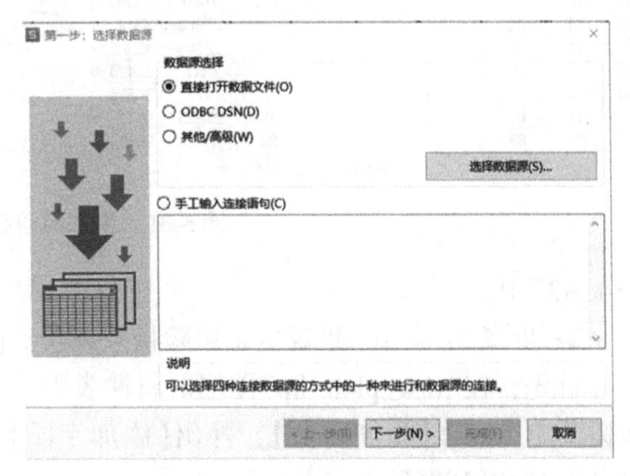

图 5-29　选择数据源对话框

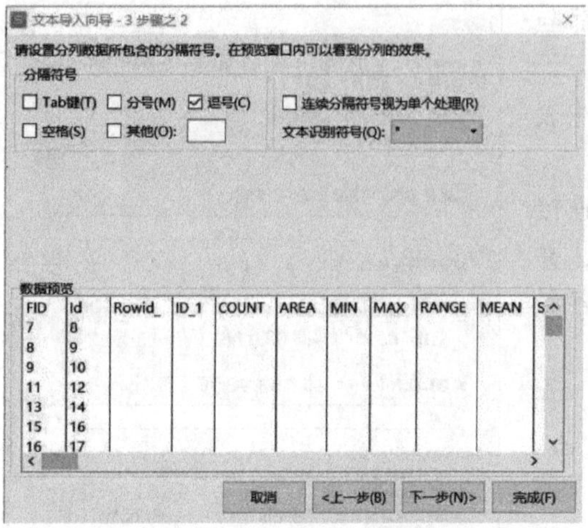

图 5-30 文本导入向导对话框

又次，增加一列命名为“风险小区面积Ak”，并在这一列填入 40000。之后在第一行前新增一行，将在 5. 3. 1 中所计算的损失度一一对应填入到各景观所在的列中。

最后，新增一列命名为“景观生态风险指数 ERIk”，根据式(5-8)计算得到每个风险小区的生态风险指数(图 5-31)。

5. 3. 3 景观生态风险值的可视化

➢ 步骤 1：准备景观生态风险指数连接表。

将“景观生态风险指数 1986. xslx”表格“Sheet1”工作表中的“FID”“Id”和“景观生态风险指数 ERIk”3 列复制到工作表“Sheet2”中。

	A	B	C	D	E	F	G	H	I	J	K	L	M	N	O
1			0. 0712	0. 0408	0. 0788	0. 192386	0. 5578	0. 161149	0. 2777	0. 0287	0	0. 2073	0. 075		
2	FID	Id	茶园	竹林	水域	杉木林	农田	马尾松林	裸地	经济林	建设用地	灌草	阔叶林	风险小区面积Ak	景观生态风险指数ERIk
3	7	8				12700	12025	12075				2925		40000	0. 292575783
4	8	9				2400	18850	1225	7550			9725		40000	0. 38216038
5	9	10					18975		20400			375		40000	0. 408184629
6	11	12			400	18150	10100					11150		40000	0. 286713114
7	13	14				2600	36900					300		40000	0. 528626491
8	15	16				500	34400					4750		40000	0. 506726825
9	16	17				5875	31125		2250			750		40000	0. 48180018
10	18	19				11400	18625					9925		40000	0. 365991394
11	22	23				22100	10725					7175		40000	0. 29303755
12	23	24				17325	21850		800			25		40000	0. 393706892
13	26	27						25900				14100		40000	0. 177419176
14	27	28						4175				35825		40000	0. 202488481
15	28	29				2525	1650	3225				32475		40000	0. 216452722
16	29	30	4600			4725	16725	5825				7825		40000	0. 328164934
17	32	33				16875	11475	2275				9375		40000	0. 298933031
18	33	34				675	20575		18250			500		40000	0. 419463397
19	38	39				3875	150	19550				16425		40000	0. 184615581
20	39	40	12075				1550	4050				22325		40000	0. 175131027
21	42	43					33400	5050				1550		40000	0. 494137633
22	43	44					24375		7825			7650		40000	0. 433882929
23	47	48				50	7750	27875				4325		40000	0. 243028865
24	49	50				1325	6625	29900				2150		40000	0. 230359023
25	50	51	18325			3225	6550	5325				6575		40000	0. 195003403
26	52	53				125	1000	25350				13525		40000	0. 186769456
27	53	54					25900	2150				11600		40000	0. 429953318
28	54	55					28300	8250		250		3200		40000	0. 44464123
29	55	56					4475	13425				22100		40000	0. 231025582
30	56	57					475	36525				3000		40000	0. 169320648
31	64	65				600	27825	7725				3850		40000	0. 441977546
32	68	69				25	5625	28475				5875		40000	0. 223726065

Sheet1 Sheet2 Sheet3

图 5-31 生态风险指数计算结果

➢ 步骤 2：打开“景观生态风险指数评价 . mxd”，为“risk_plot. shp”添加字段。

首先，在“risk_plot. shp”图层的属性表中，点击属性表中的【表选项】按钮，在弹出的快捷菜单中点击【添加字段】，弹出【添加字段】对话框(图 5-32)，添加一个浮点型字段，命名为“ERIk1986”。

其次，使用【连接】工具，将“景观生态风险指数”表中的工作表“Sheet2”与“risk_plot. shp”基于“ID”字段连接(此处需要注意，因练习者自身计算机安装的 Office 与 ArcGIS 软件版本的兼容问题，如果 . xlsx 文件无法进行数据连接，则需要将 . xlsx 文件另存为低版本的 . xls 文件再进行连接)。

最后，选中“REIk”字段，利用【字段计算器】，将表格中连接的“景观生态风险指数 ERIk”的值赋给字段“REIk1986”(图 5-33)。

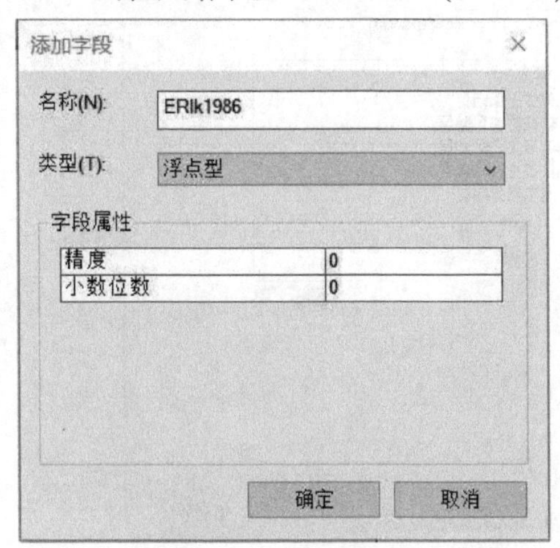

图 5-32　添加字段对话框

表

risk_plot

FID	Shape	Id	ERIk1986	FID	Id	景观生态风险指数ERI
0	面	1	0.330638	0	1	0.330638
1	面	2	0.302241	1	2	0.302241
2	面	3	0.197208	2	3	0.197208
3	面	4	0.265119	3	4	0.265119
4	面	5	0.277719	4	5	0.277719
5	面	6	0.277719	5	6	0.277719
6	面	7	0.377988	6	7	0.377988
7	面	8	0.292576	7	8	0.292576
8	面	9	0.38216	8	9	0.38216
9	面	10	0.408185	9	10	0.408185
10	面	11	0.460328	10	11	0.460328
11	面	12	0.286713	11	12	0.286713
12	面	13	0.275126	12	13	0.275126
13	面	14	0.528627	13	14	0.528626
14	面	15	0.545943	14	15	0.545943
15	面	16	0.506727	15	16	0.506727
16	面	17	0.4818	16	17	0.4818
17	面	18	0.476226	17	18	0.476226

1　(0 / 1628 已选择)

risk_plot　risk_plot

图 5-33　risk_plot. shp 的属性表

➢ 步骤 3：制作景观生态风险评价专题地图。

首先，右键点击“risk_plot. shp”图层，在弹出的快捷菜单中点击【属性】，弹出【图层属性】对话框，点击【符号系统】，在【符号系统】界面中，选择【数量—分级色彩】，并作如下设置：定义【值】为“ERIk1986”字段；【归一化】选“无”；点击【分类】按钮，在弹出的快捷窗口中将【方法】设置为“自然间断点分级法”，【类别】设置为 5，点击【确定】返回符号系统页面；鼠标左键点击【标注】栏下数值，按数值范围的从低到高将其命名为“低生态风险区”“较低生态风险区”“中等生态风险区”“较高生态风险区”和“高生态风险区”。点击【确定】，完成符号系统设置(图 5-34)。

其次，点击数据窗口左下角的【布局窗口】按钮，进入【布局】视图，调整数据框大小，使得数据图位于图纸中的合适位置。

再次，选择 ArcMap 菜单栏中【插入—图例】，弹出【图例】向导窗口，单击下一步进入详细设置，最后单击【完成】，在布局视图中插入图例，并调整图例的大小和位置。以同样的方法，插入比例尺和指北针(图 5-35)。

最后，在菜单栏中点击【文件—导出地图】，在导出地图窗口中将文件名命名为“1986 年景观生态风险指数评价 . jpg”，导出至“ecological_risk”文件夹中，完成 1986 年景观生态风险指数专题地图的制作与导出。

➢ 步骤 4：不同时期风险变化比较与分析。

采用以上相同的方法，完成 2009 年景观生态风险指数计算，后续可将两期结果进行对比与动态分析，这里不再赘述。

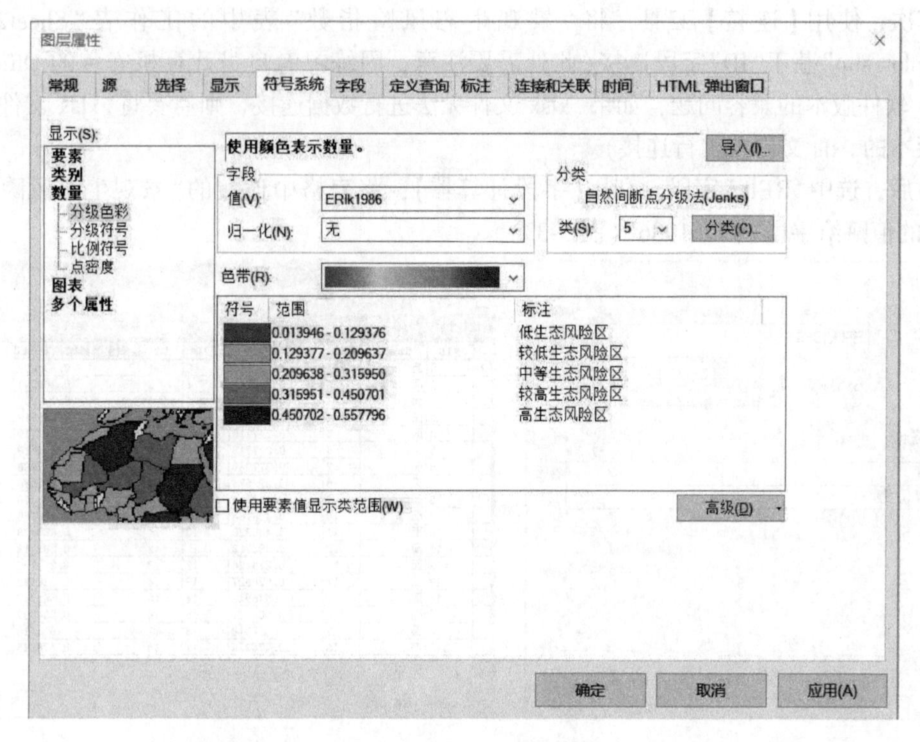

图 5-34 符号系统对话框

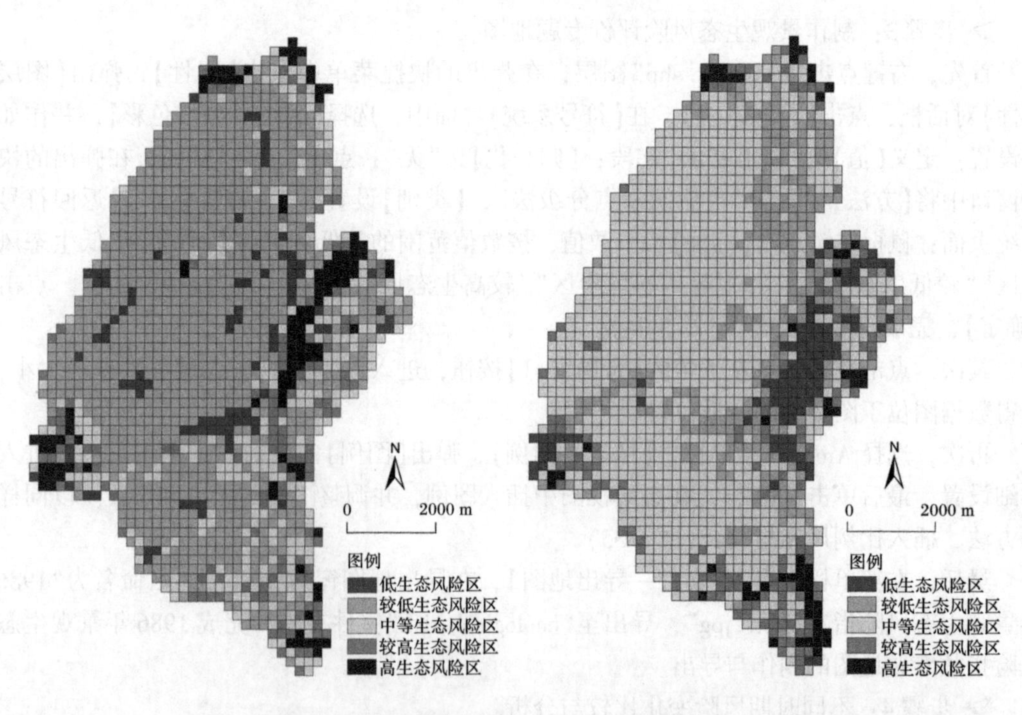

图 5-35 武夷山风景名胜区 1986—2009 年景观生态风险空间分布

本章小结

本章生态敏感性评价仅选用永春县水土流失敏感性和地质灾害敏感性两个因素进行叠加，指标体系十分简单。现实中，生态敏感性指标体系更为复杂，考虑的因子也更多。但是，从操作方法角度看，在多因子指标筛选和量化的基础上进行综合集成的核心框架并没有本质变化。因而，5.2 节的方法同样可应用于诸如生态适宜性评价、土地适宜性评价和其他类似的自然资源评价过程之中。

本章景观生态风险评价是基于网格单元基础上的生态风险评价。景观生态风险评价注重空间异质性，因而在确定评价单元时要充分考虑研究区地理空间单元特征的异质性特征。这种基于网格划分的风险小区兼具区间异质性和区内同质性的优点，在此基础上对生态风险指数的空间可视化不但有助于体现生态风险的时空演变规律，而且也有利于研究者对风险评价结果的整体把握和综合分析。由于研究人员对景观生态风险内涵的理解不同，生态风险评价构成或采用的方法可能不尽相同(如以损失程度和概率的乘积结果作为生态风险)。这种以网格为单元的评价方式也存在如下不足：第一，以网格作为评价单元会在一定程度上割裂原有的地表自然地理联系，破坏相邻网格间的自然要素结构与过程的完整性。第二，生态风险小区的划分有着严格的尺度要求，单个网格大小的确定需要考虑研究区空间分异规律和斑块的平均面积，既要保证足够多的网格数量来展示研究区景观特征的空间分布规律，又要避免网格尺度划分差异对评价结果的不确定性的影响。

思考题

1. 在“5.2.3 生态敏感性多因子的叠加”中进行生态敏感性综合图层计算时，除了选择采用最大值的方式进行多因子叠加外，在什么情况下适合采用取最小值或加权的方法进行多因子叠加综合评价？

2. 在“5.3.1 景观生态风险小区的创建”中，练习选取在研究区内完整的网格作为景观生态风险小区，若不进行该步骤的操作，保留所有与研究区有重叠的格网进行分析，对研究结果会有什么影响？

第 6 章 景观生态系统服务评价

6.1 实验目的与准备

6.1.1 实验背景与目的

随着“3S”技术和景观格局分析软件的广泛应用，基于土地利用覆被和景观指数进行生态系统服务研究的方式，逐渐成为探究景观格局与生态系统服务内在联系的重要途径(苏常红等，2012)，并孕育出了可持续科学中景观服务这一新兴研究方向(Termorshuizen and Opdam，2009)。当前国内外通常将生态系统服务分为支持服务、供给服务、调节服务和文化服务 4 大类(Millennium Ecosystem Assessment，2005)。这种分类方式在总结了前人观点的基础上，明确了各种服务之间的关系，目前已经得到了广泛的认同(赵海兰，2015)。量化评估生态系统服务的价值，能直观反映生态系统服务的强弱，利于对当地出现的生态问题制定针对性的生态环境保护措施。有关生态系统服务的量化评估方式，学术界有很多不同的观点(欧阳志云等，1999)。有学者认为对生态系统服务进行价值化，并进行货币估值，有助于量化生态系统服务的价值，提高人们的重视(欧阳志云等，1999；肖寒等，2000；R. Costanza et al.，2014)。也有学者认为使用生态系统的物理量来评估生态系统服务的强弱，能更好地探究生态系统各项服务之间的联系机制(谢高地等，2006)。综合来看，常用的生态系统服务评估方法主要有能值分析法、物质量评估法和价值量评估法等。当前，生态系统服务评价已然成为生态经济学和环境经济学的研究热点，对于区域生态系统管理和区域经济发展绿色转型具有重要作用(唐尧等，2015)。

河北省承德小滦河流域位于蒙古高原和华北平原的交界处，区域内存在比较明显的地形、植被及人为活动强度的空间变异，也存在诸如草地退化等生态问题，该区域位于重要的京津冀水源涵养区，承担着华北地区生态安全屏障的作用，通过总结区域综合生态系统服务的空间分布特征，有利于为开展京津冀区域生态保育与恢复、提升区域生态服务提供理论支持。本章以河北省围场县小滦河流域(总面积约 167 336hm^2)为例，采用国际通用的生态系统服务评价模型——InVEST 模型，选择了 3 项该区域非常重要的生态系统服务的功能指标进行评价。在“6.2.3 生态系统碳固持服务评价”“6.2.4 生态系统生境质量评价”和“6.2.5 生态系统水源涵养功能评价”3 个小节，分别演示用 InVEST 模型实现碳固持服务、生境质量和水源涵养服务的测算过程及其应用。

6.1.2 实验内容与准备

本章练习的原始数据存放在 D：\data 路径下文件夹名为 ecosystem_evaluation 的 raw_data 子文件夹中；操作中的过程数据可存放在该操作主题下新建的 process_data 子文件夹中，避免与原始数据混淆。各小节实验操作内容、前期准备和数据概况详见表 6-1。

表 6-1　实验主要内容一览表

项目	具体内容	相关软件与工具准备	原始数据介绍
生态系统碳固持服务量化	使用 InVEST 模型测算小滦河流域碳储量及空间分布现状	ArcGIS 10.2 或更高版本 InVEST 模型 3.9.0 或更高版本	2020 年河北省围场县小滦河流域土地利用分类(LULC)栅格图“lulc2020.tif” 其他调查数据
生态系统生境质量量化	使用 InVEST 模型评估小滦河流域生境质量空间分布现状		
生态系统水源涵养服务量化	使用 InVEST 模型测算小滦河流域水源涵养空间分布现状		
生态系统服务综合分区	生态系统服务功能分区与制图		

6.2　生态系统服务量化与评估

6.2.1　InVEST 模型简介

国际上生态系统服务研究兴起于20 世纪末(Daily et al.，1997)，至今已发展出多种生态系统服务分类及评估方法。InVEST(Integrated Valuation of Environmental Services and Tradeoffs)，即“生态系统服务与权衡交易综合评价模型”，是由美国斯坦福大学、大自然保护协会(TNC)和世界自然基金会(WWF)联合开发的开源式生态系统服务评估模型。该模型基于“3S”技术的分布式算法，突破了传统评估方法的局限性，为生态系统服务的空间格局、动态分析和定量评估提供了一种新的技术手段(唐尧等，2015)。InVEST 模型被用于探索生态系统的变化导致人类效益变化流向，该模型连接了生态生产功能和经济价值，旨在为有关自然资源管理的决策提供可视化依据。决策者们通常需要管理、评估和权衡陆地、淡水和海洋的多种生态系统服务。InVEST 模型的多服务、模块化设计为探索替代管理和气候情景的可能结果以及评估生态系统服务之间的权衡提供了一个有效的工具，因此，InVEST 模型在政府、非政府组织和科研机构中有比较广阔的应用前景。

InVEST 模型相比传统生态系统服务功能评估方式，具有以下优势：

①该模型空间表达功能强，模型计算结果一般表达形式多以栅格图为主。结果可视化程度高是该模型较传统生态系统服务评估方式的明显优势(黄从红等，2013)。

②该模型能够清楚地显现出各生态系统服务之间的相关关系，方便探索权衡同一区域多项生态系统服务并进行综合评价。

③该模型能为未来区域的生态系统服务进行情景预测。通过多方利益协商机制确定不同的发展，指定环境在给定条件和过程的情况下提供的生态系统服务的输出，模型能够计算当前土地利用状况等生态系统的位置、数量等特征，量化在未来一段时期后根据不同发展方向对生态系统服务输出水平变化的影响。

④该模型采用分层设计，可以根据不同需求来确定数据的需求量和精度。基础版本的模型需求量小、精度低，但普遍性较强，可用于大尺度研究。如果需要更加丰富的处理结

果，可以补充更多的选填数据，从而提升模型的精度。不同精度的模块可以灵活地搭配使用(杨园园等，2012)。

InVEST 使用描述“供给、服务和价值”的简单框架将生产功能与经济利益联系起来(图 6-1)。“供给”代表生态系统可提供的东西(即生态系统结构和功能)，例如，红树林提供波浪衰减、侵蚀和防洪，草原提供水源涵养和防风固沙等。“服务”包含人类对生态系统的需求，如粮食供给、森林康养、生态旅游等，因此需要收集相关服务受益人的数据，如居民居住点、重要的文化遗址、基础设施等。“价值”即计算经济和社会指标，如避免的侵蚀和洪水造成的损害、受影响的人数等(Natural Capital Project，2022)。

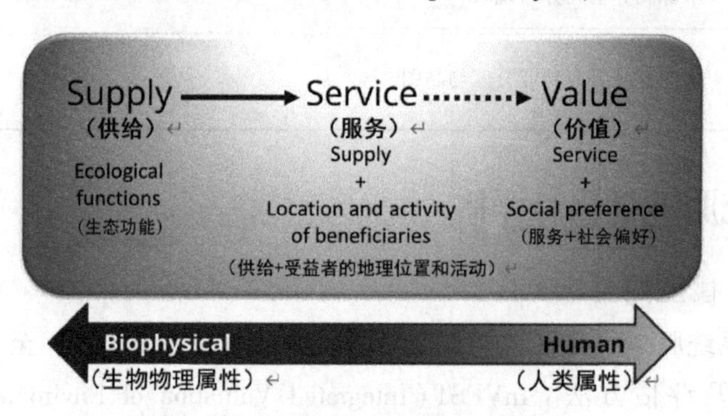

图 6-1 “供给、服务和价值”链条

InVEST 模型工具集包括用于量化、映射和评估陆地、淡水和海洋生态系统提供的服务的模型。主要的模块见表 6-2 所列。官网提供了该模型的操作手册的在线版(图 6-2)，感兴趣的读者可以自行了解。

图 6-2 InVEST 官网界面

表6-2 InVEST模型(3.12.1版本)模块内容

类别	模块
支持生态系统服务 Supporting Ecosystem Services	生境风险评估 Habitat Risk Assessment 生境质量 Habitat Quality 传粉者丰度 Pollinator Abundance
最终生态系统服务 Final Ecosystem Services	森林碳边缘效应 Forest Carbon Edge Effect 碳储存和封存 Carbon Storage and Sequestration 沿海蓝碳 Coastal Blue Carbon 年产水量 Annual Water Yield 季节性产水量 Seasonal Water Yield 养分输送比例 Nutrient Delivery Ratio 沉积物输送比例 Sediment Delivery Ratio 海景品质 Scenic Quality Provision 游憩服务 Recreation and Tourism 波浪能生产 Wave Energy Production 海上风能生产 Offshore Wind Energy Production 作物生产 Crop Production
促进生态系统服务的工具 Tools to Facilitate Ecosystem Service Analyses	重叠分析 Overlap Analysis 沿海脆弱性分析 Coastal Vulnerability InVEST GLOBIO模型 InVEST GLOBIO
其他配套工具 Supporting Tools	河流流向和流量 RouteDEM 流域分水岭划分 DelineateIT 土地利用变化预测图 Scenario Generator

6.2.2 模型运行环境

InVEST模型在Windows系统和Mac系统中均可使用。登录InVEST官方网站(https://naturalcapitalproject.stanford.edu/software/invest),根据计算机操作系统版本下载对应的软件和工作平台。本章节演示所使用的模型版本为3.9.0,目前该模型的最新版本为3.12.1版本。下载完毕后按照提示进行安装即可。

6.2.3 生态系统碳固持服务评价

区域的碳储量在很大程度上取决于4种碳库的大小:地上碳储量、地下碳储量、土壤有机碳储量和死亡有机碳储量。地上碳储量包括土壤上方的所有活植物材料的含碳量(如树皮、树干、树枝、树叶)。地下碳储量包括地上植物的活根系的有机碳含量。土壤有机碳储量是土壤的有机碳含量。死亡有机碳储量包括枯落物、地表腐殖质、倒木和枯立木等。

InVEST模型碳储存和封存模块(InVEST Carbon Storage and Sequestration)使用土地利用与土地覆被(LULC)栅格和各碳库中储存的碳储量数据,估算随时间变化的地块的碳储量以及剩余存量中封存的碳的市场价值，以此评估该区域的生态系统碳固持服务。该模型将各碳库的碳密度映射到 LULC 栅格，其中可能包括森林、草地或农田等类别。对于每种 LULC 类型，该模型需要上述 4 个基本碳库的碳密度数据(以 t/hm^2 为单位)。碳库数据越多越详细，建模结果会越准确。该模型将碳库数据应用于 LULC 地图，进而生成碳储量分布图。

用该模块测算小滦河流域碳储量现状，所需数据如下：

①土地利用与土地覆被(LULC)栅格文件(如 ESRI GRID 或 tif 等格式)，栅格数据需要定义投影为"WGS_1984_UTM_Zone_50N"，单位为"m"。每个单元使用 LULC 分类代码(如 10 表示耕地、20 表示林地等)(表 6-3)，并且这些代码必须与②碳库表格中的 LULC 代码(lucode)相匹配。

表 6-3　LULC 编码类型

编码	LULC	编码	LULC
10	耕地	33	低覆盖草地
20	林地	40	水域
22	灌丛	46	河滩裸地
31	高覆盖草地	50	城乡用地
32	中覆盖草地	60	沙地

②包含不同土地利用类型 4 个碳库的碳密度数据表格(＊.csv)。表格中每一行是一个 LULC 的分类；每一列包含每个 LULC 的不同属性，并且必须按照如下规定命名：lucode(必须与①LULC 栅格文件中的代码一致)、LULC(LULC 分类的表述性名称)、C_above(储存在地上生物量中的碳量，单位为 Mg/hm^2)、C_below(储存在地下生物量中的碳量，单位为 Mg/hm^2)、C_soil(储存在土壤中的碳量，单位为 Mg/hm^2)和 C_dead(储存死亡有机物中的碳量，单位为 Mg/hm^2)；其中 LULC 列可选，其余列为必须项。

模型参数介绍：

Workspace(工作空间)，即模型输出结果的文件夹。

Results Suffix(结果后缀)，自行命名即可。

Current Land Use(当前的 LULC 栅格图)，此栅格图中的所有值在碳库表中有对应项。

Carbon Pools[碳库表(csv)]，将每个 LULC 代码映射到该类型的碳库数据的表格。必须为所有碳库和所有 LULC 类别提供值，不得留空。如果某些碳库的信息不可用，则可以从其他库中估算库，或者通过将库的所有值保留为 0 来省略。

Current Landcover Calender Year(当前 LULC 图的日历年)，如果要运行碳封存估值模型，则为必填项。

Calculate Sequestration(计算封存)，如果要进行 REDD(Reducing Emissions from Deforestation and Forest Degradation)情景分析或者碳封存评估则需要勾选此项。

Future Landcover(未来的 LULC 栅格图)，如果要运行碳封存估值模型，则为必填项。未来的情景可以用来与 REDD 政策情景进行比较。此栅格中的所有值都必须在碳库表中具有对应项。

Future Landcover Calender Year(未来 LULC 图的日历年)，如果要运行碳封存估值模

型，则为必填项。

REDD Scenario Analysis(进行REDD情景分析)。勾选此项后需要三张LULC图：当前LULC图、未来LULC图和REDD政策的LULC图。

REDD Policy(REDD政策情景的LULC图)。此栅格中的所有值都必须在碳库表中具有对应项。如果要运行REDD情景分析，则为必填项。

模型运行具体操作如下：

➢ 步骤1：数据加载与查看。

启动ArcMap，加载“lulc2020. tif”文件，查看栅格文件中的LULC编码并查询各编码对应的LULC类型(图6-3)。

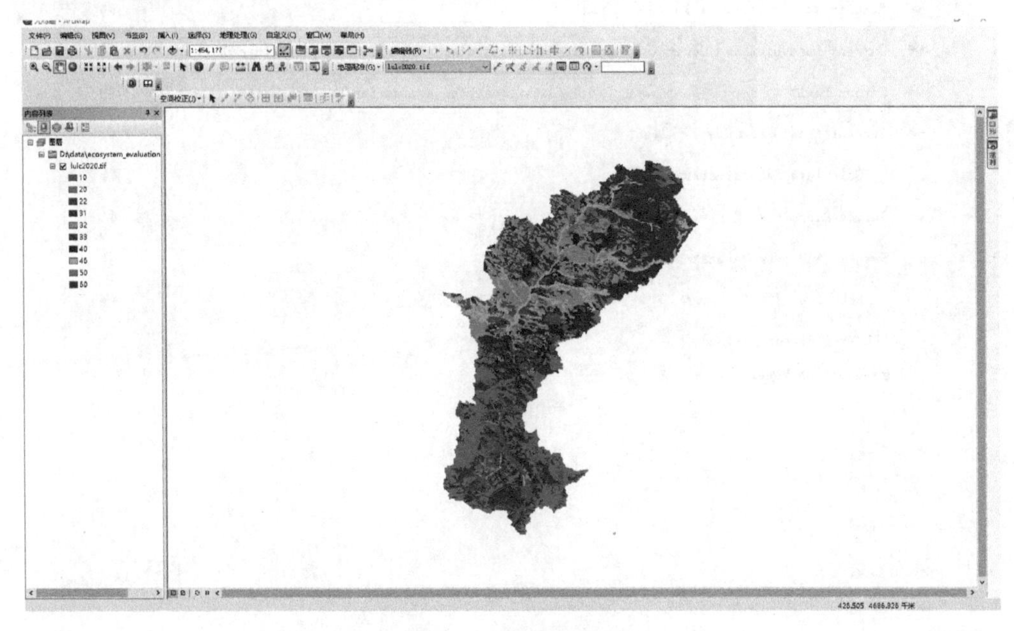

图6-3　实验数据查看

➢ 步骤2：制作碳密度参数表。

打开Excel，创建一个表格，表头包括“C_above”“C_below”“C_soil”“C_dead”“lucode”。输入每一类LULC的4个碳库的碳密度数据(根据实际调查得到)，如图6-4所示。输入完毕后，将表格保存为csv格式，命名为“carbon. csv”。

	A	B	C	D	E	F
1	C_above	C_below	C_soil	C_dead	LULC	lucode
2	5	0	0	50	耕地	10
3	45	15	2	100	林地	20
4	6	10	0	65	灌丛	22
5	2	7	0	80	高覆盖草地	31
6	1	3	0	70	中覆盖草地	32
7	1	2	0	20	低覆盖草地	33
8	0	0	0	0	水域	40
9	0	0	0	30	河滩裸地	46
10	0	0	0	40	城乡用地	50
11	0	1	0	10	沙地	60

图6-4　碳库表

➢ 步骤 3：模型运行。

打开 InVEST 模型中的 Carbon 模块，将“lulc2020. tif”和“carbon. csv”输入模型中，设置 Workspace(工作空间)，界面及设置如图 6-5 所示。设置完毕后，点击【Run】运行模型。

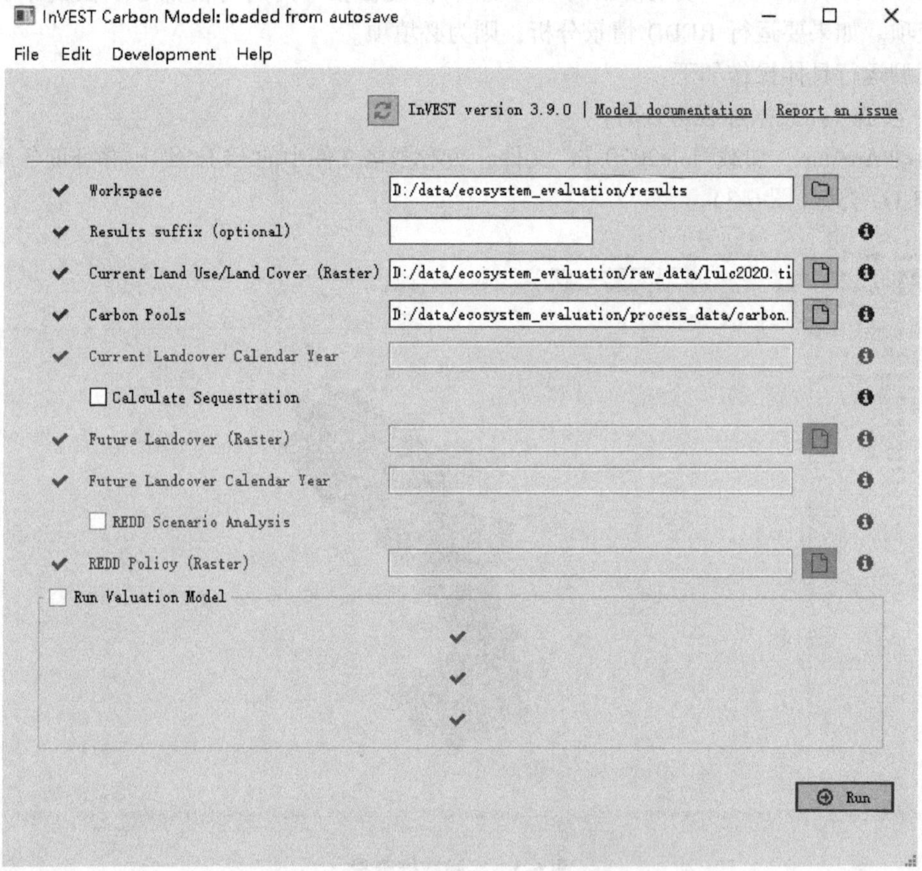

图 6-5 InVEST 模型碳储存和封存模块界面

➢ 步骤 4：模型结果查看。

模型运行完毕后，在 ArcMap 中打开工作空间中的“tot_c_cur. tif”文件，可以查看运行结果的碳储量分布图(图 6-6)。该结果以碳密度为指标量化了该区域碳固持功能，同时将结果可视化，显示了该区域碳固持功能的空间分布特征。需要注意的是，显示的结果单位是吨/像素(t/pixel)，进行研究的时候需要对其进行单位转换。在工作空间中，打开“report. html”文件，可以查看模型计算出的区域碳储量总量(图 6-7)。该文件是模型计算的所有数据的汇总，如果用该模型计算了多时段的碳储量时空差异或者区域碳经济价值，结果也会在该文件中显示。

6.2.4 生态系统生境质量评价

生物多样性与生态系统服务的产生密切相关。生物多样性的模式本质上是空间性的，因此，可以通过分析土地利用和土地覆被(LULC)图以及对物种生境的威胁，即生境质量

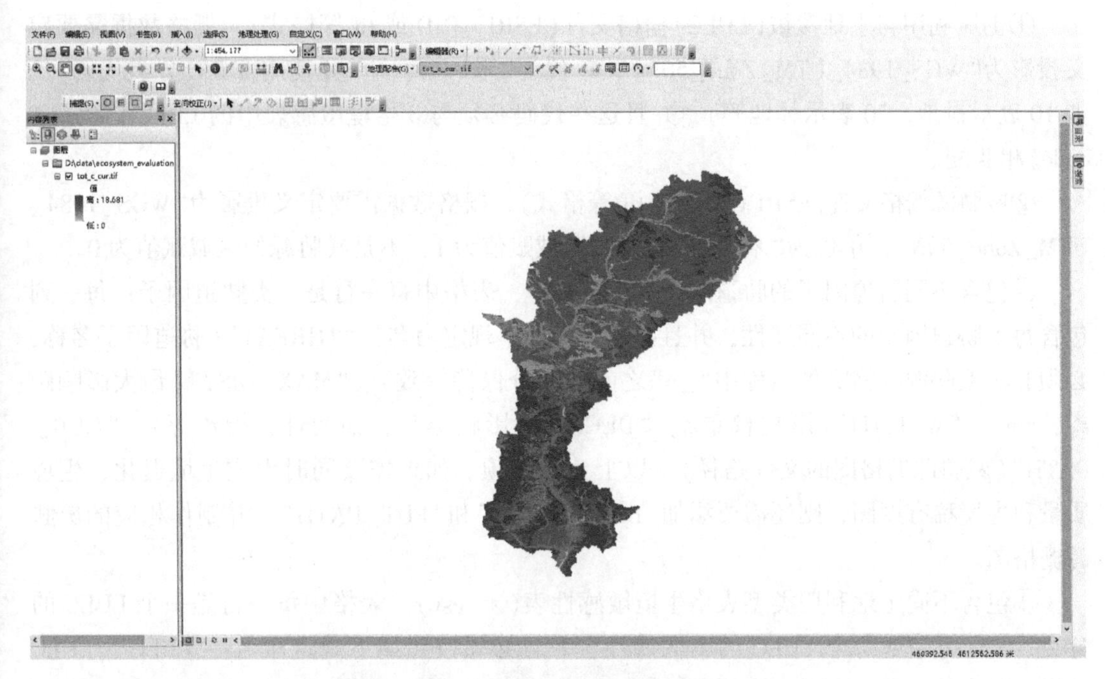

图 6-6　碳固持服务计算结果

Aggregate Results

Description	Value	Units	Raw File
Total cur	14798306.37	Mg of C	D:/data/ecosystem_evaluation/results\tot_c_cur.tif

图 6-7　结果汇总

评价，来估计生物多样性水平。生境质量取决于 4 个因素：每种胁迫因子的相对影响、每种生境类型对每种胁迫因子的相对敏感性、栖息地与威胁源之间的距离以及土地受法律保护的程度。各生境对于不同胁迫因子的敏感性是不同的。例如，草地可能对城市地区产生的威胁特别敏感，但对道路产生的威胁则适度敏感。同时，考虑胁迫因子之间相对影响和胁迫因子对生境造成影响的距离，能够更准确地显示出对景观生物多样性持久性更具破坏性的威胁源。

InVEST 生境质量模型将生境质量和稀有度建模为生物多样性的代表，结合了 LULC 信息和生物多样性威胁源，估计整个景观中生境和植被类型的范围及其退化状态，制作区域生境质量得分分布图。该模型使用栅格数据运行，栅格中的每个像元都分配有一个 LULC 类，并可以自行定义为保护目标提供栖息地的 LULC 类型。除了 LULC 地图和将 LULC 与栖息地适宜性相关联的数据外，该模型还需要有关生境威胁密度及其对生境质量影响的数据。该模型假设土地的法律保护是有效的，并且景观内存在的所有威胁都具备累加效应。

用该模块测算小滦河流域的生境质量现状，模型所需要的数据有：

①土地利用与土地覆被(LULC)栅格文件(ESRI GRID 或 tif 等格式)，栅格数据需要定义投影为“WGS_1984_UTM_Zone_50N”，单位为“米”。每个单元使用 LULC 分类代码(例如 10 表示耕地，20 表示林地等)，并且这些代码必须与③生境敏感表中的 LULC 代码(lucode)相匹配。

②威胁源栅格文件(ESRI GRID 或 tif 等格式)，栅格数据需要定义投影为“WGS_1984_UTM_Zone_50N”，单位为“米”。威胁源的区域赋值为 1，不是威胁源的区域赋值为 0。

③包含不同胁迫因子的胁迫因子表(＊.csv)，表格中每一行是一类胁迫因子；每一列包含每个胁迫因子的不同属性，并且必须按照如下规定命名：“THREAT”(胁迫因子名称，必须和②威胁源栅格文件名称中“_c”之前的部分保持一致)、“MAX_DIST”(最大影响距离，km)、“WEIGHT”(影响权重)、“DECAY”(影响类型，如线性、指数等)、“CUR_PATH”(威胁源栅格图的文件路径)。以上为必须项。如果需要同时生成生境退化、生境质量和生境稀有度图，则还需要添加“BASE_PATH”和“FUT_PATH”，并制作相应的威胁源栅格图。

④包含不同土地利用类型表格生境敏感性表(＊.csv)。表格中每一行是一个 LULC 的分类；每一列包含每个 LULC 的不同属性，并且必须按照如下规定命名：“LULC”(LULC 栅格文件中的 LULC 编码，其必须与①LULC 栅格文件中的代码一致)、“HABITAT”(LULC 类型作为生境的适宜性，0 表示完全不合适，1 表示完全合适)，以及生境对每种胁迫因子的相对敏感度，1 表示高敏感度，0 表示不受影响，表头的胁迫因子名称必须和③胁迫因子表中的胁迫因子名称保持一致。

模型参数介绍：

Workspace(工作空间)，即模型输出结果的文件夹。

Results Suffix(结果后缀)，自行命名即可。

Current Land Cover(当前的 LULC 栅格图)，此栅格图中的所有值在敏感度表中有对应项。

Future Land Cover(未来的 LULC 栅格图)，此栅格图中的所有值在敏感度表中有对应项，且必须使用与当前 LULC 图中相同的分类方案和代码。输入后该模型将生成生境退化、生境质量和生境稀有度图(同时要输入基准 LULC)。

Baseline Land Cover(基准 LULC 栅格图)，基准图的时期应选择景观管理相对较少的时期，例如，未进行土地集约化管理的时期。此栅格图中的所有值都必须在敏感度表中有对应项，且必须使用与当前 LULC 图中相同的分类方案和代码。

Threats Data[胁迫因子表(csv)]，将每个胁迫因子映射到其属性和分布图的表。

Accessibility to Threats(退化源的可达性)，该图层为矢量图形(可选)。任何未被多边形覆盖的单元格都设置为 1。具有最小可达性的多边形(例如，严格的自然保护区、保护良好的私人土地)被分配一些小于 1 的数字，而具有最大可达性的多边形(例如，采掘保护区)被分配为 1。这些多边形可以是土地管理单位，也可以是一个规则阵列。

Sensitivity of Land Cover Types to Each Threat[生境敏感性表(csv)]，将每个 LULC 类别

映射到有关该 LULC 区域的物种生境偏好和威胁敏感性数据的表格。

Half-saturation Constant(退化方程中使用的半饱和常数)，默认值为 0.05。

模型运行具体操作如下：

➢ 步骤 1：制作威胁源栅格图。

在本章练习中给出了 5 个威胁源栅格数据，如图 6-8 所示，以后读者进行相关研究的时候需要自行制作。需要注意的是，输入 InVEST 模型的所有栅格数据的投影和像元大小都必须保持一致。

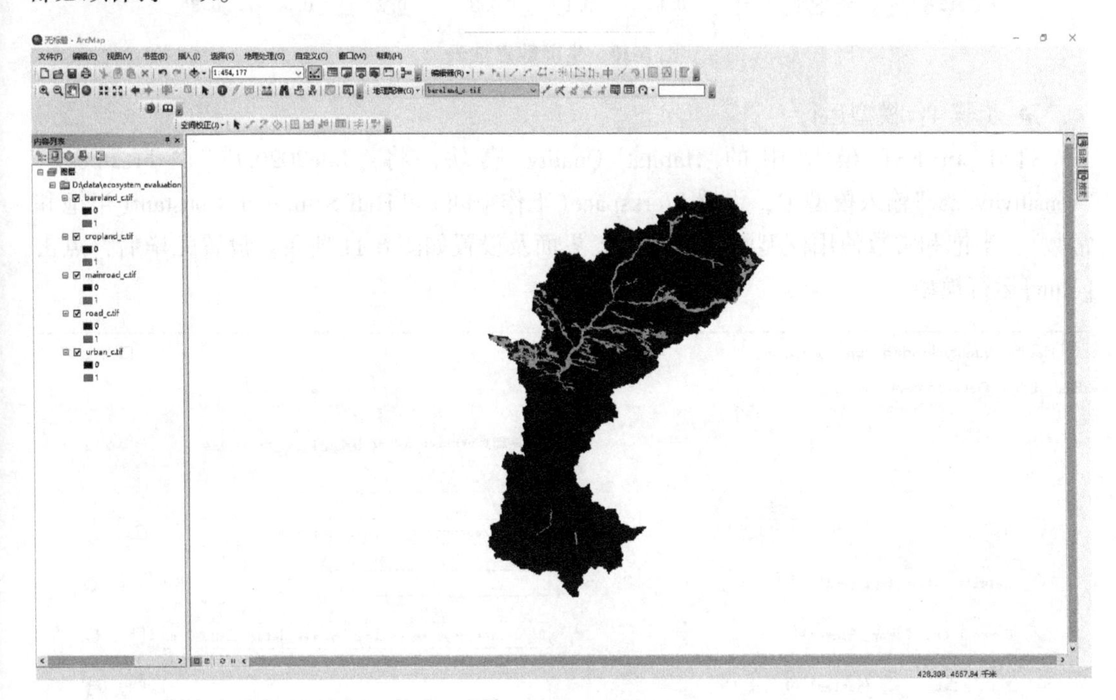

图 6-8　威胁源数据

➢ 步骤 2：制作胁迫因子表。

表格数据需要查找相关文献获取，这里已经给出(图 6-9)。表格制作完成后，保存为 csv 格式，命名为“threat. csv”

	A	B	C	D	E
1	THREAT	MAX_DIST	WEIGHT	DECAY	CUR_PATH
2	cropland	2	0.2	linear	D:\data\ecosystem_evaluation\raw_data\threats\cropland_c.tif
3	urban	10	1	exponential	D:\data\ecosystem_evaluation\raw_data\threats\urban_c.tif
4	bareland	3	0.4	linear	D:\data\ecosystem_evaluation\raw_data\threats\bareland_c.tif
5	mainroad	10	0.7	linear	D:\data\ecosystem_evaluation\raw_data\threats\mainroad_c.tif
6	road	5	0.4	linear	D:\data\ecosystem_evaluation\raw_data\threats\road_c.tif

图 6-9　胁迫因子表

➢ 步骤 3：制作生境敏感性表。

生境适宜性数据和生境对每种胁迫因子的相对敏感度需要查找相关文献获取，这里已经给出(图 6-10)。表格制作完成后，保存为 csv 格式，命名为“sensitivity. csv”。

	A	B	C	D	E	F	G	H
1	LULC	NAME	HABITAT	cropland	urban	bareland	mainroad	road
2	10	耕地	0.4	0.2	0.9	0.5	0.8	0.6
3	20	林地	1	0.5	0.8	0.2	0.9	0.7
4	22	灌丛	1	0.5	0.8	0.2	0.9	0.7
5	31	高覆盖草地	0.9	0.2	0.5	0.3	0.6	0.4
6	32	中覆盖草地	0.7	0.2	0.5	0.3	0.6	0.4
7	33	低覆盖草地	0.3	0.2	0.5	0.3	0.6	0.4
8	40	水域	1	0.4	0.6	0.5	0.6	0.4
9	46	河滩裸地	0.1	0.1	0.3	0.2	0.3	0.3
10	50	城乡用地	0	0	0	0	0	0
11	60	沙地	0.1	0.1	0.3	0.2	0.3	0.3

图 6-10 生境敏感性表

➢ 步骤 4：模型运行。

打开 InVEST 模型中的 Habitat Quality 模块，将“lulc2020. tif”“threat. csv”“sensitivity. csv”输入模型中，设置 Workspace(工作空间)和 Half-Saturation Constant(半饱和常数)，半饱和常数使用模型默认值 0. 05，界面及设置如图 6-11 所示。设置完毕后，点击【Run】运行模型。

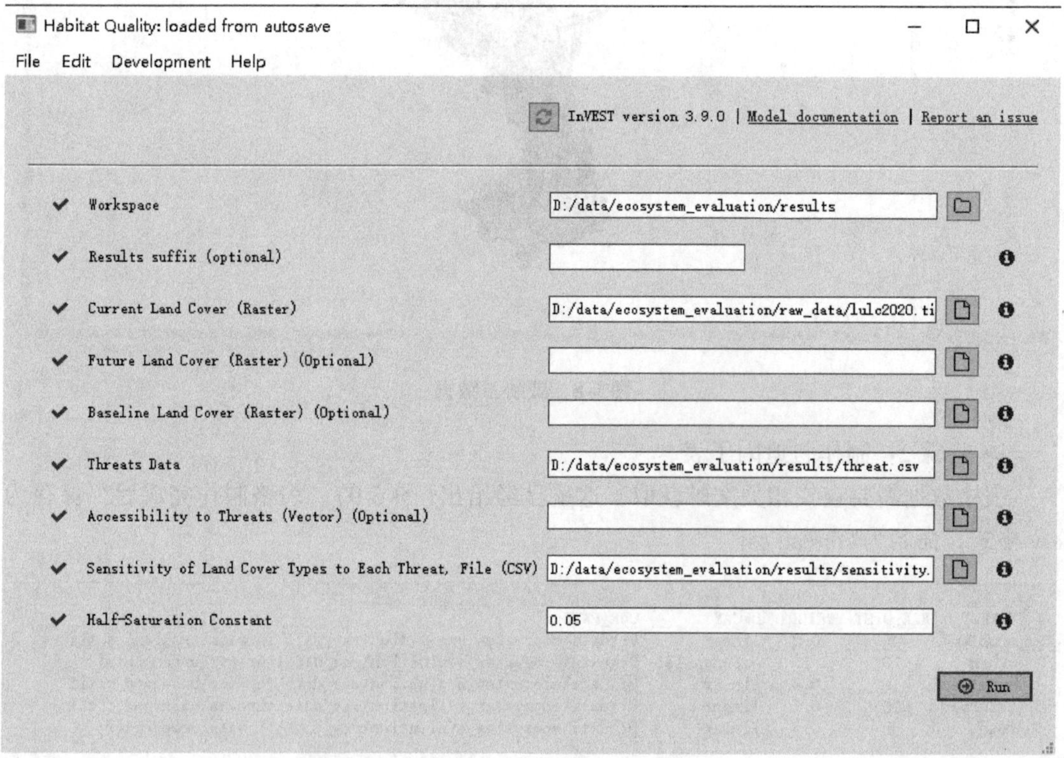

Habitat Quality: loaded from autosave

File Edit Development Help

InVEST version 3.9.0 | Model documentation | Report an issue

Workspace: D:/data/ecosystem_evaluation/results

Results suffix (optional)

Current Land Cover (Raster): D:/data/ecosystem_evaluation/raw_data/lulc2020.ti

Future Land Cover (Raster) (Optional)

Baseline Land Cover (Raster) (Optional)

Threats Data: D:/data/ecosystem_evaluation/results/threat.csv

Accessibility to Threats (Vector) (Optional)

Sensitivity of Land Cover Types to Each Threat, File (CSV): D:/data/ecosystem_evaluation/results/sensitivity.

Half-Saturation Constant: 0.05

Run

图 6-11 InVEST 模型生境质量模块界面

➢ 步骤 5：模型结果查看。

模型运行完毕后，在 ArcMap 中打开工作空间中的“quality_c. tif”文件，可以查看模型运行出的生境质量图(图 6-12)。背景色值越高的区域，代表生境质量越好。

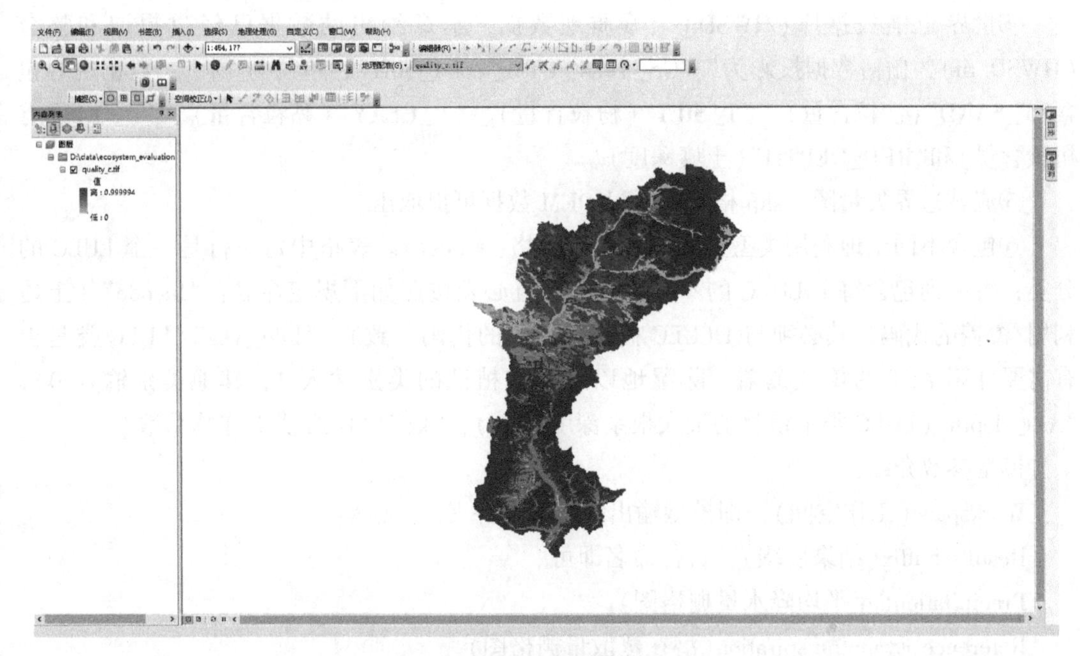

图 6-12　生境质量计算结果

6.2.5　生态系统水源涵养功能评价

模拟景观变化和水文过程之间的联系并不简单，运行多数资源和数据密集型的复杂模型，需要大量的专业知识。为了适应当前泛用性数据被广泛应用于研究中的现状，InVEST 模型产水模块通过模拟景观不同部分的年平均产水量，从而深入研究土地利用模式的变化影响年地表水产量的机制。

InVEST 模型产水模块估算了研究区域中每个子流域的含水量和水利价值。该模型能够确定从每个像素流出的含水量，即降水量减去蒸发蒸腾的水量。然后，该模型将产水量求和并平均到子流域水平。像素级计算使研究者能够直观研究土壤类型、降水量、植被类型等产水量关键驱动因素的异质性。除年平均径流量外，该模型还能运用于计算水利价值。通过减去用于其他用途的地表水可以计算出可用于水电生产的地表水比例。同时，该模型还能进一步估算到达水电站水库的水所产生的能量以及水能在水库使用寿命期间的价值。

用该模块测算小滦河流域水源涵养现状，所需的数据如下：

①土地利用与土地覆被(LULC)栅格文件(ESRI GRID 或 tif 等格式)，栅格数据需要定义投影为“WGS_1984_UTM_Zone_50N”，单位为“米”。每个单元使用 LULC 分类代码(例如，10 表示耕地，20 表示林地等)，并且这些代码必须与⑥生物物理系数表中的 LULC 代码(lucode)相匹配。

②年降水量数据，表格文件，包含研究区域附近气象点位观测的降雨数据。

③潜在蒸散量数据，表格文件，包含研究区域附近气象点位观测的气象数据计算后得到的潜在蒸散量数据。

④世界土壤数据库(HWSD)土壤质地数据，本章给出的数据已经过提取和整合(HWSD.tif)，栅格数据投影为“WGS_1984_UTM_Zone_50N”，单位为“米”，数据内容包含“T_SAND”(沙粒含量)、“T_SILT”(粉粒含量)、“T_CLAY”(黏粒含量)、“T_OC”(有机碳含量)和“REF_DEPTH”(土壤深度)。

⑤流域边界矢量图，shp 格式，通过 DEM 数据可提取出。

⑥包含不同土地利用类型生物物理系数表格(*.csv)。表格中每一行是一个 LULC 的分类；每一列包含每个 LULC 的不同属性，并且必须按照如下规定命名：“lucode”（土地利用/覆盖的代码，其必须与①LULC 栅格文件中的代码一致)、“lulc_veg”(LULC 类是否有需要计算 AET 的植被覆盖，除湿地以外具有植被的类别输入 1，其他类别输入 0)、“root_depth”(LULC 类中植物的最大根系深度，cm)；“kc”(LULC 类的作物系数)。

模型参数介绍：

Workspace(工作空间)，即模型输出结果的文件夹。

Results Suffix(结果后缀)，自行命名即可。

Precipitation(年平均降水量栅格图)。

Reference Evapotranspiration(潜在蒸散量栅格图)。

Depth to Root Restricting Layer(根系限制层深度栅格图)，由于物理或化学特性，根系渗透受到强烈抑制的土壤深度。

Plant Available Water Fraction[植被可利用含水率(PAWC)栅格图]。

Land Use(当前的 LULC 栅格图)此栅格图中的所有值在碳库表中有对应项。

Watersheds(流域边界矢量图)。

Sub-watersheds(子流域边界矢量图)，输入后可对每个子流域进行分析。

Biophysical Table(每个 LULC 类别的生物物理参数表)。LULC 图中的所有值都必须在此表中具有对应项。

Z Parameter(Zhang 系数)，代表水文地质特征和降水的季节性分布。

模型运行具体操作如下：

➢ 步骤 1：制作年降水量栅格图。

启动 ArcMap，加载“降水数据.csv”和“watershed.shp”，右键“降水数据.csv”【显示 XY 数据】，X 字段选择“经度”，Y 字段选择“纬度”，坐标系选择地理坐标系“GCS_WGS_ 1984”（图 6-13)。右键生成的点文件，【数据—导出数据】，将点数据导出，命名为“precipitation.shp”（图 6-14)。

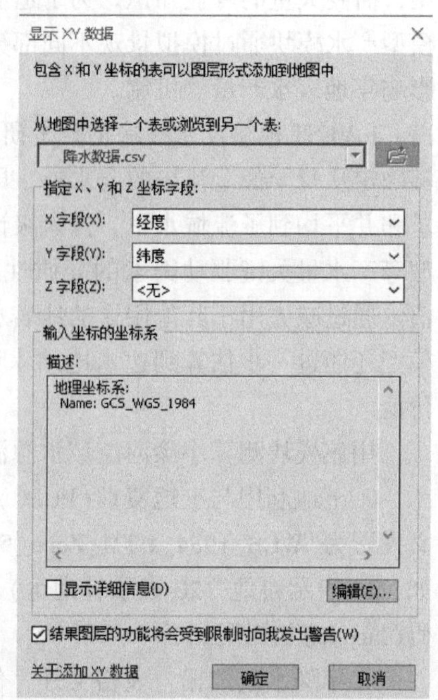

图 6-13 导入表格为点要素

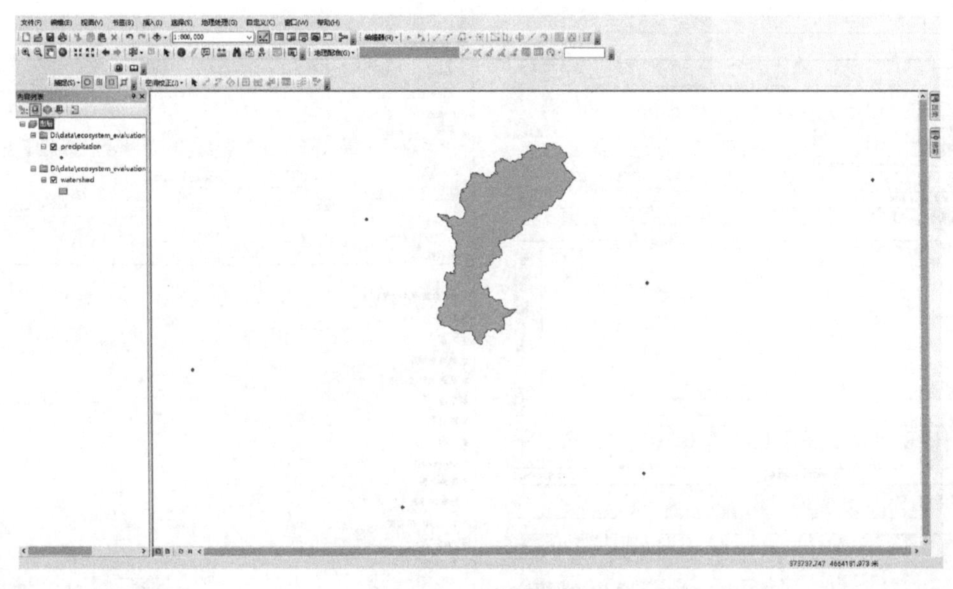

图 6-14　导出点数据

使用 ArcToolbox 中的【空间分析工具—插值分析—反距离权重法】工具，输入数据并对环境进行设置，输出栅格名为“rain”（图 6-15）。需要注意的是，输入 InVEST 模型的所有栅格数据的投影和像元大小都必须保持一致。注意：此时输出的栅格坐标系为地理坐标系“GCS_WGS_1984”，还需要将此地理坐标系转换为投影坐标系“WGS_1984_UTM_Zone_50N”。使用【数据管理工具—投影和变换—栅格—投影栅格】工具进行转换，并将栅格转为 tif 格式，命名为“Precipitation. tif”（图 6-16、图 6-17）。

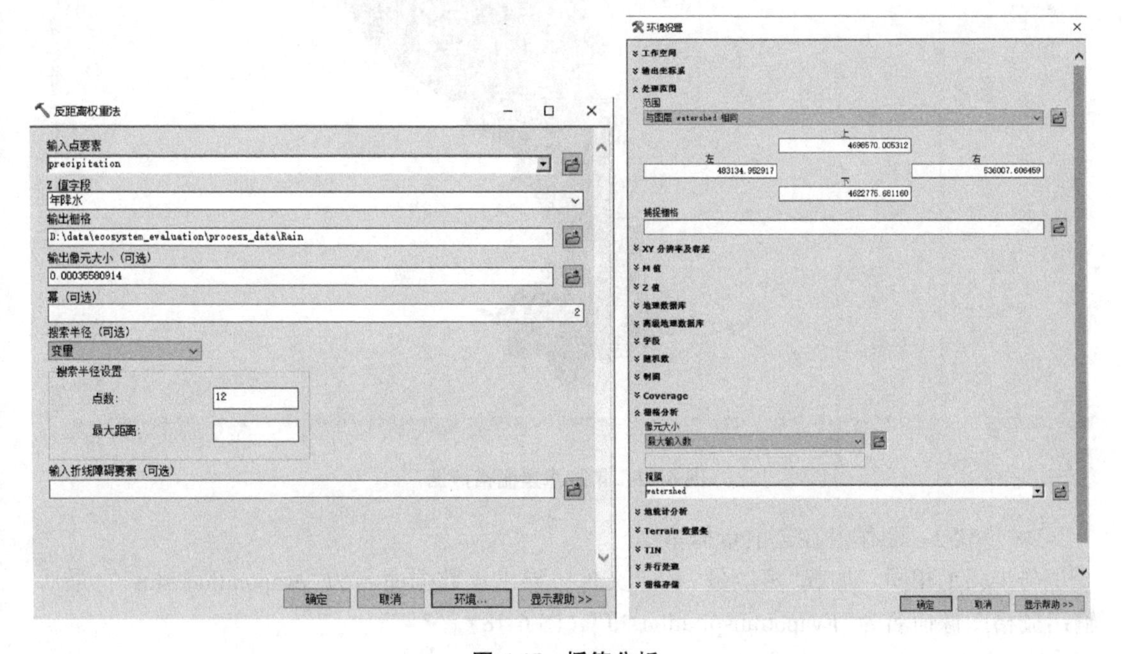

图 6-15　插值分析

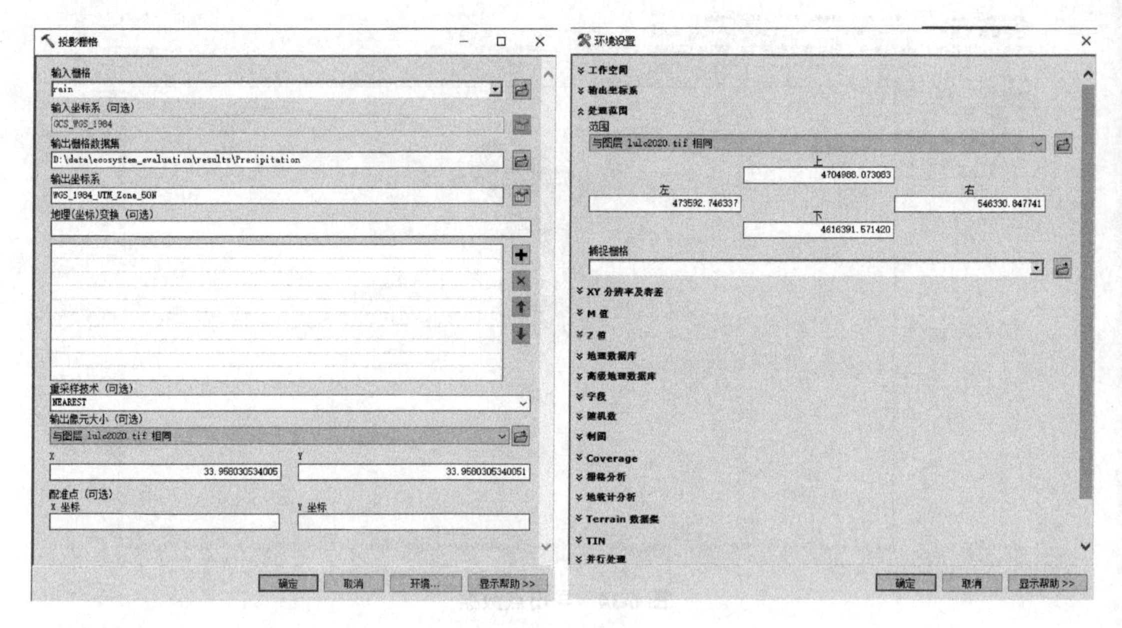

图 6-16　投影转换

图 6-17　年降水量栅格数据

➢ 步骤 2：制作潜在蒸散量栅格图。

与步骤 1 相同。加载“蒸散量 . csv”文件，导出点数据命名为“evaporation. shp”，最后输出栅格图像命名为“Evapotranspiration. tif”（图 6-18）。

图 6-18　潜在蒸散量栅格数据

➢ 步骤 3：制作土壤深度与可利用含水率栅格图。

加载“HWSD. tif”文件，打开属性表，使用沙粒、粉粒、黏粒和有机碳含量计算植被可利用含水率，公式如下：

$$AWC\ (\%) = 54.509 - 0.132(SAND\%) - 0.003(SAND\%)^2 - 0.055(SILT\%) - 0.006(SILT\%)^2 - 0.738(CLAY\%) + 0.007(CLAY\%)^2 - 2.688(C\%) + 0.501(C\%)^2 \quad (6\text{-}1)$$

添加字段，名称为“AWC”，类型选择“双精度”，右键该字段选择【字段计算器】，输入 *AWC* 公式(图 6-19)。

使用 ArcToolbox 中的【空间分析工具—重分类—查找表】工具，查找字段项选择“AWC”和“REF_DEPTH”，分别导出根系限制层土壤深度栅格图和植被可利用含水率(*PAWC*)栅格图。将 2 个图导出为 tif 图像(图 6-20、图 6-21)。

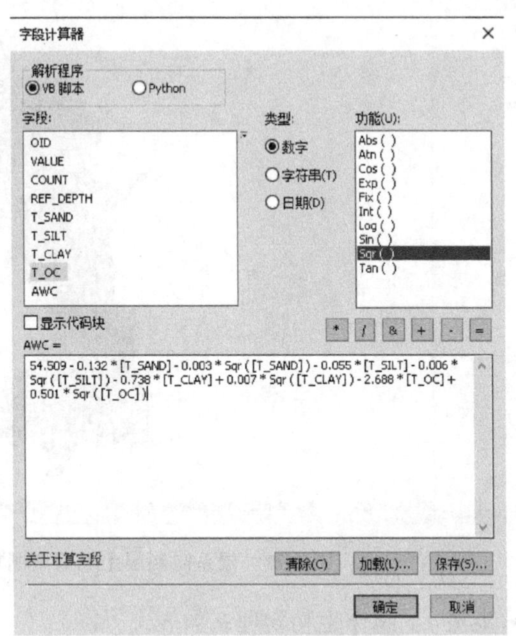

图 6-19　输入 AWC 公式

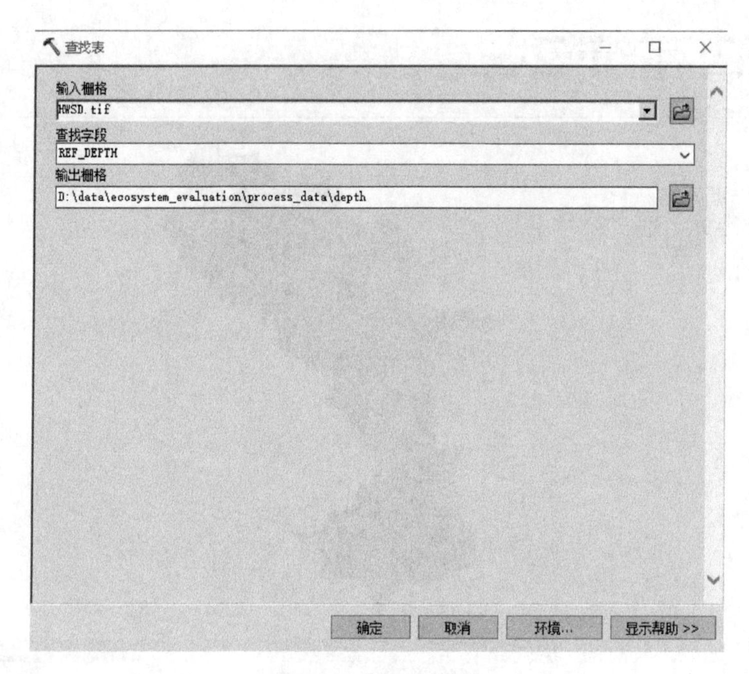

图 6-20　查找和导出

图 6-21　根系限制层土壤深度栅格和 PAWC 栅格结果

➢ 步骤 4：制作生物物理系数表。

该数据已给出，如图 6-22 所示。输入每一类 LULC 相应的数据。输入完毕后，将表格保存为 csv 格式，命名为“Biophysical. csv”。

	A	B	C	D	E
1	LULC_desc	lucode	Kc	root_depth	LULC_veg
2	耕地	10	0.6	700	1
3	林地	20	0.4	3000	1
4	灌丛	22	0.3	1000	1
5	高覆盖度草地	31	0.7	700	1
6	中覆盖度草地	32	0.6	700	1
7	低覆盖度草地	33	0.5	600	1
8	水域	40	1.2	1	0
9	河滩裸地	46	0.9	1	0
10	城乡用地	50	0.3	1	0
11	沙地	60	0.2	1	1

图6-22　生物物理系数表

➢ 步骤5：运行模型。

打开InVEST模型中的Water Yield模块，将"lulc2020. tif"输入到模型中，设置Workspace(工作空间)，界面及设置如图6-23所示。设置完毕后，点击【Run】运行模型。

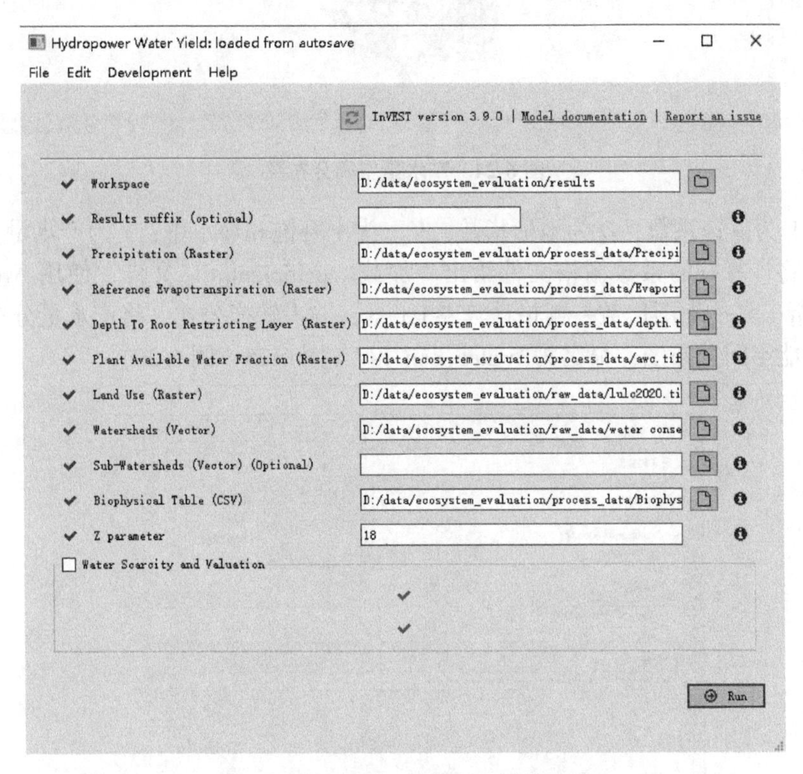

图6-23　InVEST模型产水模块界面

➢ 步骤6：查看模型结果。

模型运行完毕后，在ArcMap中打开工作空间中output文件夹的"wyield. tif"文件，可以查看运行结果的产水量空间分布图(图6-24)。

➢ 步骤7：通过产水量计算水源涵养量。

采用如下公式计算水源涵养量：

$$WR = \min(1, 249/V) \times \min(1, 0.9 \times D/3) \times \min(1, K_{soil}/300) \times Y \tag{6-2}$$

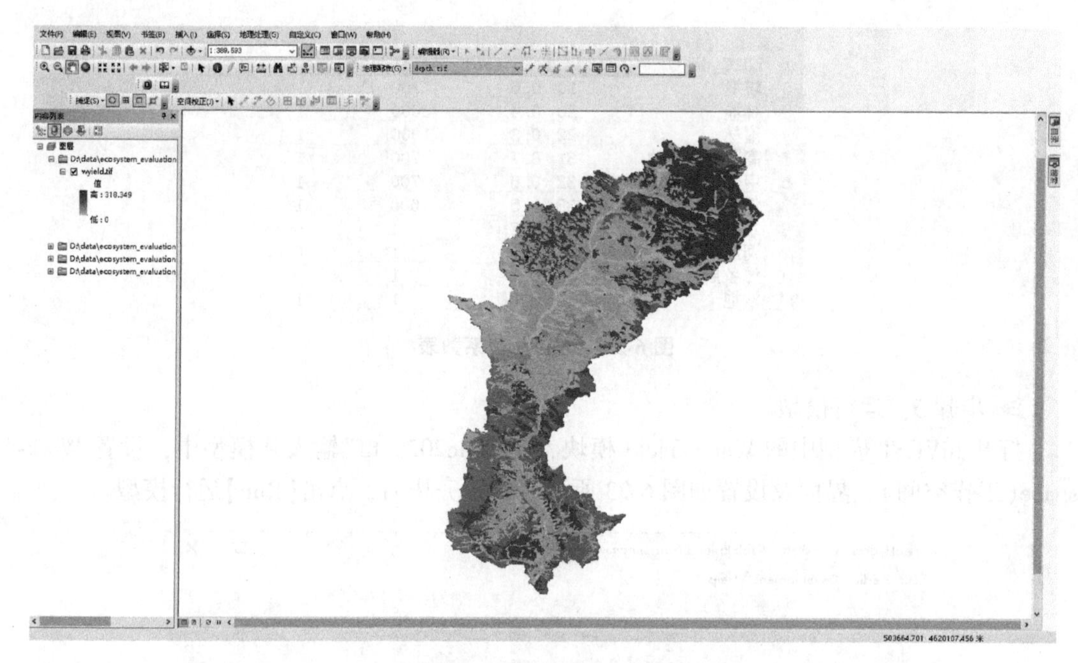

图 6-24　产水量空间分布图

式中，V 为流速系数；D 为地形指数；K_{soil} 为土壤饱和导水率；Y 为产水量。

本节已将计算好的系数栅格文件给出。加载“coefficient. tif”文件，使用 ArcToolbox 中的【空间分析工具—地图代数—栅格计算器】工具，输入转换公式，将产水量分布图转换为水源涵养功能空间分布图，命名为“water_con. tif”（图 6-25、图 6-26）。

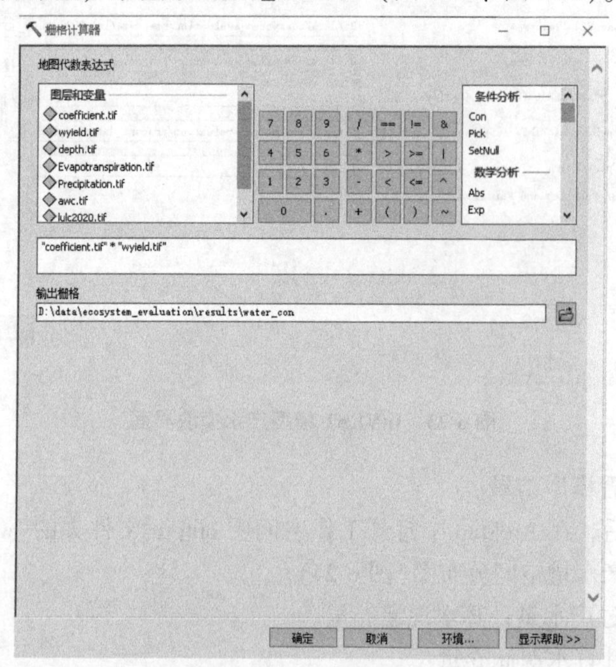

图 6-25　输入公式

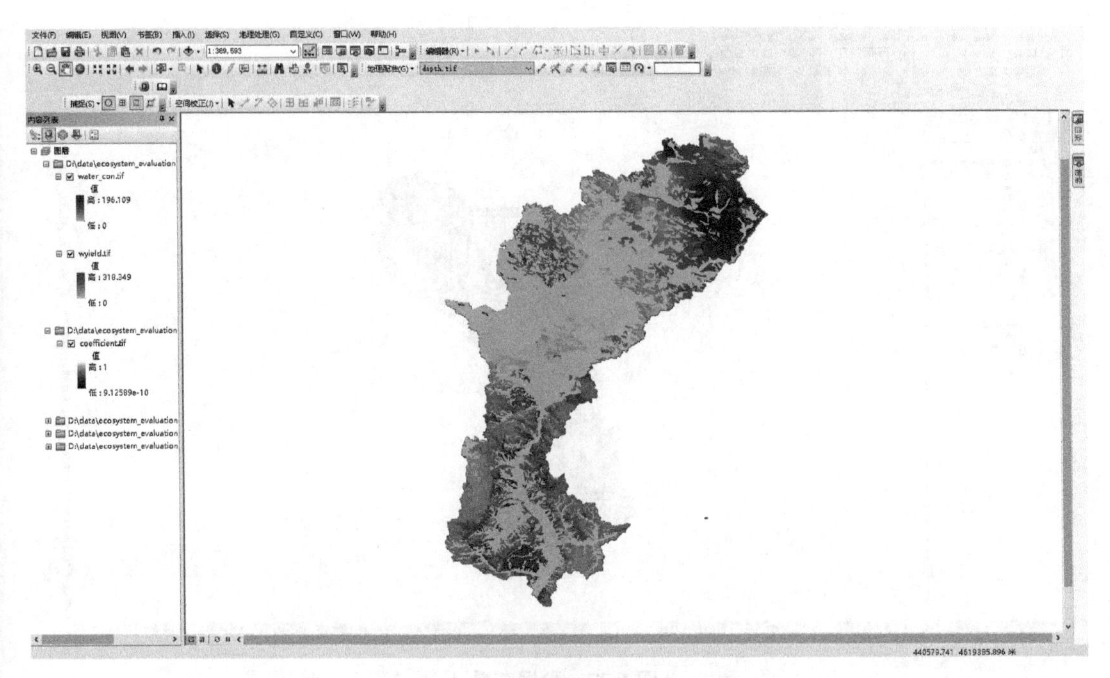

图 6-26　水源涵养功能空间分布图

6.3　生态系统服务综合分区

生态系统服务综合分区是对生态系统服务重要性进行评价的重要环节。具体方法是对每一项生态系统服务按照其重要性划分出不同级别，明确其空间分布，然后在区域上进行叠加分析。分区的结果能为当地制定相应的生态保护与修复政策提供理论依据。除了直接叠加的分区方式以外，用热点分析法来识别生态系统服务分布聚集度高值和低值区域也是常用的分区方式。

本节以前文量化获得的碳固持、生境质量和水源涵养 3 个生态系统服务为例，对区域生态系统服务综合分区的基本操作进行练习。本节所需数据为前面小节制作出的 3 个 tif 图像文件“tot_c_cur. tif”“quality_c. tif”和“water_con. tif”（图 6-27）。

由于每个生态系统服务的评价指标不同，为了方便分析，需要对数据进行归一化处理。常用的归一化方法有线性归一化法、Z-score 标准化法、神经网络归一化法等。这里使用最简单的线性归一化法进行演示，其他方法可自行了解。线性归一化公式如下：

$$x' = \frac{x - \min(x)}{\max(x) - \min(x)} \tag{6-3}$$

演示操作如下：

➢ 步骤 1：不同生态系统服务物质流的归一化。

打开 ArcMap，对 3 种生态服务数据进行归一化处理。使用 ArcToolbox 中的【空间分析工具—地图代数—栅格计算器】工具，输入归一化式(6-3)，设置输出文件位置，将新栅格分别命名为“Water”“carbon”和“HQ”（图 6-28）。

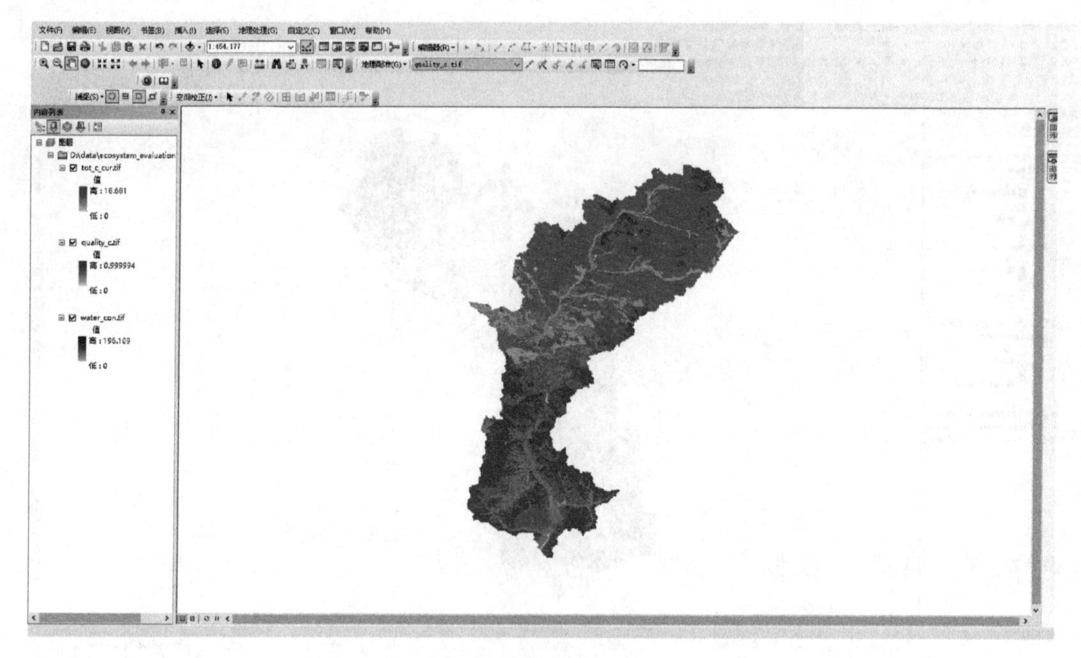

图 6-27 数据查看

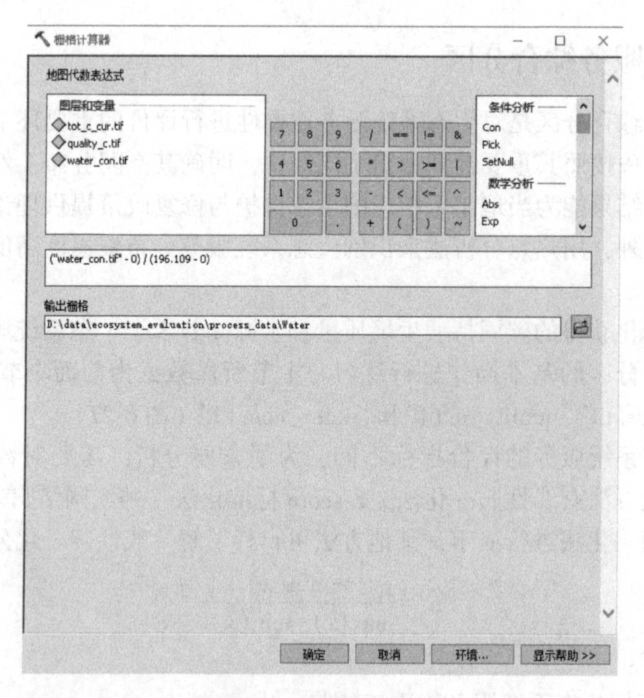

图 6-28 数据归一化

➢ 步骤 2：多种生态系统服务综合值计算。

将 3 个新栅格进行叠加分析。使用 ArcToolbox 中的【空间分析工具—地图代数—栅格计算器】工具将数据叠加，将新栅格命名为“superpose”（图 6-29、图 6-30）。

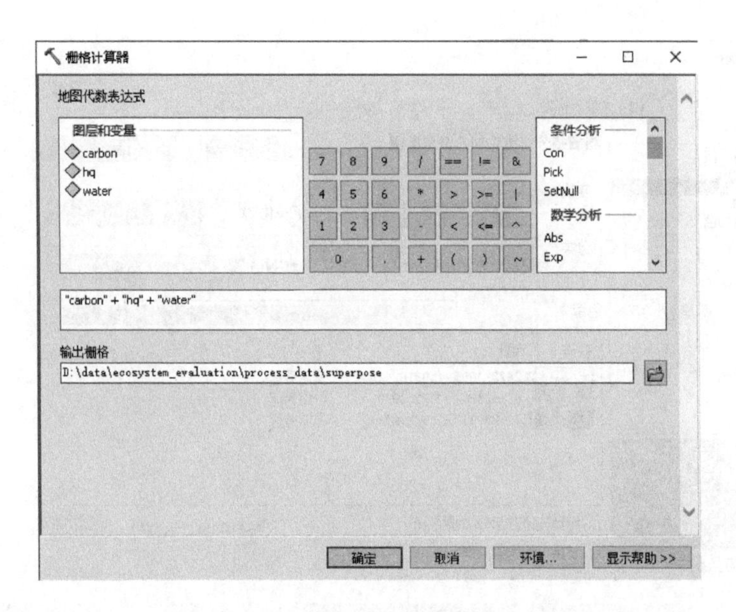

图 6-29　数据叠加

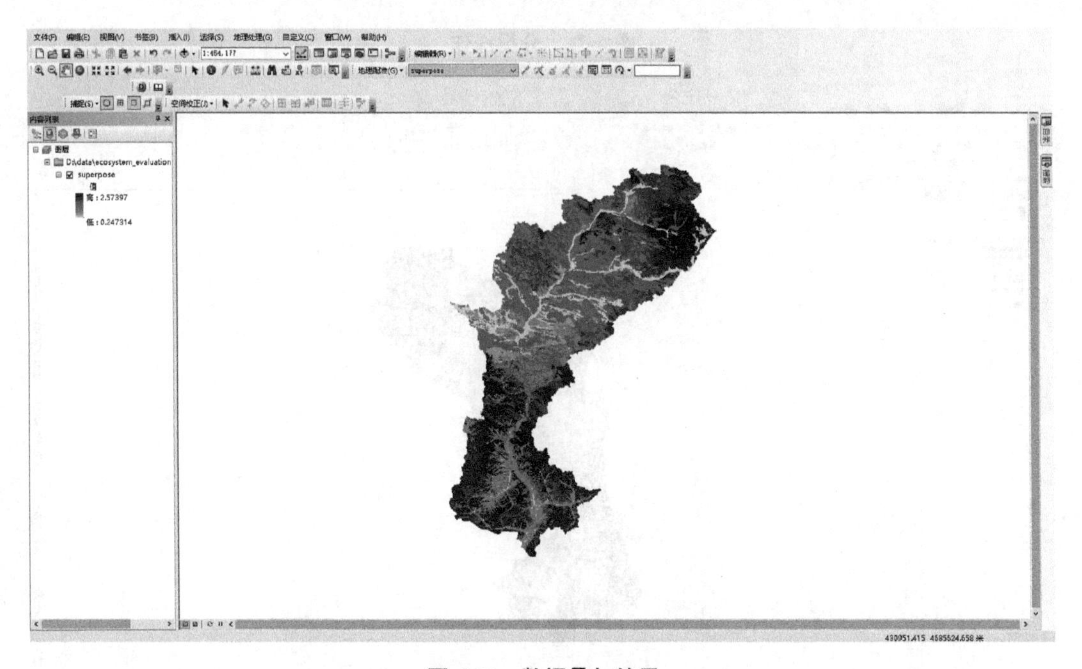

图 6-30　数据叠加结果

➢ 步骤 3：基于生态系统服务的功能分区。

打开“superpose”的【属性—符号系统—已分类】，选择“自然间断点分类法(Jenks)”进行分类，类别选择“3”，修改标注(图 6-31)。点击【确定】，完成该区域生态系统服务功能综合分区(图 6-32)。需要注意的是：这里重分区只是方便显示制图采用的简便方法，并不是最终结果；若要获得最终的分类栅格图层并计算各区面积，可使用重分类工具来实现。

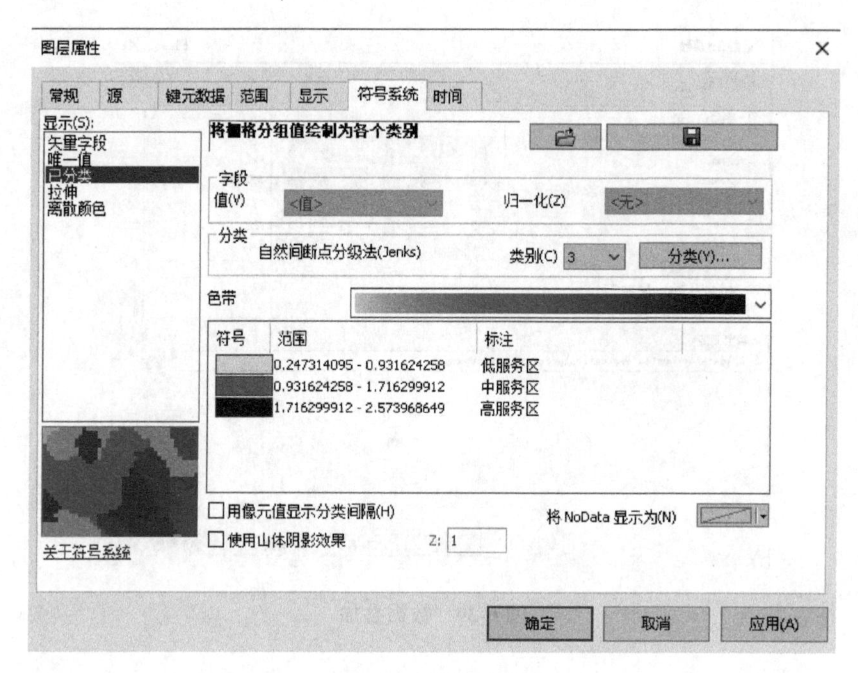

图 6-31　分类操作

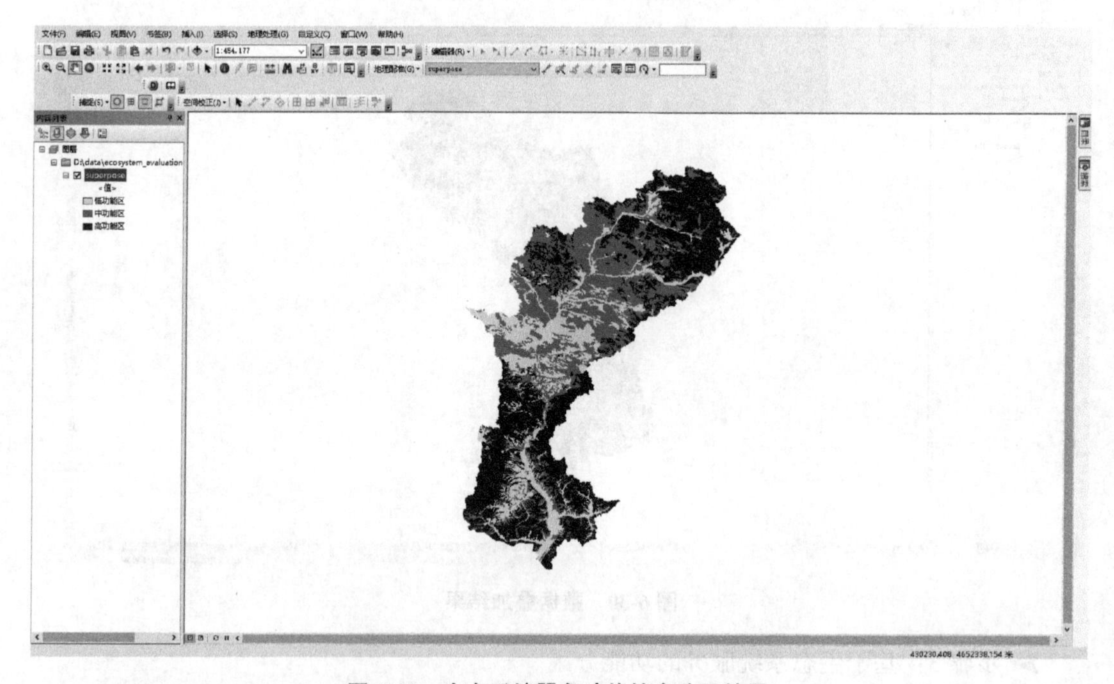

图 6-32　生态系统服务功能综合分区结果

➢ 步骤 4：分区结果制图。

选择【视图—布局视图】，添加经纬度、图例、指北针、比例尺等，制作出生态系统服务综合分区图。选择【文件—导出地图】，导出结果如图 6-33 所示。

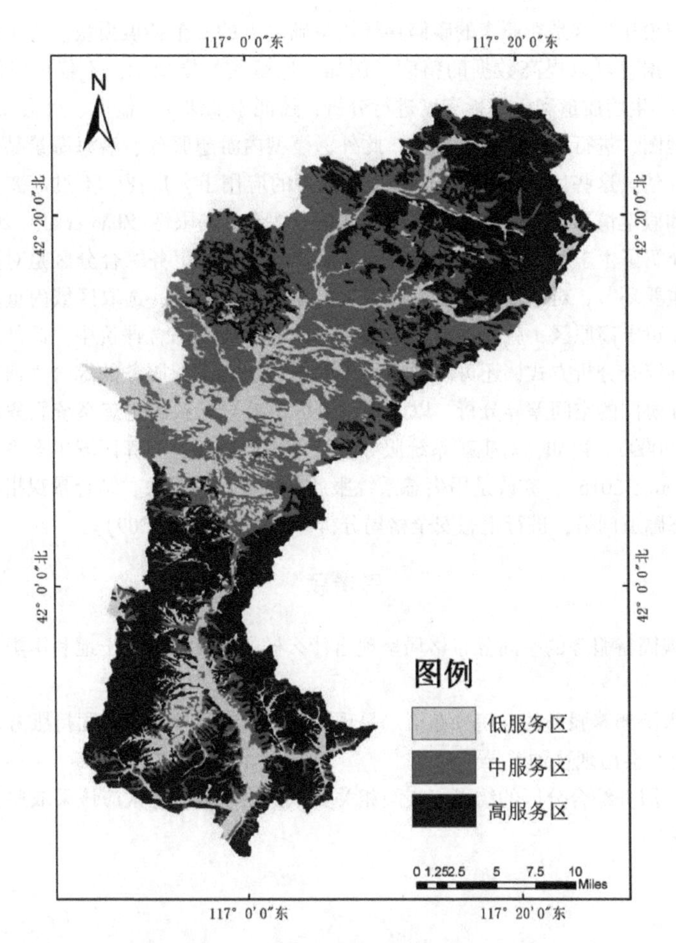

图 6-33 生态系统服务功能综合分区图

从分区结果来看，高服务区分布于南部和北部，低服务区位于中部和沿河区域。流域南部的碳固持水平较高，北部的水源涵养服务较强，中部的人口密度较高的农牧区和旅游区的 3 项生态系统服务都比较弱。因此流域南部、中部和北部面临的生态压力各不相同，需要因地制宜地制定相应的生态保护修复策略。例如，南部可以利用植被生态护坡技术修复河道两岸退化山体，中部需要进行以生态环境综合治理修复为核心的措施，北部则需要进行以增强涵养水源能力为主的生态保护修复措施等。

本章小结

本章 6.2 小节用碳固持、生境质量和水源涵养 3 个常用的生态系统服务为例，介绍了如何应用 InVEST 模型进行生态系统服务评价。InVEST 模型相比其他模型的优势在于该模型结果可视化程度高，同时还能基于未来的景观变化为生态系统服务的时空变化进行情景预测。模型能够计算当前土地利用状况等生态系统的位置、数量等特征，量化在未来一段时期后根据不同发展方向对生态系统服务输出水平变化的影响。除了基本模块以外，InVEST 模型也开发了许多拓展模块，能够适用于不同的研究情景。以评估碳固持服务为例，在碳储存与封存模块中添加未来某时期的 LULC 图，就能够基于未来的土地利用图进行情景预测。除此之外，如果要考虑森林的边缘效应对碳固持服务的影响，也可以用 InVEST 模型中开发的森林碳边缘效应模块，这是在原来的碳储存模块基础之上的一个拓展模块。每个模块中都有许多可选项，添加对应的数据就可以提高数据的精度。例如，生境质量模块中，不仅可以添加未来某时期的LULC图对生境退化、生境质量和生境稀有度进行分析，还能添加法律、制度、社会和物理障碍为抵御威胁提供的相对保护地图，进行多维度数据分析。此外，模型内游憩服务、沿海海景品质等模块还能够对文化服务进行量化评估。这些优点使得当前InVEST模型的应用十分广泛。不过需要注意的是，InVEST模型因为算法简化和假定情形过多，其在文化服务评估方面有其局限性(Zhao et al.，2023)。

本章6.3小节介绍了生态系统服务综合分区的方法。生态系统服务综合分区是对生态系统服务功能重要性进行评价的重要环节，对于不同的研究区域，要根据研究目的，选取区域内重要的生态系统服务进行评估。例如，在黄土高原区，就要把水土保持和防风固沙加入综合评价中。此外，叠加各项生态系统服务只是其中一种综合分析方式，还可以从各种角度进行生态系统服务的综合性研究。又如，进行各项服务之间的权衡和协同的空间差异分析，以此来讨论区位差异导致的生态系统服务权衡与协同关系的差异(Nelson et al.，2009)。再如，对生态系统服务进行冷热点分析，测算区域生态系统服务热点区的面积和空间位置(Li et al.，2016)；亦或是用生态系统服务高服务区的斑块，结合景观指数等指标选择生态源地，构建区域生态廊道网络，进行生态安全格局分析等(俞孔坚等，2009)。

思考题

1. 小滦河流域碳固持服务的空间分布格局呈现出什么样的特征？结合土地利用类型来看，如何解释这一现象？

2. 小滦河流域水源涵养服务的空间分布格局呈现出什么样的特征？与碳固持服务的空间分布格局有什么不同之处？为什么会出现这种差异？

3. 根据生态系统服务综合分区的结果，查阅相关文献，谈谈低服务区应该采取些什么措施来提升该区域的生态系统服务？

第 7 章　景观过程模拟与预测

7.1　实验目的与准备

7.1.1　实验背景与目的

景观格局与生态过程的作用关系是景观生态学研究的核心研究命题。景观过程包括各种生态流、种群和群落变化、干扰等各种生态过程。流域是景观生态学研究的一个尺度，是自然界中具有明显物理边界且综合性强的独特地理单元。流域中土地利用方式、植被覆盖特征显著影响着流域的水文过程和生态系统服务。流域作为一个自然与人文结合的地理单元，其内部景观变化和水文过程的复杂性为研究宏观生态学问题及其对全球变化的响应提供了有利条件。森林作为陆地生态系统的主体，亦是流域中最为重要的植被类型之一，流域内森林组成及变化过程(如演替)对流域水文循环、碳循环、生物多样性及关键生态服务起决定性作用。对森林演替的研究不应局限于个体、种群、群落及生态系统，还需考虑到森林生态过程与空间格局及尺度之间的相互作用。由于森林演替过程持续时间长、空间范围大，往往在上百平方千米的范围内持续几百年，传统的野外观测方法难以在如此大的时空尺度上有效地研究森林群落动态变化。随着计算机技术的发展，景观过程模型的开发为景观过程研究提供了便利。

本章选择了水循环、碳循环和森林演替 3 类常见景观过程进行操练，通过对 Biome-BGC、WaSSI-C 和 LANDIS 等过程模型的认识和使用，帮助学习者理解景观过程研究的思路和方法。

7.1.2　实验内容与准备

本章主要使用不同软件自带数据进行练习，运行路径可参见软件操作手册或自行设定。各小节实验操作内容、前期准备和数据概况见表 7-1。

表 7-1　实验主要内容一览表

项目	具体内容	相关软件与工具准备	原始数据介绍
景观变化与水循环	模拟流域水文过程	WaSSI-C	软件自带的 demo 数据
景观变化与碳循环	模拟森林景观中的碳循环过程	Biome-BGC	
森林演替模拟与预测	模拟林木个体的生长、繁殖、死亡及森林演替变	LANDIS PRO	

7.2 景观变化与水循环

7.2.1 WaSSI-C 模型简介

WaSSI-C 模型是 Sun 等(2011)利用 FLUXNET 中的水碳通量测量数据和水量平衡模型构建的月尺度水碳耦合模型。WaSSI-C 模型的核心是一个基于降水、Hamon (1963) 潜在蒸散(Evapotranspiration, ET)和叶面积指数构建的 ET 经验模型(Sun 等, 2011)。通过结合 ET 经验模型和 SAC-SMA 土壤湿度模型, WaSSI-C 模型可以进一步考虑土壤水分对 *ET* 的限制, 并利用 SAC-SMA 模型模拟主要水文变量(地表径流和基流等)(刘宁等, 2013)。其碳循环过程计算方法类似于 Beer 等(2007)的水分利用效率方法, 即利用 *ET* 作为中间变量推导碳循环过程变量。在该模型中, 水碳耦合关系的表达式由大量观测数据推导, 因此能够很好地反映月尺度上生态系统内水碳循环过程之间的耦合关系, 将生态系统和冠层尺度观测数据进行扩展, 为大量通量数据的应用提供了新的思路(刘宁等, 2013)。

WaSSI-C 模型的开发者也提供了在线使用的版本(https://web.wassiweb.fs.usda.gov/)。此在线版本目前已经包含美国、墨西哥和卢旺达三个国家模型运行所需的所有数据, 可以实现在线数据可视化和情景模型。由于模型在线版本无法实现数据上传, 因此用户需要和开发联系获取 WaSSI-C 原始代码, 离线进行自定义研究区的模拟。这里主要以美国为例, 介绍其在线版本的使用方法和一些主要的模型输入和输出数据。

7.2.2 基于 WaSSI-C 的流域水文模拟

➢ 步骤 1: 认识模型界面和模型参数设置。

首先, 需要在模拟开始前, 在模型"Options"界面选取模型的模拟区域。这里选择美国"US", 然后点击更新按钮"Update"完成设置(图 7-1)。

其次, 可以在输入数据可视化"Input Viewer"界面查看一些主要的输入数据(图 7-2)。因为 WaSSI-C 模型的模拟单元是子流域(HUC), 因此, 可以查看和下载每个子流域的主要输入数据, 其中包括模型必须的气候、叶面积指数和土地利用类型组成等数据。另外, 还有其他一些可选的社会数据。模型运行需要每个子流域的主要土地利用类型及其比例, 以及这些土地利用类型的月尺度叶面积指数数据。模型所需的气候数据包括子流域的月平均降水和气温数据。此外, 模型还需要子流域的土壤参数数据, 这些土壤参数的介绍和率定过程详见刘宁等(2013)。

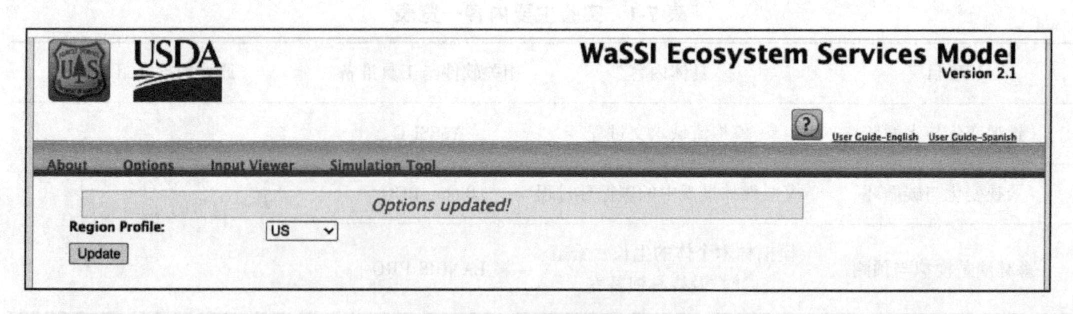

图 7-1 模型区域选取

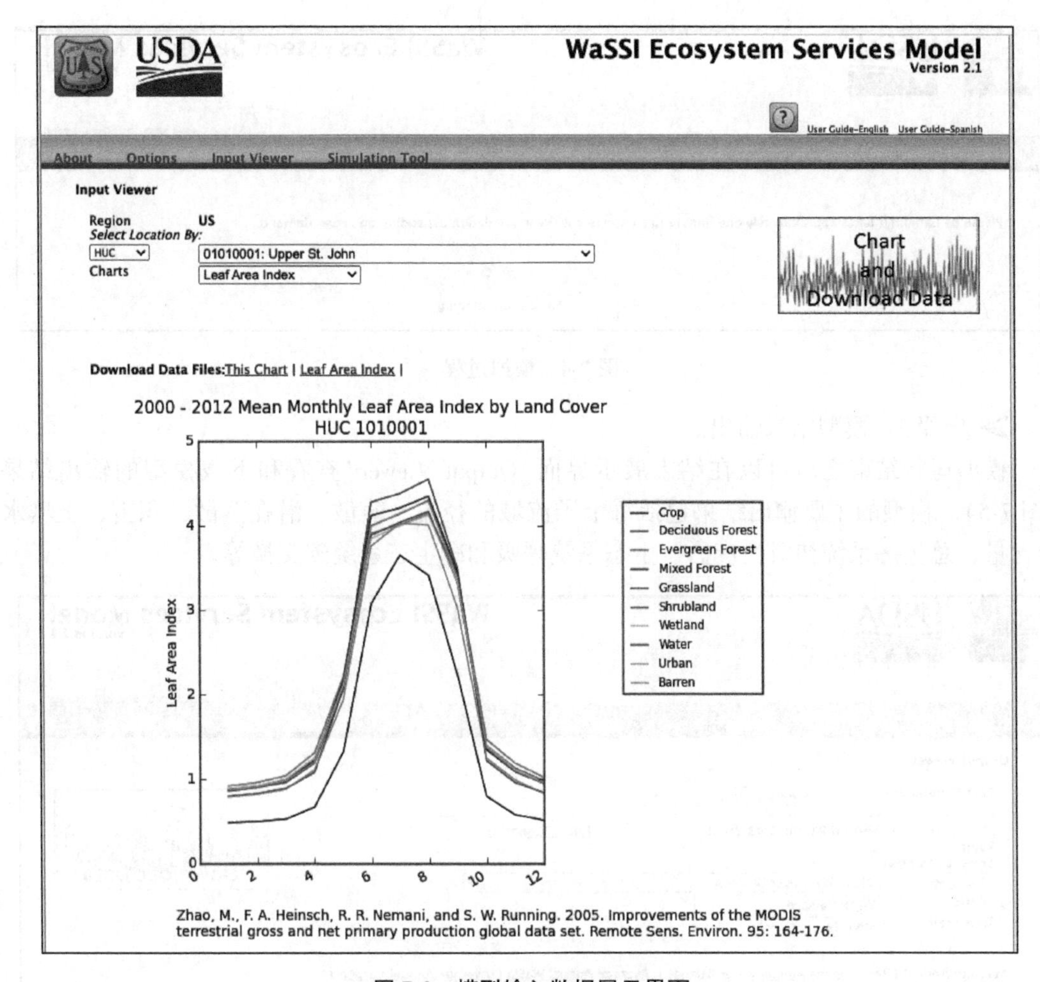

图 7-2　模型输入数据展示界面

➢ 步骤 2：流域水文过程模拟。

可以在模拟工具“Simulation Tool”界面进行模拟过程(图 7-3)。基本的模型模拟只需要选择在线模型已经提供的 1961 年到 2015 年的气候数据，并设置模拟年份即可点击运行“Run Simulation”进行模拟。模拟所需的时间根据选择的年份长短而变化，模型运行耗时较短，一般全美国数千个子流域 20 年的模拟耗时不到 1min(图 7-4)。

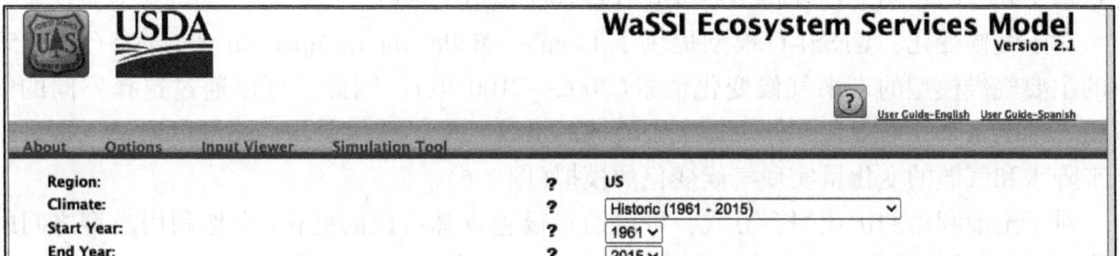

USDA

WaSSI Ecosystem Services Model
Version 2.1

User Guide-English　User Guide-Spanish

About　Options　Input Viewer　Simulation Tool

Region: ? US
Climate: ? Historic (1961 - 2015)
Start Year: ? 1961
End Year: ? 2015

图 7-3　模型模拟设置

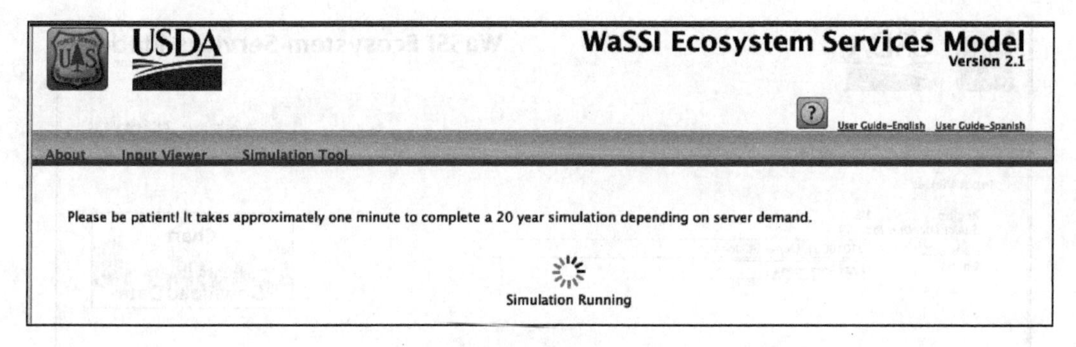

图 7-4 模拟过程

➢ 步骤 3：模型结果输出。

模型运行结束之后可以在结果展示界面“Output Viewer”查看和下载模型的输出结果(图 7-5)。模型的主要输出结果包括每个子流域的径流、蒸散、潜在蒸散、积雪、土壤水分含量、总生态系统初级生产力、生态系统呼吸和净生态系统碳交换等。

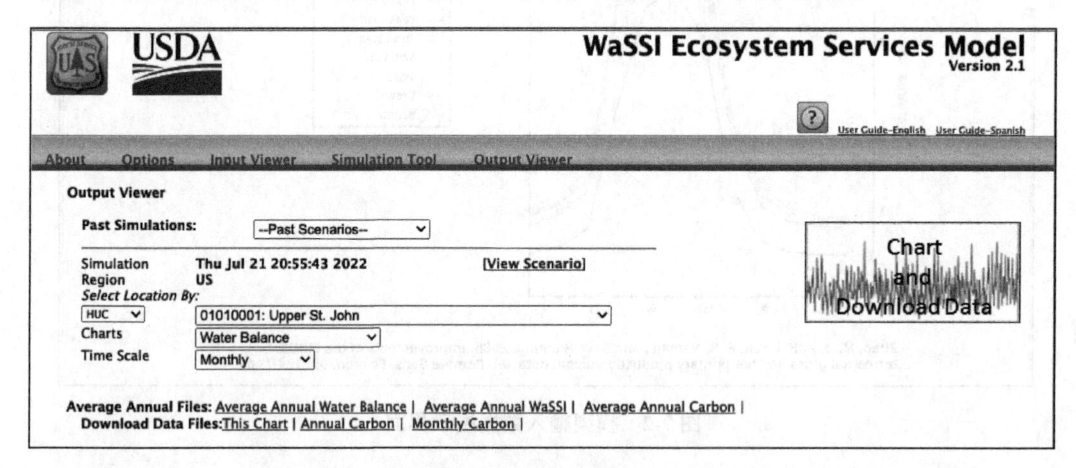

图 7-5 模型输出结果

7.2.3 基于 WaSSI-C 的流域情景模拟与分析

➢ 步骤 1：单一情景的模拟与参数设置。

对于流域的优化管理，一般考虑流域未来的气候变化和土地利用的优化组合方式，因此这里主要介绍这两个过程在 WaSSI-C 在线模型模拟的影响。

对于气候变化，WaSSI-C 模型提供了 Coupled Model Intercomparison Project 5(CMIP5)中的主要气候模型的未来气候变化情景(2002—2100 年)。因此，可以通过选择不同的气候模式预测未来气候变化条件下每个子流域的水碳变化。除此之外，还可以通过直接设置未来降水和气温的变化量实现气候变化的模拟(图 7-6)。

对于土地利用的优化组合方式，可以通过设置森林占比的变化(土地利用类型之间的转换)和森林叶面积指数的变化进行模拟分析。以下案例中设置了 5%的森林转变为草地，且森林的叶面积指数减少 10%的情景(图 7-7)。

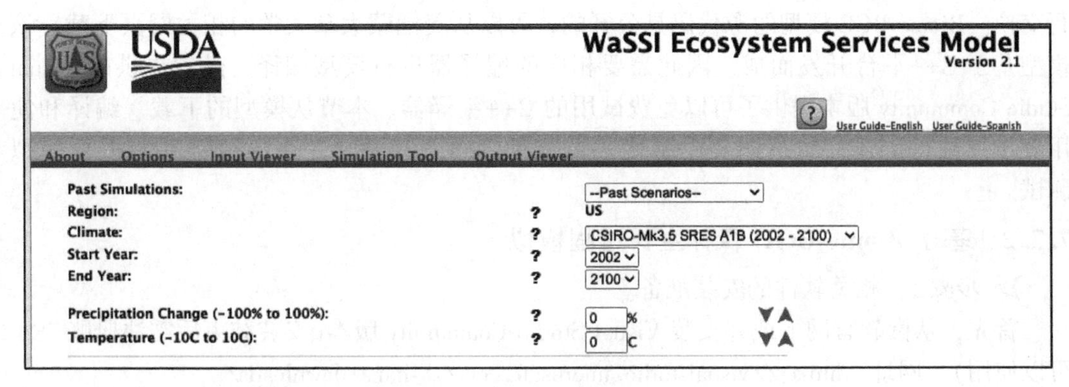

图 7-6　气候情景设置

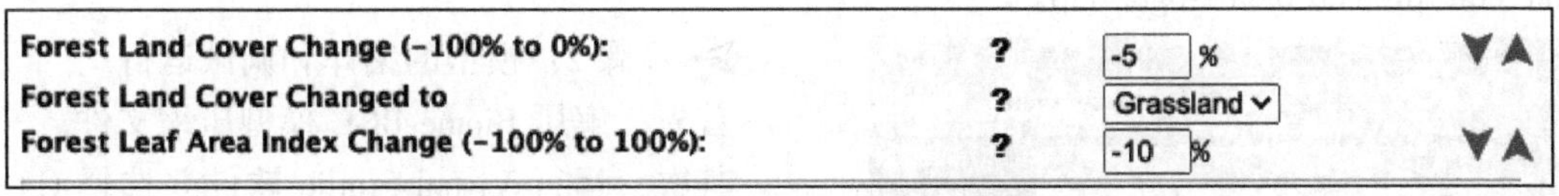

Forest Land Cover Change (-100% to 0%):　?　-5 %
Forest Land Cover Changed to　?　Grassland
Forest Leaf Area Index Change (-100% to 100%):　?　-10 %

图 7-7　土地利用优化方案设置

➢ 步骤 2：不同情景组合的模拟与参数设置。

可以通过同时设置气候情景和森林比例变化，实现同时模拟未来的气候和植被组合方式的变化对流域水碳资源的影响。除了气候和植被变化情景，作为一个生态服务功能评估模型，WaSSI-C 在线模型还提供了水资源供需状况的模拟。通过设置每个流域的取水和人口数据情景，模型可以计算每个子流域的水资源供需状况，推测子流域是否存在水资源亏缺等问题(图 7-8)。

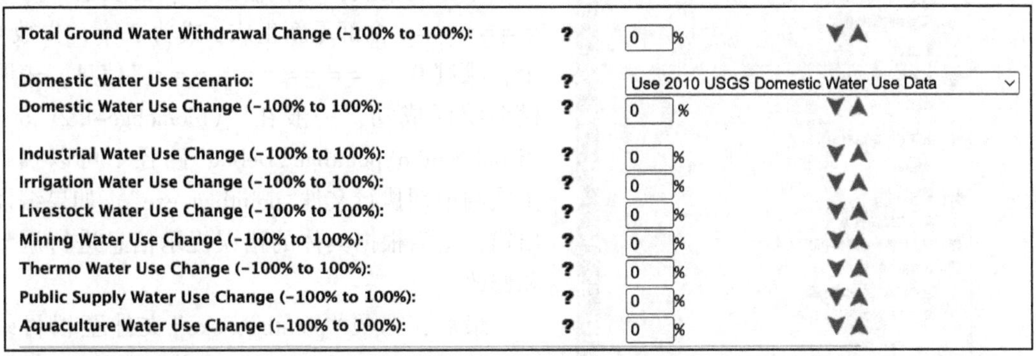

Total Ground Water Withdrawal Change (-100% to 100%):　?　0 %
Domestic Water Use scenario:　?　Use 2010 USGS Domestic Water Use Data
Domestic Water Use Change (-100% to 100%):　?　0 %
Industrial Water Use Change (-100% to 100%):　?　0 %
Irrigation Water Use Change (-100% to 100%):　?　0 %
Livestock Water Use Change (-100% to 100%):　?　0 %
Mining Water Use Change (-100% to 100%):　?　0 %
Thermo Water Use Change (-100% to 100%):　?　0 %
Public Supply Water Use Change (-100% to 100%):　?　0 %
Aquaculture Water Use Change (-100% to 100%):　?　0 %

图 7-8　水资源利用状况评价

7.3　景观变化与碳循环

7.3.1　Biome-BGC 模型简介

Biome-BGC(BioGeochemical Cycles)是一个模拟生态系统植被和土壤中的能量传输和物质循环的生物地球化学循环模型。模型中水、碳、氮都是以库的形式存储，以流的形式进行交换。Biome-BGC 模型的源代码是公开的，可以从美国蒙大拿大学的相关网页下载。该模型基于 C++平台开发而成，因此需要相应的编译器进行模型编译。微软提供的 Visual Studio Community 版本提供了可以免费试用的 C++编译器。本节从模型的下载、编译和使用等步骤进行讲述，如不涉及模型代码的修改，可直接从 7.3.2 的范例开始进行模拟测试。

7.3.2 基于 Biome-BGC 森林生长过程模拟

➢ 步骤 1：相关软件的安装准备。

首先，从微软官网下载并安装 Visual Studio Community 版本(安装结束后需注册账户才可以使用)，网址：https://visualstudio.microsoft.com/zh-hans/downloads/。

其次，从美国蒙大拿大学的网页下载获取 Biome-BGC 模型，网址：https://www.ntsg.umt.edu/project/biome-bgc.php。

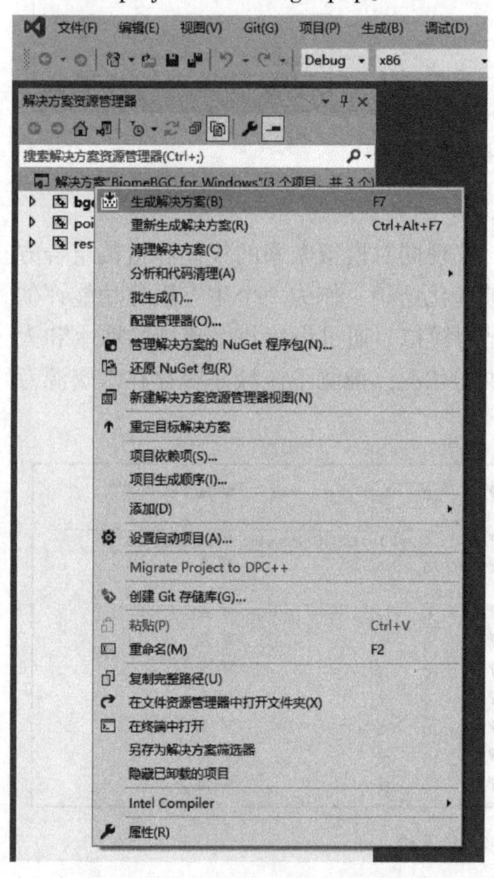

图 7-9 Visual Studio 生成解决方案

➢ 步骤 2：模型的编译和调试运行。

首先，解压 Biome-BGC 模型压缩文件。

其次，运行 Visual Studio 软件并选择 C++编译环境，选择“打开项目或解决方案”，并指定到模型文件解压后的路径“\biomebgc-4.2\src\Visual Studio\bgclib”，打开“BiomeBGC for Windows.sln”文件。此步骤结束后 Visual Studio 软件将加载模型代码文件。

再次，右击“解决方案”并选择“生成解决方案”，则开始编译模型的执行文件(图 7-9)。如果未出现错误，则在输出窗口会显示“==========全部重新生成：成功 3 个，失败 0 个，跳过 0 个 ==========”信息，表明模型编译成功，一般在“\biomebgc-4.2\src\Visual Studio\pointbgc\Debug”路径下可以找到生成的模型执行文件“pointbgc.exe”。如果编译出错，则需根据具体的错误提示信息进行调整和修改。

最后，拷贝“pointbgc.exe”文件至根目录“\biomebgc-4.2”用于下一步模型调试。使用快捷键 win+R 打开运行命令窗口(图 7-10)，输入“cmd”并回车之后打开命令行窗口(图 7-11)。在命令行中输入相关命令进入模型文件路径。例如，模型文件放在“D:\biomebgc-4.2\”路径下，则先输入“d:”并回车，在输入“cd biomebgc-4.2”进入模型文件夹路径。然后在命令行窗口输入 pointbgc.exe，如果模型文件正常，则出现相关的提示信息(图 7-12)，该提示信息提醒使用者在使用模型时候可以采用相关的运行参数。

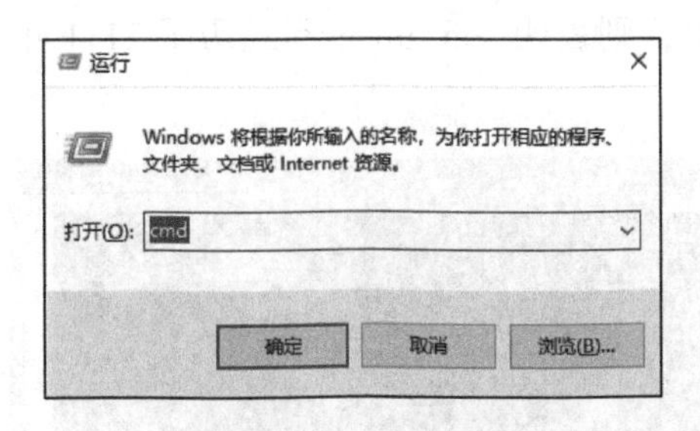

图 7-10　打开运行窗口

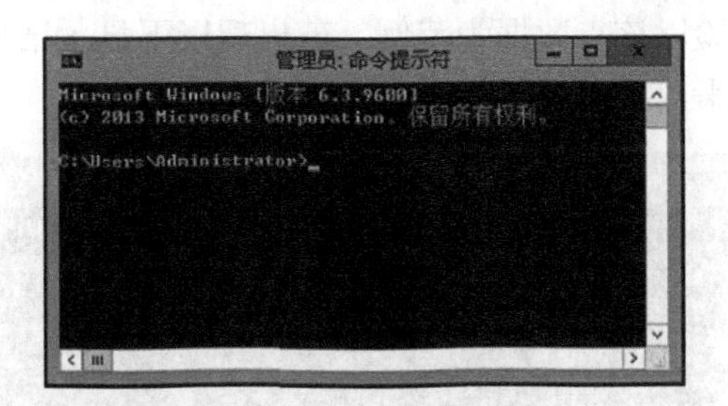

图 7-11　打开命令行窗口

```
管理员: 命令提示符
d:\biomebgc-4.2>pointbgc.exe

usage: pointbgc.exe {-l <logfile>} {-s | -v [0..4]} {-p} {-V} {-a} {-u | -g | -m} <ini file>

        -l <logfile> send output to logfile, overwrite old logfile
        -V print version number and build information and exit
        -p do alternate calculation for summary outputs (see USAGE.TXT)
        -a output ascii formated data
        -s run in silent mode, no standard out or error
        -v [0..4] set the verbosity level
            0 ERROR - only report errors
            1 WARN - also report warnings
            2 PROGRESS - also report basic progress information
            3 DETAIL - also report progress details (default level)
            4 DIAG - also print internal diagnostics
        -u Run in spin-up mode (over ride ini setting).
        -g Run in spin 'n go mode: do spinup and model in one run
        -m Run in model mode (over ride ini setting).
        -n <ndepfile> use an external nitrogen deposition file.

d:\biomebgc-4.2>
```

图 7-12　模型提示信息

➢ 步骤 3：使用模型的示例数据进行模拟。

Biome-BGC 模型的模拟可以分为两步。第一步是通过 spin-up 获取模拟区域的初始状态，该初始状态代表景观系统未经干扰而自然形成的物质和能量输入输出的平衡状态；第二步是在初始状态的基础上，依据历史时期的驱动数据模拟景观系统的物质和能量循环。

模型文件解压之后将在根目录生成一系列说明文档，除此之外，还生成以下文件夹，具体包括：①CO_2：包含 2 个文本文档，分别是 1915—2001 年的逐年 CO_2 浓度，1931—2004 年的氮沉降速率数据；②epc：包含 7 个文本文档，分别是 C_3 草本、C_4 草本、落叶阔叶林、落叶针叶林、常绿阔叶林、常绿针叶林和灌丛的生理参数；③ini：包含 4 个文本文档，用于模型的 spin-up 模拟；④metdata：包含 2 个文本文档，分别是两个测试站点的逐日气象数据；⑤outputs：为空文件夹，默认用于输出模拟结果；⑥restart：为空文件夹，默认用于输出模拟的重新开始年份的模型参数；⑦src：模型的代码文件夹。本实验将采用模型默认的参数配置及模拟设置进行示例操作。

首先，点击 Windows 系统的“开始”按钮，在“Windows 系统”下找到“命令提示符”，点击打开 dos 命令窗口(或通过 Windows 搜索栏输入“cmd”，即可打开“命令提示符)，在命令行中输入如下命令(图 7-13)并回车以运行模型 spin-up，生成初始状态文件：pointbgc. exe ini/enf_test1_spinup. ini，该参数文件是美国密苏里州一处的常绿针叶林生态系统，本实验以该点数据为范例。若出现以下显示结果，则表明 spin-up 过程经历了 2111 年达到系统平衡状态(图 7-13)。

```
管理员: 命令提示符
Year:   2095
Year:   2096
Year:   2097
Year:   2098
Year:   2099
Year:   2100
Year:   2101
Year:   2102
Year:   2103
Year:   2104
Year:   2105
Year:   2106
Year:   2107
Year:   2108
Year:   2109
Year:   2110
Year:   2111
SPINUP: residual trend  = -0.001184
SPINUP: number of years = 2112

d:\biomebgc-4.2>
```

图 7-13　模型输出过程

其次，spin-up 完成之后，将在 restart 文件夹生成“enf_test1. endpoint”文件。该文件是模拟样点在无干扰状态下达到生态系统稳定状态的参数指标文件。在此基础上，采用模型自带的气象数据文件，模拟该点历史时期的树木生长状况，用 NPP 和 GPP 表达。在命令行中输入 pointbgc. exe -a ini/enf_test1. ini 并回车。其中“-a”参数代表输出 ASCII 格式的结果，便于后期查看。默认的历史模拟时期为 1950—1993 年，输出结果如图 7-14 所示。

图 7-14　模型输出结果

➢ 步骤 4：模型结果的输出与查看。

历史模拟完成之后，将在 outputs 文件夹中生成 4 个文件，分别为日、月、年、多年平均的结果。可以用文本文件打开以查看输出结果(注意：运行命令中无“-a”参数，则默认输出结果为二进制文件，需采用第三方软件才可以查看。在 Biome-BGC 模型文件夹下自带了一个“example_plot. pro”的代码文件，可以用 IDL 软件运行该代码文件，以查看二进制的输出结果)。

模型的输出变量可以通过修改“enf_test1. ini”的参数配置进行指定。各个文件的参数配置详细情况及其代表意义可以在根目录下的“bgc_users_guide. pdf”文档中查询。

7. 3. 3 基于 Biome-BGC 森林碳循环分析

Biome-BGC 模型的一个短板是只能对单个立地进行模拟。然而，在更大尺度上，由于土壤、植被、气候、水文等条件的不同，往往需要对不同地点进行空间网格化处理，然后对逐个网格进行模拟。近年来已有不少研究对 Biome-BGC 模型进行了改进，以适应不同研究需求。其中，匈牙利圣伊斯特万大学的 Dóra Hidy 和罗兰大学的 Zoltán Barcza 教授等人对该模型进行了系统性改进，建立了 Biome-BGCMuSo 版本。该版本将模型从单层土壤改进为多层土壤，增加了干旱对植被衰老的影响，改进了植被物候，添加了管理模块(如割草、放牧、施肥、土壤翻耕、森林采伐和疏伐等)(Hidy et al. , 2021)。本小节以 Biome-BGCMuSo 6. 2 自带的模型文件和示例数据为例，通过简单的参数修改，观察和分析在草地景观类型上造林之后，生态系统碳循环的变化。在区域乃至全球尺度上的模拟，可以将研究区划分为多个网格，采用与本实验类似的方法进行模拟和分析。

➢ 步骤 1：模型文件下载与安装。

Biome-BGCMuSo(v6. 2)的模型代码和运行文件可以从网站(http://nimbus. elte. hu/bbgc/index. html)中下载获取。此版本模型是在 Cygwin 中编译，因此如需从源代码中编译生成可执行文件，需下载相关软件进行操作。具体操作步骤在此不再赘述。本例直接采用网站上提供的编译后的模型文件进行模型模拟。下载 HU-He2 site(Hegyhátsál grassland site)示例文件(包含编译后的模型与 HU-He2 样地数据)和 PFTs 模型参数文件数据，移动至 D:\data\carbon 文件夹(新建)下。其中，HU-He2-muso6. 2. zip 压缩包中包含以下文件(图 7-15)。

名称	类型	压缩大小
soil_files	文件夹	
c3grass_muso6.epc	EPC 文件	3 KB
CO2	TXT 文件	1 KB
cygwin1.dll	应用程序扩展	1,156 KB
hhs.mgm	MGM 文件	1 KB
hhs.mow	MOW 文件	1 KB
hhs.mtc43	MTC43 文件	757 KB
hhs.soi	SOI 文件	2 KB
muso	应用程序	665 KB
n	配置设置	3 KB
Ndep	TXT 文件	1 KB
parameters	Microsoft Excel 逗号分...	1 KB
s	配置设置	3 KB

图 7-15 HU-He2-muso6. 2. zip 压缩包文件

其中，cygwin1. dll 和 muso 两个文件是模型文件，其他文件为模型参数文件和示例数据文件。此外，为了方便后期修改模型参数文件和检视输出结果，在模型下载网页(http://nimbus. elte. hu/bbgc/download. html)上分别下载“Complete set of ecophysiological parameterization files for the generic PFTs [zip file]”和“Complete list of output variables for Biome-BGCMuSo v6 with units [Excel file]”两个链接的文件。其中，压缩包文件包含了不同植被

类型的运行参数文件，Excel 文件是模型可以输出的变量列表及其单位。将压缩包文件解压放入 D:\data\carbon 文件夹。

➢ 步骤 2：使用示例数据运行模型。

示例数据说明如下：①hhs. mtc43：气象数据文件；②hhs. soi：土壤参数文件；③CO_2. txt：大气 CO_2 浓度数据；④Ndep. txt：氮沉降数据；⑤hhs. mgm 和 hhs. mow：草地管理参数文件；⑥n. ini 和 s. ini：模型运行的参数配置文件。

首先，通过 Windows 搜索栏输入“cmd”回车，打开命令窗口，输入“cd D:\data\carbon”以进入模型数据解压后的文件夹 D:\data\carbon（图 7-16）。运行模型的 spin up 以建立生态系统碳库，在命令窗口输入“muso s. ini”并回车（图 7-17）。

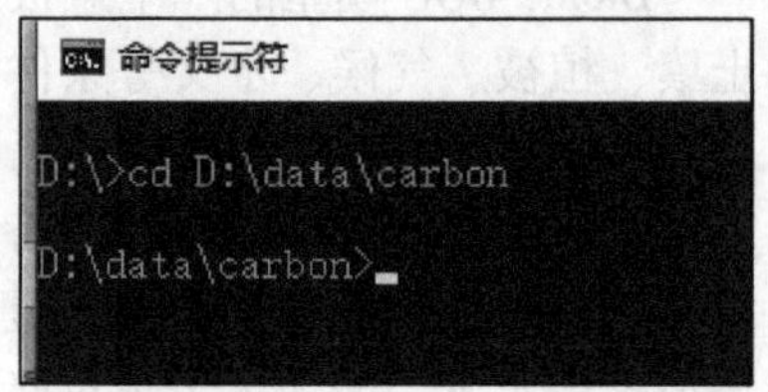

图 7-16 命令窗口

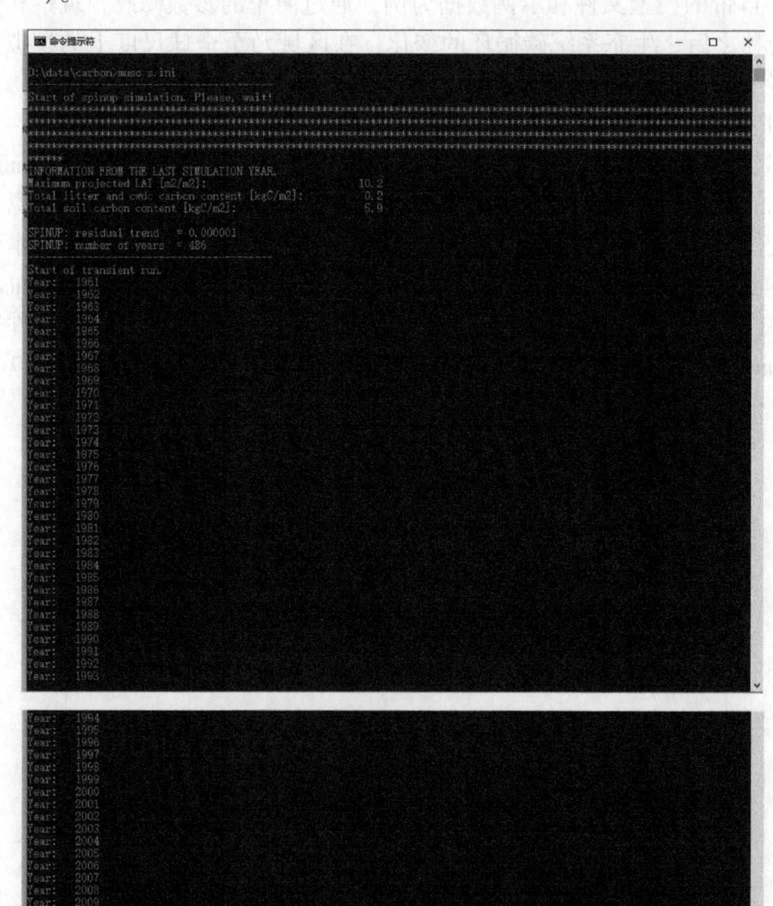

图 7-17 运行模型的 spin up 建立生态系统碳库

其次，spin up 过程结束后，会生成以 hhs. Muso6 开头的 4 个文件，其中 hhs_MuSo6_Spinup. txt 文档记录了模型运行过程与输出变量等情况；hhs_MuSo6_Spinup_T. annout 和 hhs_MuSo6_Spinup. annout 是 spin up 过程的逐年输出的生态系统环境变量(即温度和降水)和碳氮水交换情况；hhs_MuSo6. endpoint 是模型平衡之后的生态系统参数(二进制文件)，也是下一步模拟所需的生态系统初始条件(图 7-18)。

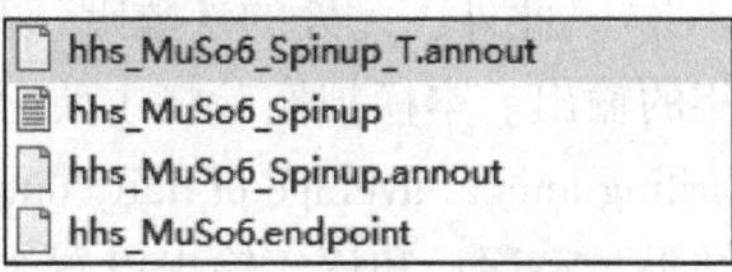

图 7-18　spin up 过程生成文件

再次，以自带文件的默认参数文件运行模型 normal run(正常模拟)过程，在命令窗口输入“muso n. ini”并回车。此模拟是以草地生态系统为目标类型，模拟 2007—2015 年的碳氮水收支情况(图 7-19)。

```
命令提示符
D:\data\carbon>muso n.ini
Year: 2007
onday - 11
offday - 323
Year: 2008
onday - 16
offday - 329
Year: 2009
onday - 62
offday - 351
Year: 2010
onday - 56
offday - 335
Year: 2011
onday - 72
offday - 322
Year: 2012
onday - 60
offday - 343
Year: 2013
onday - 66
offday - 337
Year: 2014
onday - 9
offday - 363
Year: 2015
onday - 16
offday - 347
-------------------
Year: 2007
MOWING on 6/18
-------------------
Year: 2008
MOWING on 5/30
MOWING on 8/18
-------------------
Year: 2009
MOWING on 6/8
MOWING on 8/7
-------------------
Year: 2010
MOWING on 6/12
MOWING on 9/26
-------------------
Year: 2011
MOWING on 6/1
MOWING on 8/21
-------------------
Year: 2012
MOWING on 5/24
MOWING on 8/17
-------------------
Year: 2013
MOWING on 6/16
MOWING on 9/29
-------------------
Year: 2014
MOWING on 6/9
-------------------
Year: 2015
MOWING on 6/13
MOWING on 9/30

INFORMATION FROM THE LAST SIMULATION YEAR
Maximum projected LAI [m2/m2]:                          11.3
Total litter and cwdc carbon content [kgC/m2]:           0.1
Total soil carbon content [kgC/m2]:                      5.5

D:\data\carbon>
```

图 7-19　2007—2015 年的碳氮水收支情况

又次，模拟结束后会生成 hhs_MuSo6. txt 和 hhs_MuSo6. dayout 两个文件，其中 hhs_MuSo6. txt 文档记录了模型运行过程与输出变量等情况；hhs_MuSo6. dayout 是模型输出内容，默认是二进制文件。为方便查看输出结果，可以修改 n. ini 文档的模型运行参数。在 n. ini 文档中的“OUTPUT_CONTROL”参数设置中，可以将默认的输出格式修改为 2(即 ascii)。此外，此处的参数默认只输出逐日模拟结果，也可以通过设置参数添加逐月、逐年的输出。本模拟实验将主要分析逐年输出结果，因此在“OUTPUT_CONTROL”中“(flag) writing annual average of daily output”这一行的参数从 0 改为 2，以方便后期查看与比较模拟结果。将逐日和逐年输出设置为 ASCII 格式后，模拟完成之后生成的 hhs_MuSo6. dayout 文件可以用记事本直接打开(图 7-20)。

hhs_MuSo6.dayout - 记事本

文件(F) 编辑(E) 格式(O) 查看(V) 帮助(H)

year	month	day	yday			proj_lai		daily_GPP			daily_Reco		evapotransp	
2007	1	1	1	0.000000000	0.000000000	0.006144184	0.361846405	0.000000000	0.344812648	0.321356061	0.323284649	0.000000000	0.000000000	1.000000000
2007	1	2	2	0.000000000	0.000000000	0.005852507	0.457261828	0.000000000	0.328886043	0.321671067	0.323281580	4.450000000	0.000000000	1.000000000
2007	1	3	3	0.000000000	0.000000000	0.005658778	0.851183211	0.000000000	0.302276419	0.320946730	0.323275146	3.250000000	0.000000000	1.000000000
2007	1	4	4	0.000000000	0.000000000	0.005297233	0.776460637	0.000000000	0.322884870	0.321052042	0.323269255	2.600000000	0.000000000	1.000000000
2007	1	5	5	0.000000000	0.000000000	0.005157082	0.781406999	0.000000000	0.298855810	0.320228021	0.323259553	4.800000000	0.000000000	1.000000000
2007	1	6	6	0.000000000	0.000000000	0.004947051	0.888732133	0.000000000	0.273481123	0.318470904	0.323241702	6.200000000	0.000000000	1.000000000
2007	1	7	7	0.000000000	0.000000000	0.004758649	1.173032716	0.000000000	0.241387605	0.315570490	0.323210409	7.150000000	0.000000000	1.000000000
2007	1	8	8	0.000000000	0.000000000	0.004569920	0.698957570	0.000000000	0.226212475	0.312236117	0.323163739	3.100000000	0.000000000	1.000000000
2007	1	9	9	0.000000000	0.000000000	0.004424658	0.811335637	0.000000000	0.214701412	0.308630874	0.323100535	4.750000000	0.000000000	1.000000000
2007	1	10	10	0.000000000	0.000000000	0.004293663	0.972638240	0.000000000	0.192809366	0.304369435	0.323017845	7.600000000	0.000000000	1.000000000
2007	1	11	11	0.000000000	0.000000000	0.004149183	1.416759371	0.000000000	0.160114839	0.299880677	0.322914743	8.500000000	0.000000000	1.000000000
2007	1	12	12	0.000000000	0.000000000	0.003992708	1.639457518	1.000000000	0.116289645	0.295608121	0.322792389	8.200000000	0.283219824	1.000000000
2007	1	13	13	0.168216667	0.000150409	0.003876046	1.470239100	1.000000000	0.079383805	0.291072962	0.322570489	14.750000000	0.379534442	0.456519024
2007	1	14	14	0.335298071	0.000261099	0.003767261	1.141427908	1.000000000	0.052326876	0.287017089	0.322355618	21.150000000	0.453176763	0.524047175
2007	1	15	15	0.501458830	0.000301492	0.003658896	1.029083715	1.000000000	0.029183257	0.283079637	0.322085786	25.700000000	0.514956158	0.554661376
2007	1	16	16	0.666437458	0.000232144	0.003526804	0.324462347	1.000000000	0.028423303	0.279496011	0.321850748	26.800000000	0.568997800	0.573244918
2007	1	17	17	0.829826785	0.000458376	0.003528826	0.344485846	1.000000000	0.028124668	0.275851793	0.321500438	30.900000000	0.617834049	0.584818294
2007	1	18	18	0.992739800	0.000582504	0.003505912	0.344884327	1.000000000	0.031088133	0.272371071	0.321122197	35.800000000	0.662604849	0.598333604
2007	1	19	19	1.154793902	0.000603190	0.003502659	0.552774517	1.000000000	0.473946448	0.290867281	0.320973520	45.250000000	0.703992409	0.703175565
2007	1	20	20	1.315745546	0.000652487	0.003707960	0.273739487	1.000000000	0.358070891	0.339542367	0.320996498	50.800000000	0.742724473	0.871432866
2007	1	21	21	1.476495430	0.001085031	0.004240508	0.571123766	1.000000000	0.342464428	0.338938842	0.320838724	56.750000000	0.779530519	0.857640943
2007	1	22	22	1.637692027	0.000679641	0.004038565	0.188807640	1.000000000	0.358476021	0.343633210	0.320894938	62.900000000	0.813952214	0.873227930
2007	1	23	23	1.795999900	0.000302848	0.003886183	0.236774000	1.000000000	0.394078569	0.435035432	0.345578248	65.450000000	0.846369912	0.939421865
2007	1	24	24	1.952081280	0.000671797	0.004072230	0.500172910	1.000000000	0.359948714	0.359958710	0.370896879	67.100000000	0.877600175	0.992075128
2007	1	25	25	2.108884781	0.000504858	0.004062345	0.046226522	1.000000000	0.359758200	0.359803660	0.359911534	67.100000000	0.907369583	0.992939195
2007	1	26	26	2.263969496	0.000468317	0.003978501	0.023734270	1.000000000	0.359668315	0.359726963	0.359866754	67.100000000	0.935913675	0.990154260
2007	1	27	27	2.417793327	0.000473876	0.003926685	0.007999749	1.000000000	0.359642532	0.359701536	0.359851281	67.100000000	0.963356946	0.989443499
2007	1	28	28	2.570424008	0.001142189	0.004064688	0.432564814	1.000000000	0.359545459	0.359624293	0.359775357	68.700000000	0.990242273	0.988968823
2007	1	29	29	2.724458534	0.001631043	0.004169906	0.564856654	1.000000000	0.351693391	0.358314712	0.359133727	72.800000000	1.016485698	0.985638287
2007	1	30	30	2.879091490	0.002322735	0.004305679	0.748275414	1.000000000	0.340221366	0.356494844	0.358397237	78.550000000	1.042279646	0.978457676
2007	1	31	31	[illegible]	[illegible]	[illegible]	[illegible]	[illegible]	[illegible]	[illegible]	[illegible]	[illegible]	[illegible]	[illegible]

图 7-20 hhs_MuSo6. dayout 文件

最后，通过修改模型运行的配置文件，假定草地类型转换为森林类型(以落叶阔叶林为例)之后，模拟生态系统碳收支情况。具体而言，通过将 n. ini 文件中“EPC_FILE”参数从 c3grass_muso6. epc 修改为 dbf. epc。此外，将模型输出文件名“OUTPUT_CONTROL”中的 hhs_MuSo6 改为 hhs_MuSo6_dbf，以避免重新运行输出的文件覆盖原文件；将“MANAGEMENT_FILE”参数从“hhs. mgm”改为“none”以排除草地管理配置。然后在命令窗口输入“muso n. ini”并回车(图 7-21)。模型运行结束之后会生成以 hhs_MuSo6_dbf 为开头的 3 个文件，即“hhs_MuSo6_dbf. txt”“hhs_MuSo6_dbf. dayout”和“hhs_MuSo6_dbf. annavgout”。

➢ 步骤 3：模拟结果分析。

用 Excel 打开“hhs_MuSo6. annavgout”和“hhs_MuSo6_dbf. annavgout”文件，其中第一行为输出变量名称，第 2 行开始为每个变量的数值。以逐日总初级生产力(GPP)为例，绘制 2007 年以来森林和草地的 GPP 变化曲线(图 7-22)。变量输出的默认单位可以从“MUSO6. 2_variables. xlsx”文件中找到，其中 GPP 单位为 $kg \cdot C \cdot m^{-2} \cdot d^{-1}$。其他变量也可通过类似的方法进行比较。此外，还可以观察逐日输出结果，对两种生态系统类型的碳水循环进行比较。

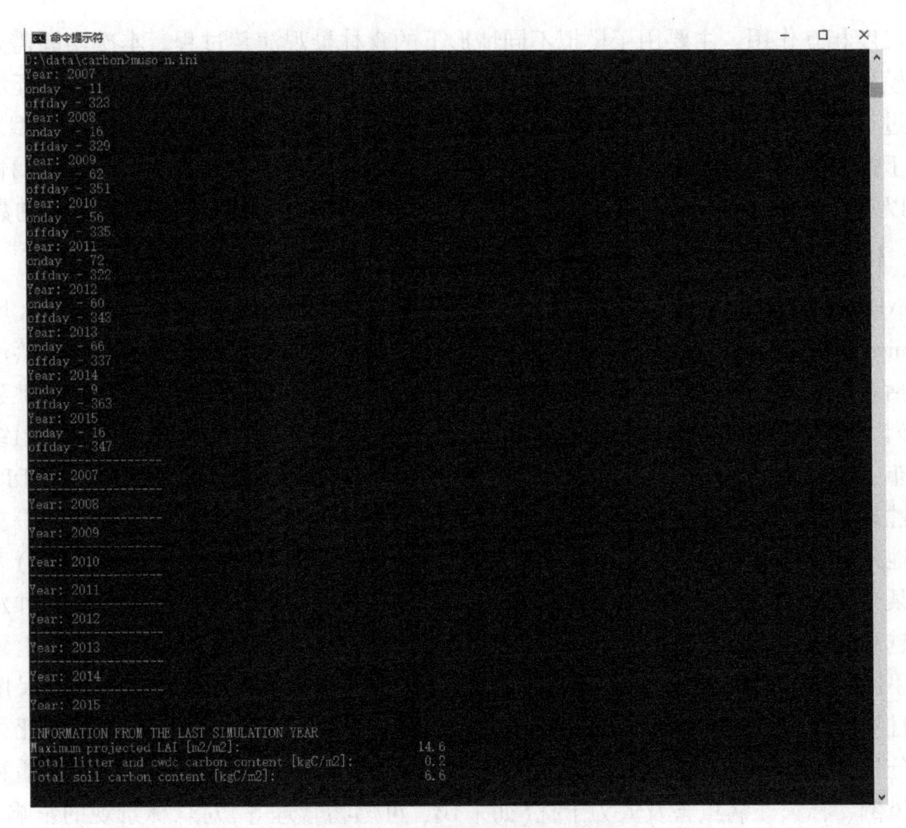

图 7-21　修改模型运行配置文件

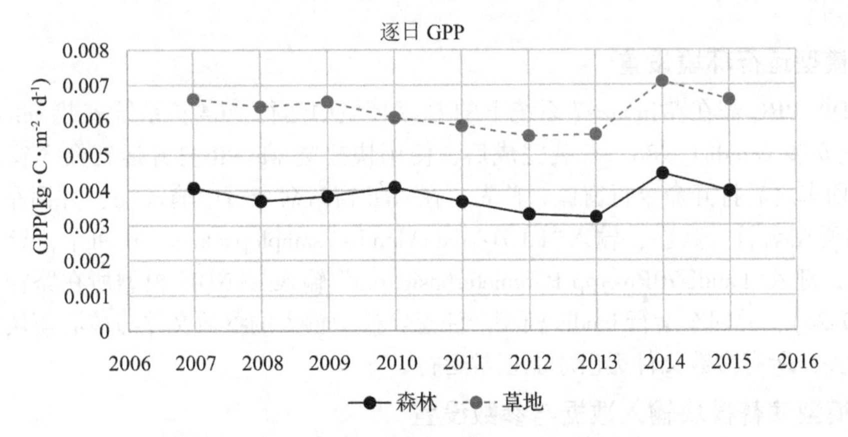

图 7-22　2007 年以来森林和草地的 GPP 变化曲线

7.4　基于 LANDIS 的森林演替模拟预测

20 世纪 80 年代出现的空间直观森林景观模型以已有的生物及生态学原理为基础，将小尺度上的生态过程，外推到大尺度上，为森林景观动态变化的研究提供了有效的工具。LANDIS 模型是其中的典型代表，LANDIS 系列模型是贺红士教授团队开发的空间直观景观模型(He et al.，2011；Fraser et al.，2013)，其融合了物种、林分及景观尺度的生态过程，且三种尺度相互作用，主要用于模拟不同情形下的森林景观演替过程。本次实验需要用到的软件模型为LANDIS PRO模型，LANDIS PRO模型需在Windows 7的C语言环境下运行，通过cmd命令提示符控制模拟过程。主参数文件是ASCII格式的LANDIS模型启动文件，用于控制模拟场景的设置，如时间步长、像元大小、迭代次数、输出选项、属性文件的位置以及干扰模块的开启与关闭等。本次实验模拟用到的数据为软件系统自带的数据。

7.4.1 LANDIS PRO模型简介

LANDIS PRO是一个融合了多种生态学因子与过程的空间直观景观模型(http://landis.missouri.edu/)，能够模拟大时空尺度上($10\sim10^3$a，$10^3\sim10^8$hm^2)的森林群落动态变化，包括森林自然演替与各种干扰对森林景观的影响。在LANDIS PRO中，景观被建模为由一系列大小相同的像元组成的空间连续格网，记录每个像元内的树种组成、龄组结构和数量分布，通过追踪时间队列下像元内树种的存在或消失来模拟森林演替。LANDIS PRO将异质性景观按照气候、土壤和地形等因素划分为不同的立地类型(生态区)。同一立地类型的立地条件是均质的，不同立地类型的立地条件是异质的。物种建群概率(*SEP*)表示某树种在某个立地类型上建群并生长的可能性，取值范围为0~1，数值越大表明树种建群的可能性越高。相同物种在同一立地类型上具有相同的建群概率，在不同立地类型上建群概率一般不同，不同物种在同一立地类型上的建群概率可能相同。模拟过程在3个尺度上进行，并且不同尺度的过程相互影响。物种尺度上模拟了林木个体的生长、繁殖、死亡等过程；林分尺度上模拟了物种建群、竞争、自疏等过程；景观尺度上模拟了种子传播和自然干扰如风倒、林火、病虫害及人为干扰(如采伐、可燃物管理等)对森林景观的影响(图7-23)。限于篇幅，本节仅对森林演替模块进行介绍，其他模块感兴趣者可下载官方软件手册自行学习。

7.4.2 模型运行环境设置

LANDIS PRO需在Windows7系统下的C++环境中运行，64位系统安装vcredist_x64，32位系统安装vcredist_x86。安装完成后，使用快捷键win+R打开运行命令窗口，输入“cmd”并回车之后打开命令行窗口。首先，在cmd窗口命令行中输入“d:”并回车，进入软件和参数所在盘符；其次，输入“cd D:\data\landis\samplepackage”并回车，导入文件路径；最后，键入“Landis70ProApp Parameterbasic.dat”输入LANDIS模型所在路径和主参数文件(图7-24)，并回车运行landis模型。注意：模型输入的参数文件与核心模块须存放到同一文件夹；所有参数文件无误才能正常运行。

7.4.3 模型演替模块输入数据与参数设置

参数文件分两部分组成：①空间直观显示文件(.gis文件是由grid格式文件经ERDAS、ArcGIS Workstation等软件转化，必须是8位或16位)；②描述地形植被等属性的文本文件(.dat文件)。

➢ 步骤1：主参数文件parameterbasic.dat设置。

该文件用于在cmd窗口直接启动模型，因此需事先输入必备的参数文件并设置运行参数，所需参数文件已在图中标出(图7-25)。具体可以设置模拟时间步长、模型迭代次数、物种死亡率、种子传播方式、蓄积量计算以及干扰模块的开启或关闭等功能。

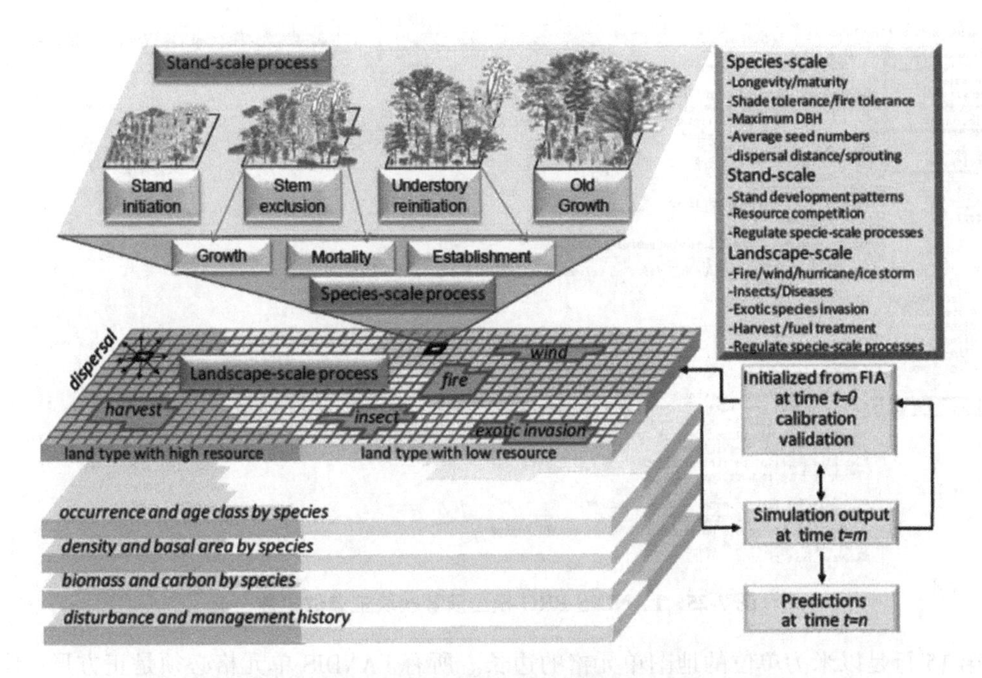

图 7-23　LANDIS PRO 模型功能示意图(He et al. , 2012)

```
管理员: C:\Windows\system32\cmd.exe
Microsoft Windows [版本 6.1.7601]
版权所有 (c) 2009 Microsoft Corporation。保留所有权利。

C:\Users\onlyou>d:

D:\>cd D:\data\landis\samplepackage

D:\data\landis\samplepackage>Landis70ProApp Parameterbasic.dat
```

图 7-24　LANDIS PRO 模型参数文件路径

第 1~8 行应该匹配所需参数文件的名称。默认情况下，LANDIS 查找与主参数文件 parameterbasic. dat 相同的目录。如果它们位于不同的目录中，则为每个文件提供完整路径。其中 mapindex. dat 与 Ageindex. dat 不再使用，它们的内容可以是空的，但文件必须存在，否则会报错。

第 9 行是输出目录的位置，所有 LANDIS 的输出结果都会放在这个目录中。

第 10 行是设置调色板的预定义文件，只有在使用 LANDISviewer 查看地图时才会启用。

第 11 行是定义模型输出间隔的文件，不再使用，但文件必须存在。

第 12 行是定义每个物种的生物量计算系数的文件。

第 13 行是定义模型迭代次数的设置，将迭代次数乘以时间步长得到模型运行的总年数。

第 14 行是随机数种子。当该值设置为 0 时，LANDIS 随机选择一个种子。这个值可以是任何整数。选择一个随机数种子可以让用户控制随机数序列，并有助于模型验证。

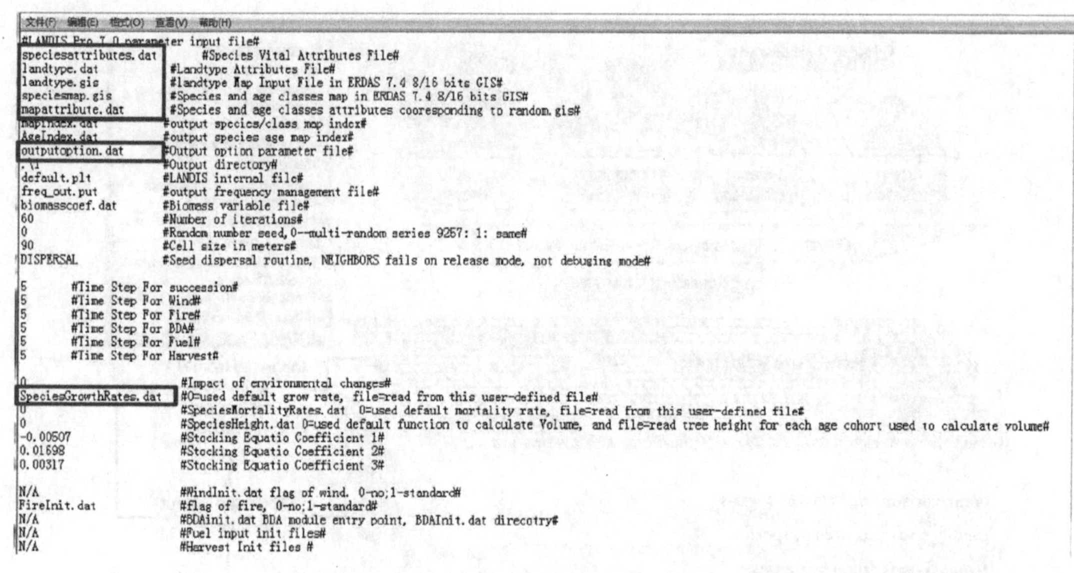

图 7-25 LANDIS PRO 模型演替模块主参数文件

第 15 行是以米为单位的地图单元格的边长。所有 LANDIS 单元格必须是正方形(不是矩形)。建议单元格大小为 10~500m 之间的整数。

第 16 行是种子传播方法标识符。任何标识符必须为大写。以下标识符是有效的:

NO_DISPERSAL ——没有种子传播;

UNIFORM ——所有像元每次迭代都接收种子;

NEIGHBORS ——相邻像元的种子传播;

DISPERSAL ——每个像元根据有效传播距离进行播种,在有效传播距离内的物种有 95%的机会播种,超过这个距离的物种有 5%的机会播种;

RAND_ASYM ——每个像元以随机渐进的方式向无限远的地方播种;

MAX_DIST ——每个像元根据物种最大传播距离播种;

SIM_RAND_ASYM ——每个像元播种直到物种的最大传播距离。在这个范围之外,像元有很小的随机机会接受任何物种的种子。这模拟了 RAND_ASYM 播种机制,但运行速度更快。

第 17~22 行用来设置每个模拟模块的时间步长。

第 23 行是环境设置的影响。物种建群概率(*SEP*)为 0 表示环境不会影响物种分布,SEP 在整个模拟过程中不会变化。SEP 文件和 landtype map 文件定义在一个文件中,程序将在每次迭代期间读取它们。

第 24 行是定义物种生长速率的文件,如果设置为 0,则使用默认生长率。

第 25 行是定义物种死亡率的文件,如果设置为 0,则使用默认死亡率。

第 26 行是定义树高的文件,如果设置为 0,则使用默认的树高方程。

第 27~29 行用来设置生物量方程中使用的系数。

第 30~34 行提供干扰模块初始文件的位置(如果要使用),设置为 N/A 则模块关闭。

➢ 步骤 2：物种生活史 SpeciesAttributes. dat 设置。

所有参数文件中的物种顺序需要保持一致。各参数含义如下：LONG，树种寿命；MATUR，成熟年龄(结种年龄)；SHADE，耐阴性(1～5，1 = least tolerant，5 = most tolerant)；FIRE，耐火性(1～5，1 = least tolerant，5 = most tolerant)；EFFD，树种有效播种距离；MaxD，树种最大传播距离；VEG-P，树种随距离无性繁殖的可能性；SPT1，树种类型(1 为针叶树种，0 为阔叶树种)；MaxDBH 和 MaxSDI，最大平均胸径(cm)和最大林分密度(trees/hm^2)；TOTSEED，每棵树每年产生的种子数；CARBONCO，碳系数(图 7-26)。可通过地方植物志、相关研究树种属性的文献、实地调查和询问当地林业工作人员获取这些数据。

#SPEC	LONG	MATUR	SHADE	FIRE	EFFD	MaxD	VEG_P	MINVP	MAXVP	RCLS	SPT1	SPT2	MaxDBH	MAXSDI	TOTSEED	CARBONCO#
Pine	200	20	2	4	40	80	0.5	1	47	0.66	1	17	61	990	15438	0.5
Cedar	300	10	3	2	250	500	0	0	0	0.99	1	12	64	700	11000	0.5
Red oak grp.	150	20	4	3	-1	-1	0.4	10	70	0.5	0	11	111	570	11000	0.5
White oak grp.	300	20	4	4	-1	-1	0.5	10	50	1	0	11	132	570	10000	0.5
Hickory	250	20	4	3	325	650	0.5	10	70	0.83	0	9	84	570	100	0.5
Maple	200	20	4	1	100	200	0.3	10	70	0.65	0	8	94	570	40000	0.5
Elm	200	20	4	1	40	80	0.5	0	150	0.64	0	7	34	570	20000	0.5
pseudosp	30	10	5	5	-1	-1	1	1	5	0	-1	19	1	10000	500	0.5

图 7-26　物种生活史参数

➢ 步骤 3：树种组成图 speciesmap. gis 设置。

森林二类和三类调查数据提供树种株数和径级等信息，林相图提供研究区小班边界及树种组成等信息，最后通过 ERDAS 等软件转化得到 . gis 格式的树种组成图(图 7-27)。该文件使用从 0 开始的连续整数范围来表示所有的小班树种组成类型，须注意编号 0 的类型没有数据。

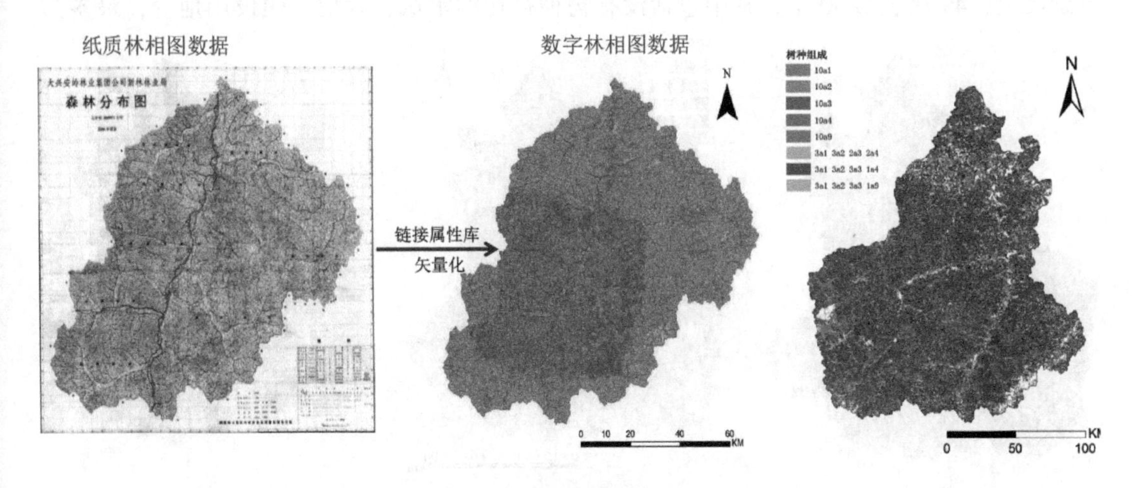

图 7-27　林相图的数字化

➢ 步骤 4：地图属性文件 mapattribute. dat 设置。

用于描述树种组成图 speciesmap. gis 中对应小班的树种属性(图 7-28)，编号须从 0 开始排序，树种排序需与树种生活史一致。第一列值表示是否营养繁殖，如果某物种为 1，则该物种在所有立地类型都能够进行营养繁殖，具体取决于该物种在生活史文件中定义的营养繁殖的最小年龄与概率。接下来的每一列表示物种的年龄组，列数应等于物种寿命除以模拟时间步长，如时间步长为 10 年，第一列就是 10 岁年龄组，第二列就是 20 岁年龄组，直至抵达物种寿命。年龄组中的数字表示物种的个体数量，如 class1 中第一个树种在 50~60 年龄组的数量为 37 株。

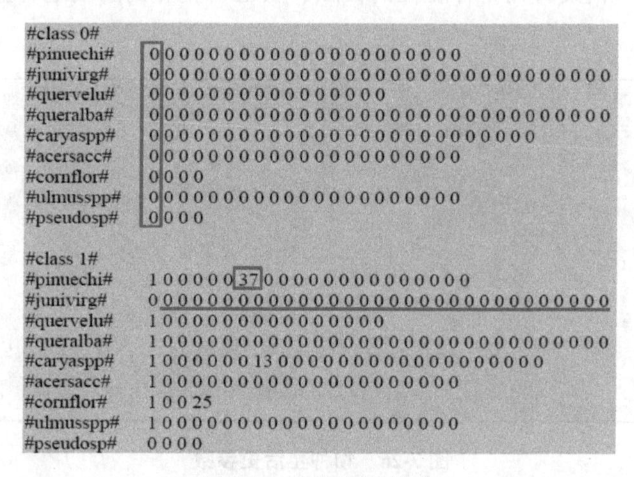

```
#class 0#
#pinuechi#   0 0 0 0 0 0 0 0 0 0 0 0 0 0 0 0 0 0 0 0 0
#junivirg#   0 0 0 0 0 0 0 0 0 0 0 0 0 0 0 0 0 0 0 0 0 0 0 0 0 0 0 0 0 0 0
#quervelu#   0 0 0 0 0 0 0 0 0 0 0 0 0 0 0 0
#queralba#   0 0 0 0 0 0 0 0 0 0 0 0 0 0 0 0 0 0 0 0 0 0 0 0 0 0 0 0 0 0 0
#caryaspp#   0 0 0 0 0 0 0 0 0 0 0 0 0 0 0 0 0 0 0 0 0 0 0 0 0 0
#acersacc#   0 0 0 0 0 0 0 0 0 0 0 0 0 0 0 0 0 0 0 0 0
#cornflor#   0 0 0 0
#ulmusspp#   0 0 0 0 0 0 0 0 0 0 0 0 0 0 0 0 0 0 0 0 0
#pseudosp#   0 0 0 0

#class 1#
#pinuechi#   1 0 0 0 0 0 37 0 0 0 0 0 0 0 0 0 0 0 0 0 0
#junivirg#   0 0 0 0 0 0 0 0 0 0 0 0 0 0 0 0 0 0 0 0 0 0 0 0 0 0 0 0 0 0 0
#quervelu#   1 0 0 0 0 0 0 0 0 0 0 0 0 0 0 0
#queralba#   1 0 0 0 0 0 0 0 0 0 0 0 0 0 0 0 0 0 0 0 0 0 0 0 0 0 0 0 0 0 0
#caryaspp#   1 0 0 0 0 0 0 13 0 0 0 0 0 0 0 0 0 0 0 0 0 0 0 0 0 0
#acersacc#   1 0 0 0 0 0 0 0 0 0 0 0 0 0 0 0 0 0 0 0 0
#cornflor#   1 0 0 25
#ulmusspp#   1 0 0 0 0 0 0 0 0 0 0 0 0 0 0 0 0 0 0 0 0
#pseudosp#   0 0 0 0
```

图 7-28　树种属性描述

➢ 步骤 5：立地类型图 Landtype. gis 设置。

一般通过 TM 遥感影像、土地利用类型、数字高程模型等数据将研究区划分为若干类相对均质的同质性单元，用来表征研究区内气候、土壤或地形的差异(图 7-29)。须使用从 0 开始的连续整数范围来表示所有的立地类型种类，如果立地类型有 50 个，0 代表第 1 个立地类型，49 代表第 50 个，其中包括没有物种存在的水域、荒地、建设用地等，最多为

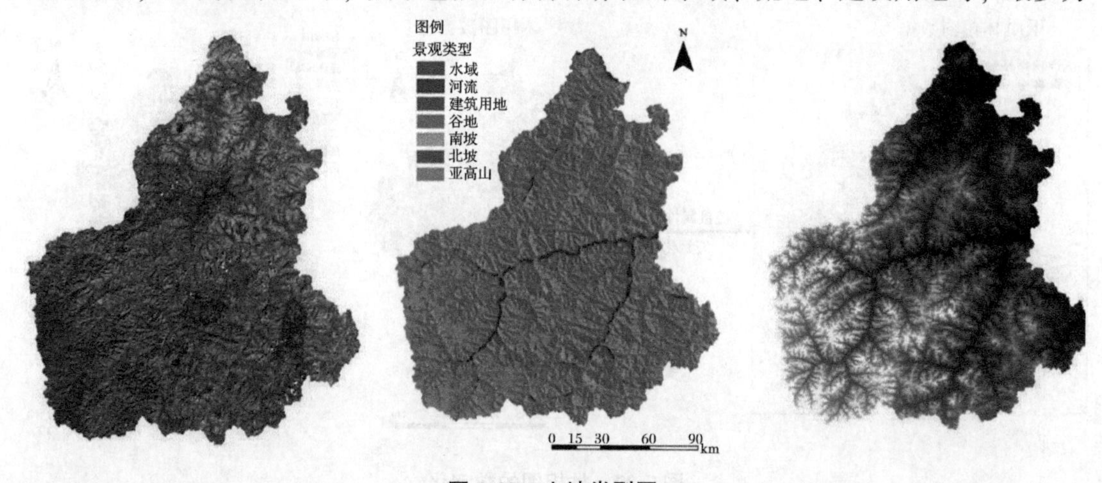

图 7-29　立地类型图

65536类。不同立地类型各物种的建群概率主要有几种获取方式：①通过相关文献估计；②通过生态过程模型-LINKAGEs或PnET-Ⅱ计算获得；③通过数学或统计模型获得-TACA。所有地图类文件的分辨率须一致，且能完全重合。

➤ 步骤6：立地类型属性landtype. dat设置。

Landtype. dat中可以设置不同立地类型中群落不同耐阴等级的密度阈值、最大相对密度、物种建群概率等属性(图7-30)。landtype. gis中所有立地类型须在landtype. dat中按顺序列出，以从0开始的连续整数编号，包括空白区域。立地类型的名称可自定义，每个立地类型的物种顺序和物种生活史一致。

```
sw.slope      #Landtype name#
70            #Time till shade tolerance 5 seed#
400           #Initial time since last wind disturbance#
0.15          #Cutoff between shade class 1 and 2#
0.40          #Cutoff between shade class 2 and 3#
0.65          #Cutoff between shade class 3 and 4#
0.65          #Maximum relative density#
#pinuechi#    0.11
#junivirg#    0.26
#quervelu#    0.98
#queralba#    1.0
#caryaspp#    0.49
#acersacc#    0.16
#cornflor#    0.43
#ulmusspp#    0.29
#pseudosp#    1.0
```

图7-30　立地类型属性

➤ 步骤7：物种生长曲线speciesGrowthRates. dat设置。

该文件记录树种在每个时间步长的胸径，直到树种死亡或寿命结束(图7-31)。物种顺序须与物种生活史一致。可通过相关文献得到研究区各树种的生长曲线，也可解析树木年轮获得数据。

#	Species\Age		10	20	30	.	.	150	200	...	250	...	300#
#	pinuechi	#	4.6	9.1	13.7	.	.	68.6	91.4				
#	junivirg	#	1.6	3.3	4.9	.	.	24.4	32.5	...	40.6	...	48.8
#	quervelu	#	5.1	10.2	15.2	.	.	76.2					
#	queralba	#	3.6	7.2	10.8	.	.	54.0	72.0	...	90.0	...	108.0
#	caryaspp	#	3.0	7.1	10.2	.	.	48.3	63.1	...	79.7		
#	acersacc	#	8.9	17.8	26.7	.	.	88.9	101.6				
#	cornflor	#	5.1	15.2	48.3								
#	ulmusspp	#	4.6	9.1	13.7	.	.	68.6	91.4				
#	pseudosp	#	1.0	1.0	1.0								

图7-31　物种生长参数记录

➤ 步骤8：输出选项设置outputoption. dat设置。

该文件可选择性地输出指定年龄组的树种株数TN、胸高断面积BA、地上生物量BIO、碳CARBON、占据生长空间GSO、相对优势度之和IV和物种相对密度等，通过设置Y/N控制模型结果输出(图7-32)，输出的项目越少，运行越快。

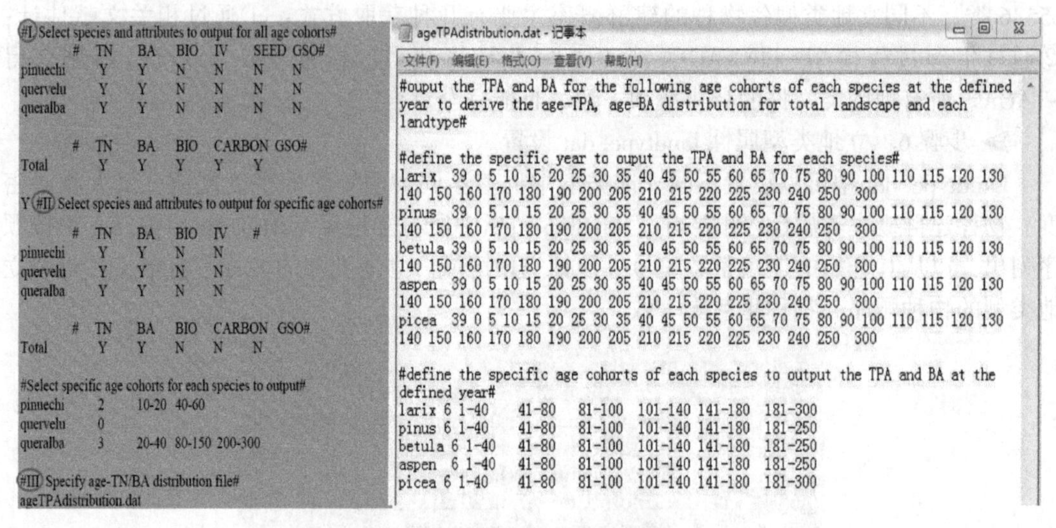

图 7-32 模型输出结果设置

➢ 步骤 9：运行模型。

模型核心模块与输入参数文件放入一个文件夹(图 7-33)。打开 cmd 窗口运行 LANDIS 模型。

名称	类型	名称	类型	名称	类型
Landis70ProApp	应用程序	dem30	DAT 文件	landtype.gis	GIS 文件
BDADll.dll	应用程序扩展	fireinit	DAT 文件	managearea.gis	GIS 文件
FireDll.dll	应用程序扩展	fireregimeattribute	DAT 文件	speciesmap.gis	GIS 文件
FuelDll.dll	应用程序扩展	landtype	DAT 文件	standmap.gis	GIS 文件
HarvestDll.dll	应用程序扩展	mapattribute	DAT 文件		
LandisProCore.dll	应用程序扩展	OutputOption	DAT 文件		
SUCCESSION.dll	应用程序扩展	Parameterbasic	DAT 文件		
WindDll.dll	应用程序扩展	SpeciesAttributes	DAT 文件		
		SpeciesGrowthRates	DAT 文件		

图 7-33 模型输入参数文件

7.4.4 森林演替模拟结果输出

➢ 步骤 1：森林演替模拟结果的解读。

演替模拟的输出结果存储位置默认为根目录中名称为“1”的文件夹。在每个模拟时间步长中，LANDIS 模型都会将选定的输出结果创建为多个 GIS 文件。它们是 ERDAS 16 位 GIS 格式，并附带扩展名为 . trl 的文件。在输出结果时，软件将按如下命名规则对文件进行命名。

①文件 ageOldestX. GIS 为物种最老个体年龄模拟预测结果，其中 X 是文件创建的时间步长。像元上最老个体的年龄类别是通过像素值乘以时间步长来确定的。例如，如果时间步长为 5 年，像素值为 4 表示当前最年长的队列年龄大于 15 且小于或等于 20。像素值为 0 意味着像元中没有物种，大于或等于 697 表示像元为非模拟区域(水、非森林)。legend 表示植被覆盖及龄组类型，Count 表示对应类型的像元数量，研究区面积为像元数量与像元大小的乘积。

②文件 ageYoungestX. GIS 为物种最年轻个体年龄模拟预测结果，其中 X 是文件创建的时间步长。这些文件的工作方式与 ageOldestX. GIS 文件相同，但表示像元上最年轻个体的年龄类别。

③文件 speces_X. GIS 为物种演替时间(年)模拟预测结果，物种将被替换为物种属性文件中列出的每个物种名称，X 是创建该文件的时间步长。特定物种在像元上的最老年龄队列由像素值乘以时间步长表示。例如，在标记为 queralba_10. GIS 的文件中，如果时间步长为 5 年，一个像素的值为 12，将表明在第 10 年出现的 queralba 最老年龄队列是 56~60 岁。

④文件 speces_ba_X. ASC 为物种总胸高断面积模拟预测结果，遵循相同的命名规则。像素值为浮点数，以 m^2/cells ize^2 为单位表示该物种的总胸高断面积。ASC 文件可使用 arcGIS 打开。

⑤文件 speces_treenum_X. ASC 为物种数量模拟预测结果，遵循相同的命名规则。像素值为整数，表示该物种在像元中的株数。

除此之外，LANDIS 模型还可以根据选择输出种子数量、生物量、重要值、已占据生长空间等数据，都是 ASCII 格式的文件，亦遵循相同的命名规则。

➢ 步骤 2：结果可视化与统计。

模拟结果的可视化与统计功能由 LANDISviewer 和 LandStat70 软件完成。

LANDISviewer 主要支持 . gis 文件的可视化，可根据需要自行设置结果存放路径、颜色分辨率与放大倍数，能查看不同演替时间(为时间步长的整数倍)内树种与年龄组的空间分布图等(图 7-34)。

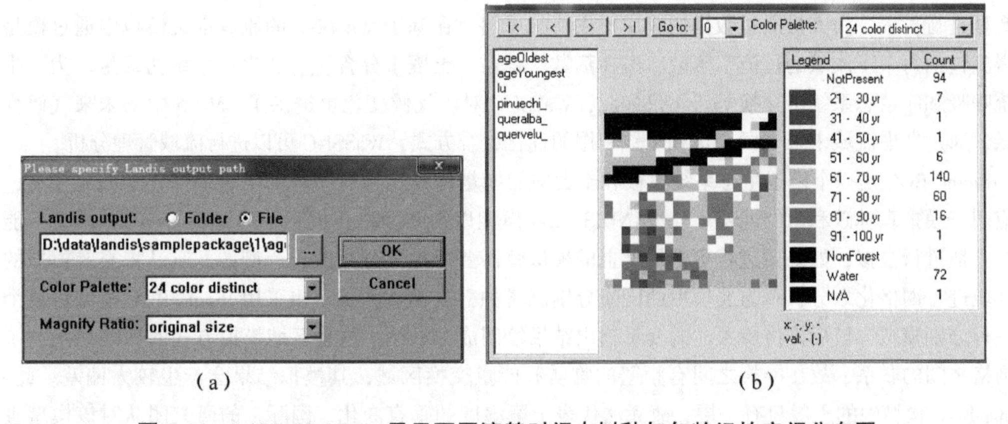

(a)　　　　(b)

图 7-34　LANDISviewer 显示不同演替时间内树种与年龄组的空间分布图

使用 LandStat70 设置模拟结果所在路径、输出选项文件所在路径、统计结果所在路径和 landtype 文件所在路径(路径设置参见图 7-35)；Time step 和 Species Num 应与 LANDIS 参数一致，Number of land types 应为实际立地类型数量+1。LandStat70 软件将模拟输出的 . dat 数据结果进行统计，生成名称为 output 的 txt 文件(图 7-36)，用于之后的分析研究。LANDIS 模拟统计结果可在 Excel 里直接处理，或导入 R、SPSS 等统计软件进行处理，还可以导入景观格局软件如 Fragstats 等计算相关景观格局指数。

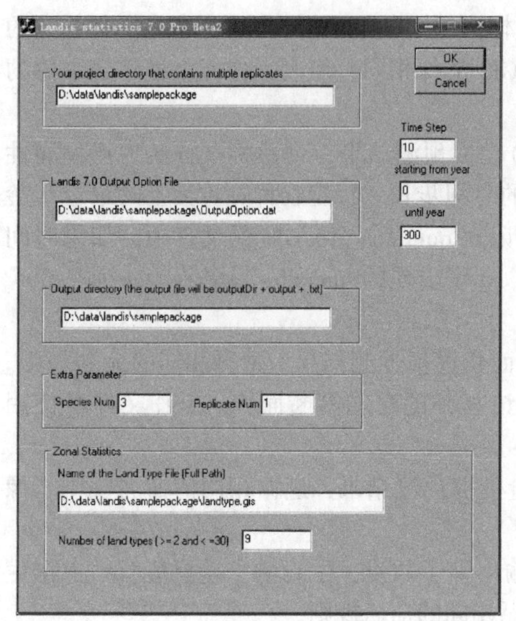

图 7-35 LandStat70 模型统计结果输出设置界面

```
output.txt - 记事本
文件(F) 编辑(E) 格式(O) 查看(V) 帮助(H)
a.   Mean of replications of all age cohorts of total species for whole landscape:

Years\Attribute RelativeDensity BasalArea TreeNum
0 170.177514 527.326740 6017.000000
10 216.784404 608.719259 47501.000000
20 231.418586 690.415307 21068.000000
30 232.019673 750.340450 11160.000000
40 234.706279 806.175275 7439.000000
50 238.162092 864.877620 5452.000000
60 245.655934 933.639089 4579.000000
70 249.474799 983.640260 4475.000000
80 245.428356 971.843620 7832.000000
90 235.955148 887.611294 13414.000000
100 215.506160 774.954143 10490.000000
110 204.683290 736.422979 7151.000000
120 207.349586 762.540523 6501.000000
130 197.070189 737.981133 4938.000000
140 197.626969 767.691338 4161.000000
150 194.995115 780.377634 3688.000000
160 176.130696 678.485306 8783.000000
170 181.878028 713.952425 8260.000000
180 184.592212 736.746539 8568.000000
190 197.426693 796.780908 9959.000000
200 207.480596 852.506393 10410.000000
210 210.944281 875.750807 12535.000000
220 211.529605 856.763442 21803.000000
230 216.449814 878.233244 22964.000000
240 189.309049 717.271177 31092.000000
250 186.320579 692.150554 30324.000000
260 194.351234 733.972273 26765.000000
270 203.479192 798.522026 20524.000000
280 209.297884 849.968936 16263.000000
290 211.946842 891.620338 12601.000000
300 203.284942 874.485229 10486.000000
b. Mean of replications of all age cohorts of total species by landtype:
Landtype:0
Years\Attribute RelativeDensity BasalArea TreeNum
0 0.000000 0.000000 0.000000
10 0.000000 0.000000 0.000000
20 0.000000 0.000000 0.000000
30 0.000000 0.000000 0.000000
40 0.000000 0.000000 0.000000
50 0.000000 0.000000 0.000000
60 0.000000 0.000000 0.000000
70 0.000000 0.000000 0.000000
80 0.000000 0.000000 0.000000
90 0.000000 0.000000 0.000000
```

图 7-36 模型模拟结果输出文件

本章小结

WaSSI-C 模型是利用 FLUXNET 中的水碳通量测量数据和水量平衡模型构建的月尺度水碳耦合模型。WaSSI-C 可以很好地反应月尺度上生态系统内水碳循环过程之间的耦合关系，将生态系统和冠层尺度观测数据进行扩展，为大量通量数据的应用提供新的思路。在基于 WaSSI-C 的流域水文模拟中通过模型可以得到包括每个子流域的径流、蒸散、潜在蒸散、积雪、土壤水分含量、总生态系统初级生产力、生态系统呼吸和净生态系统碳交换等。不仅如此，WaSSI-C 对于气候变化也提供了 CMIP5 中的未来气候变化情景，通过考虑流域未来气候变化和土地利用的优化组合方式，WaSSI-C 可以进行流域管理分析。

Biome-BGC 是一个模拟生态系统植被和土壤中的能量传输和物质循环的生物地球化学循环模型，广泛应用于模拟森林碳和水的通量。与 LANDIS PRO 模型以空间网格化模拟不同，Biome-BGC 模型只能对单个立地进行模拟，如果要进行更大尺度上的模拟就需要对模型进行改进。例如，通过将需要模拟的研究区域进行网格化划分，对需要模拟的网格分别制备独立的驱动数据，再采用 Biome-BGC 模型对每个网格进行分别模拟，最后再将所关注的变量输出结果绘制成区域图。这种区域模拟方式的缺陷是割裂了不同网格之间的联系，故在网格之间有频繁的物质和能量交换区域，其模拟结果会产生较大偏差。此外，Biome-BGC 模型中的土壤只有一层，故无法代表土壤湿度的垂直变化。国际上的研究团队对该模型进行了优化，发展了 Biome-BGCMuso 版本。该版本模型将单层土壤改进为多层土壤，并添加了与物候和管理有关的新模块来模拟碳和水循环的通量，提升了模型模拟结果的可靠性。尽管还有诸多不足之处，Biome-BGC 模型仍然能够满足一般模拟分析需要，而且是一个十分适宜的入门学习模型。

LANDIS 系列模型通过 cmd 窗口输入模型程序和主参数文件路径实现运行模拟。它以 DEM 数据、林相图、物种生活史等数据经过处理作为输入参数，最终输出结果包括：各树种的树木数量、龄组分布、胸高断面积、生物量及重要值等参数，. gis 的地图文件和 . asc 格式的文本文件；可通过 LANDISviewer 和 LandStat70 软件对模拟结果进行可视化查看和统计分析。LANDIS 使用了许多生态过程模拟森林演替，包括种子传播、建群概率、营养繁殖、树木生长和死亡、林分自疏等信息。模型将现实森林数据化后按照像元划分为单个单元，可根据研究区域气候或地质属性赋予每个像元不同的立地类型，这决定不同树种能否顺利建群生长。树木生长模拟次数与时间步长相关，如 300 年的模拟时间，时间步长为 10 年，就会模拟 30 次。树木生长率可根据解析木数据自定义，树木默认死亡率会根据自疏公式随模拟时间上升。繁殖方式有种子传播和营养繁殖，需根据树种设置繁殖方式。有效传播距离决定 95% 的种子繁殖，最大传播距离决定剩余的 5%。在主参数文件中，还可以设置干扰模块的开关，包括采伐、火干扰、生物干扰(病虫害)等。LANDIS 是模拟大尺度时空范围的景观模型，虽然在小尺度的精确度并不理想，但能够满足一般景观尺度的模拟需要，同时广泛涉及森林生态过程知识且可与其他模型软件结合使用，很适合用于森林景观过程的模拟学习。

思考题

1. 景观变化对水循环的具体影响过程有哪些？通过查阅文献进一步了解受影响的具体过程，并思考如何科学地管理景观以维持健康的水循环过程。

2. 景观的变化类型多样，草地除了可转变为森林，也可能被开垦为农田；而农田也有弃耕与撂荒等现象。请假设一种景观变化模式，通过设置模拟实验探究该景观变化后的碳储量动态。

3. 大尺度森林景观的变化主要受森林演替影响，如没有较大的自然或人为扰动，森林一般都会随时间形成最适应当地环境的物种结构(即顶极群落)。请设置一组树种，在假设的立地环境中通过 LANDIS 模拟自然情形下的森林演替，令森林在没有树种消亡的前提下达到顶极群落。

第 8 章　景观生态规划与设计

8.1　实验目的与准备

8.1.1　实验背景与目的

景观生态规划与设计是景观生态评价的延伸与拓展，也是景观保护、利用、建设和管理的首要任务。本章选择了较大尺度上的自然保护区和较小尺度上的湿地公园规划设计两个案例予以介绍。

第一个案例以湖南西洞庭湖自然保护区为研究对象，通过对重点保护野生动植物的分布、植被分布、居民点、村庄道路等干扰因素的空间分析，识别区域内生物多样性保护价值较高的区域，以此为基础进行自然保护区范围和功能区的划分。掌握利用图层叠加法对一特定自然保护区进行自然保护区范围和功能区划分的流程、方法，并制作规范的自然保护区功能区划图。

第二个案例以福州乌龙江湿地公园为研究对象，基于海绵城市理论框架，运用景观生态学理论与方法，寻求福州乌龙江湿地公园景观结构的生态优化方案。通过该案例了解景观生态学理论与方法在风景园林等相关学科中的应用，以及如何结合科学数据和定量分析思维开展景观规划与设计优化实践。

8.1.2　实验内容与准备

本章自然保护区区划原始数据存放在 D:\data 路径下文件夹名为 planning 的 raw_data 子文件夹中；操作中的过程数据可存放在该操作主题下新建的 process_data 子文件夹中，避免与原始数据混淆。各小节实验操作内容、前期准备和数据概况详见表 8-1。

表 8-1　实验主要内容一览表

项目	具体内容	相关软件与工具准备	原始数据介绍
自然保护区范围和功能区划分	不同因素的影响范围及影响程度确定 生物多样性保护热点区域分析 自然保护区范围和功能区划分	ArcGIS 10.2 或以上版本	湖南西洞庭湖自然保护区及周边地区的遥感影像图；西洞庭湖自然保护区重点保护动植物分布图
湿地公园海绵系统景观优化	场地问题、分析和评价 规划目标与策略 分区与优化方案	ArcGIS 10.2 或以上版本 AutoCAD2016 或其他版本	该案例因其核心评分方法在前文章节已有涉及，故不再提供练习数据，该部分仅作为案例赏析

8.2　自然保护区范围确定及功能区划分

自然保护区是我国重要的自然保护地类型之一，它与国家公园、自然公园并称自然保护地的三大类型。根据《中华人民共和国自然保护区条例》，自然保护区是指对有代表性的自然生态系统、珍稀濒危野生动植物物种的天然集中分布、有特殊意义的自然遗迹等保护对象所在的陆地、陆地水域或海域，依法划出一定面积予以特殊保护和管理的区域。在一个自然保护区内，根据保护对象及其周围环境特点以及管理需要，将自然保护区又划分为具有不同功能的区域，一般划分为核心区、缓冲区、实验区等。其中，核心区是指自然保护区内保存完好的自然生态系统，珍稀、濒危动植物和自然遗迹的集中分布区。该区域需要严格保护与管理。缓冲区是指在核心区外围划定的用于减缓外界对核心区干扰的区域。实验区是指自然保护区内自然保护与资源可持续利用有效结合的区域。实验区可根据实际情况再划分为：生产经营小区、生态旅游小区、科学实验小区、生活办公小区、教学实习小区等。

自然保护区的功能区划受到多个因素的影响，既要考虑生物多样性因素的分布，尤其是一些国家重点保护的野生动植物的分布、自然生态系统分布，又要考虑外界的干扰因素。因此，可以把每一类因素制作一个图层，并对这个因素进行适宜性等级划分(赋值划分)：有益于保护的区域、因素赋正值；不利于保护的区域、因素赋负值，然后，利用GIS的空间分析功能，将所有因素(图层)进行叠加，分值求和。最后，根据总分值进行等级划分，将叠加后的综合图划分为多个适宜性等级序列，根据拟建自然保护区区域的实际情况以及国家技术标准中的有关要求，确定自然保护区的范围和功能区情况。

8.2.1　数据的收集与整理

以湖南西洞庭湖自然保护区为例，收集整理西洞庭湖自然保护区及周边地区的居民点、道路、河流、湖泊、农田以及自然植被等各种数据(图8-1)，这些数据通常是通过遥感影像的解译提取获得，并在ArcMap10.2中进行配准和矢量化。坐标系可采用西安80坐标系，或者是大地2000坐标系。本节练习数据类型及说明如下：①重点保护野生动植物的空间分布数据：以点(面)数据的形式整理，属性数据包括种类名称(zlmc)、保护级别(bhjb)、类群(lq)，类群是指该物种是动物物种(或者是动物类群：兽类、鸟类、爬行类、两栖类和其他)，还是植物物种。②土地利用数据(植被分布数据)：以面数据的形式整理，属性数据包括斑块的类别(土地利用类型或植被类型)(zblx)、面积(mj)。③居民点数据：以点数据的形式整理，属性数据包括村名称(mc)、行政级别(xzjb)、人口数量(rksl)。④道路数据：以线数据的形式整理，属性数据包括道路名称(dlmc)、道路类型(铁路、公路)(dllx)、道路级别(dljb)。

8.2.2　数据处理与赋值

➢ 步骤1：数据加载。

启动ArcMap，在ArcMap中打开如图8-1所示图层。

➢ 步骤2：居民点数据缓冲处理。

在ArcMap中打开居民点图层，将县(市)城—乡镇——一般行政村等居民点分别做缓冲处理，缓冲距离分别为3000m、2000m、1000m。具体操作：首先在打开居民点图层的属

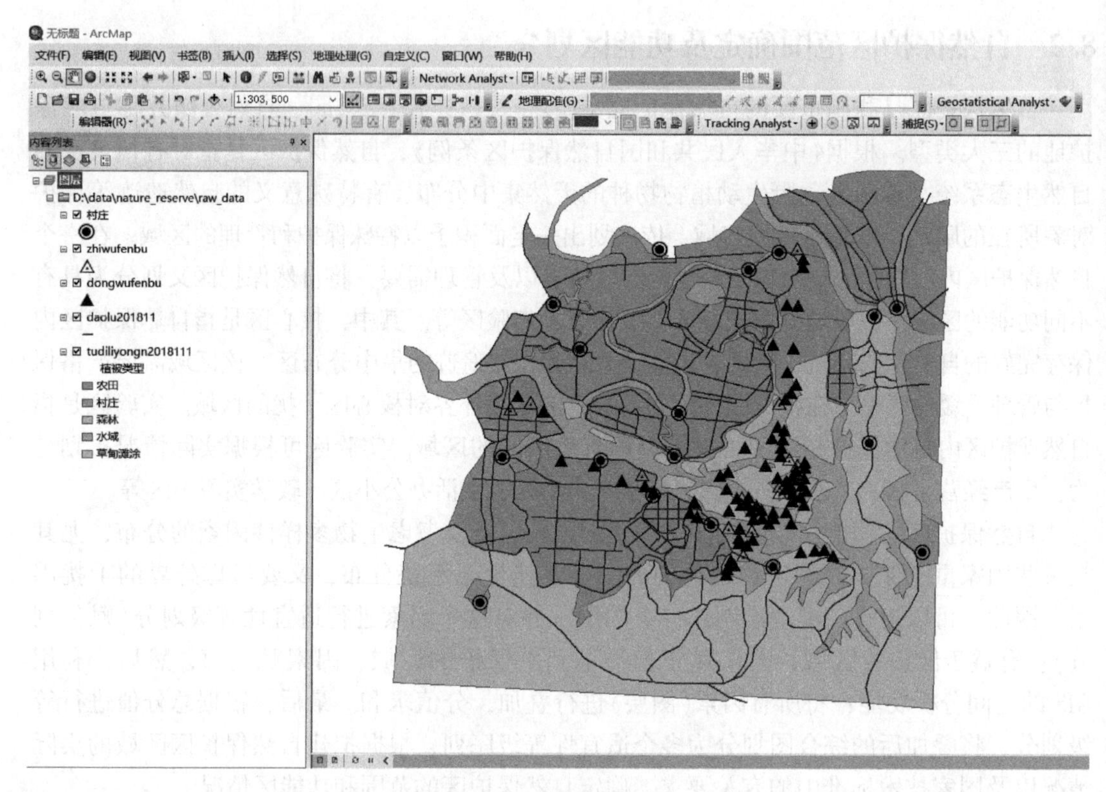

图 8-1 基础数据图

性数据表，选中“县(市)城”记录，打开空间分析中的缓冲区分析(Buffer)工具(图 8-2)【工具箱—分析工具—邻近分析—缓冲区分析】，在【输入图层】一栏通过浏览加载居民点数，在【输出图层】一栏输入要存放新数据的位置，在【距离】一栏输入缓冲的距离 3000m，点击 OK 按钮，形成“县(市)城”的缓冲分析图(图 8-4)。在居民点图层的属性数据表，分别依次选中“乡镇”“行政村”记录，重复以上操作，形成乡镇缓冲图层、行政村缓冲图层，可以将上面新形成的图层分别命名为“居民点缓冲 3000”“居民点缓冲 2000”“居民点缓冲 1000”。

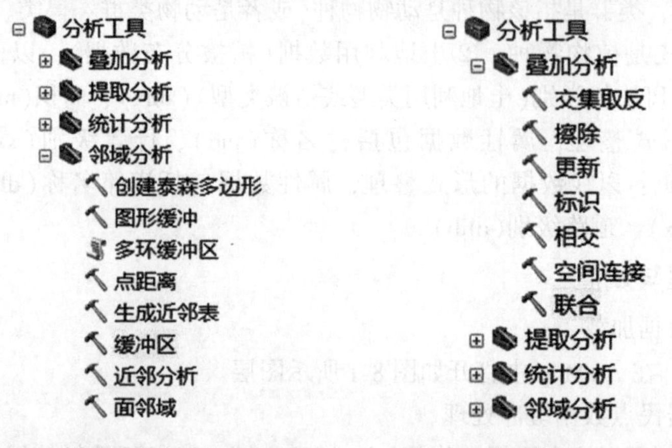

图 8-2 缓冲区分析(Buffer)工具　　图 8-3 联合分析(Union)工具

➢ 步骤 3：居民点数据的叠加分析。

利用叠加分析中的联合分析(Union)工具(图 8-3)将以上 3 个图层进行叠加分析，将新形成的图层名为“村庄缓冲全部”(图 8-5)，在该图层增加字段“分值”，分别对该图层中属于“居民点缓冲 3000”“居民点缓冲 2000”“居民点缓冲 1000”的记录赋值-12 分、-10 分、-8 分。

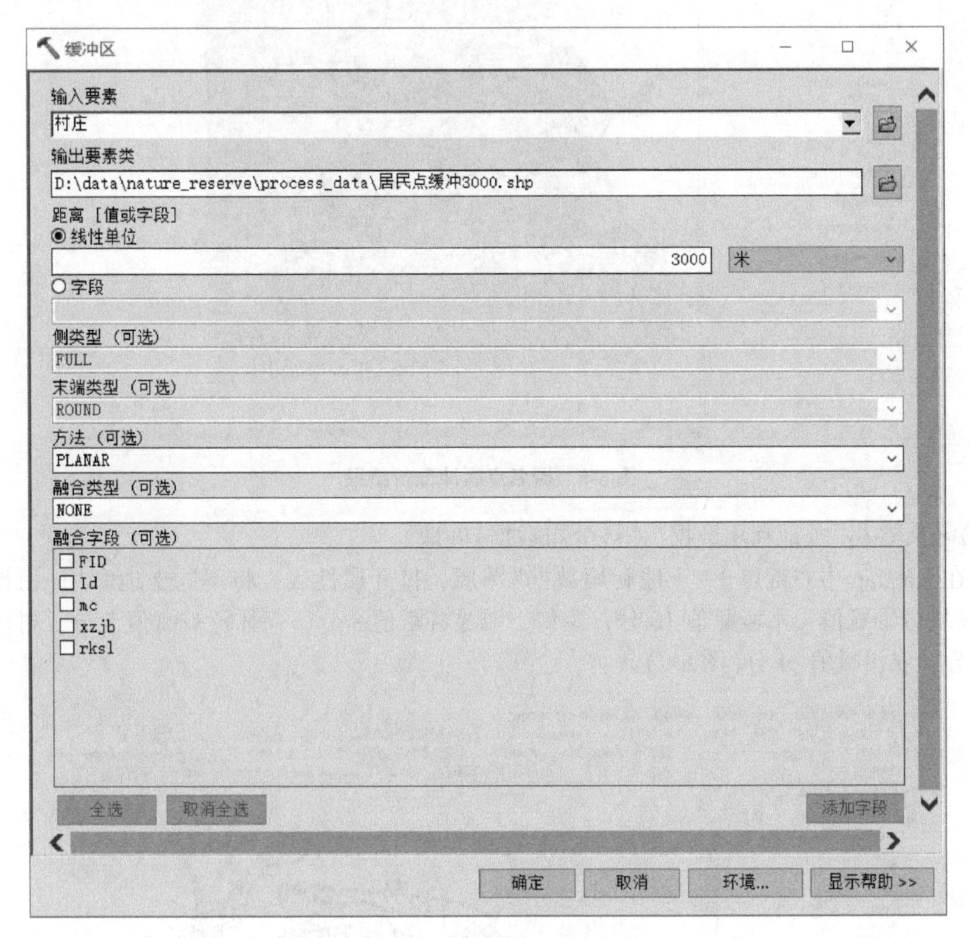

图 8-4　居民点缓冲分析

➢ 步骤 4：道路数据处理。

根据步骤 2 的操作，将道路做缓冲处理，其中，国道缓冲距离为 500m，省道缓冲距离为 200m，其他道路缓冲距离为 100m，可以将上面新形成的图层分别命名为“道路缓冲 500”“道路缓冲 200”“道路缓冲 100”。

➢ 步骤 5：道路缓冲数据叠加。

根据步骤 3 的操作，分别对“道路缓冲 500”“道路缓冲 200”“道路缓冲 100”3 个图层进行叠加，将新形成的图层名为“道路缓冲全部”，在该图层增加字段“分值”，分别对该图层中属于“道路缓冲 500”“道路缓冲 200”“道路缓冲 100”的记录赋值-5 分、-3 分、-1 分(图 8-6)。

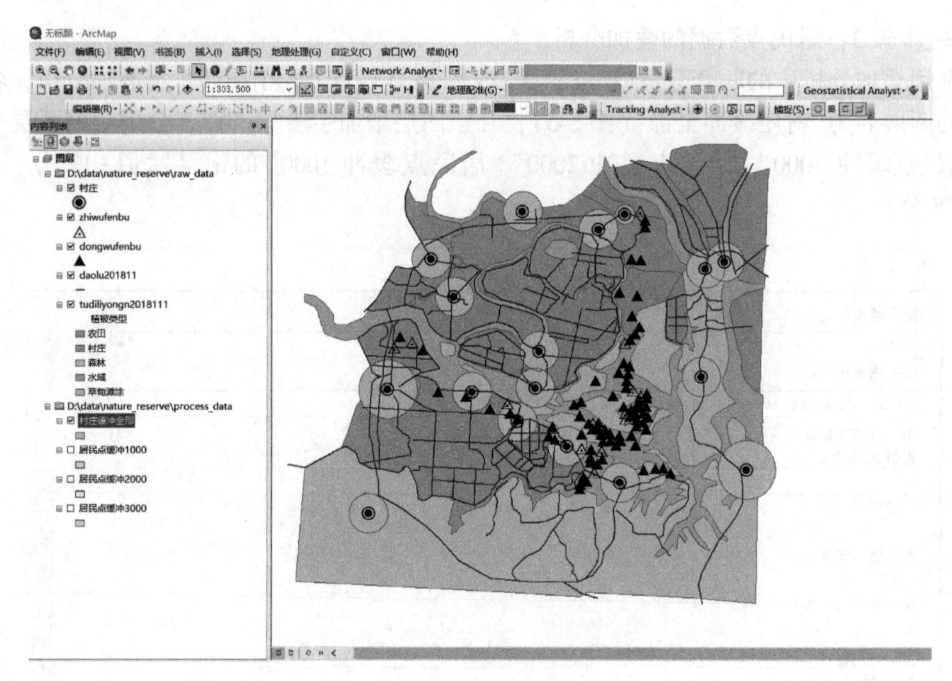

图 8-5 居名点缓冲分析结果

➢ 步骤 6：土地利用数据(植被分布数据)处理。

在 ArcMap 中右键点击“土地利用数据”图层，打开属性表，将不同土地利用(植被分布)斑块分别赋值：水域赋值 10 分，草甸、滩涂各赋值 8 分，森林植被赋值 5 分，村庄赋值 0 分，农田赋值-4 分(图 8-7)。

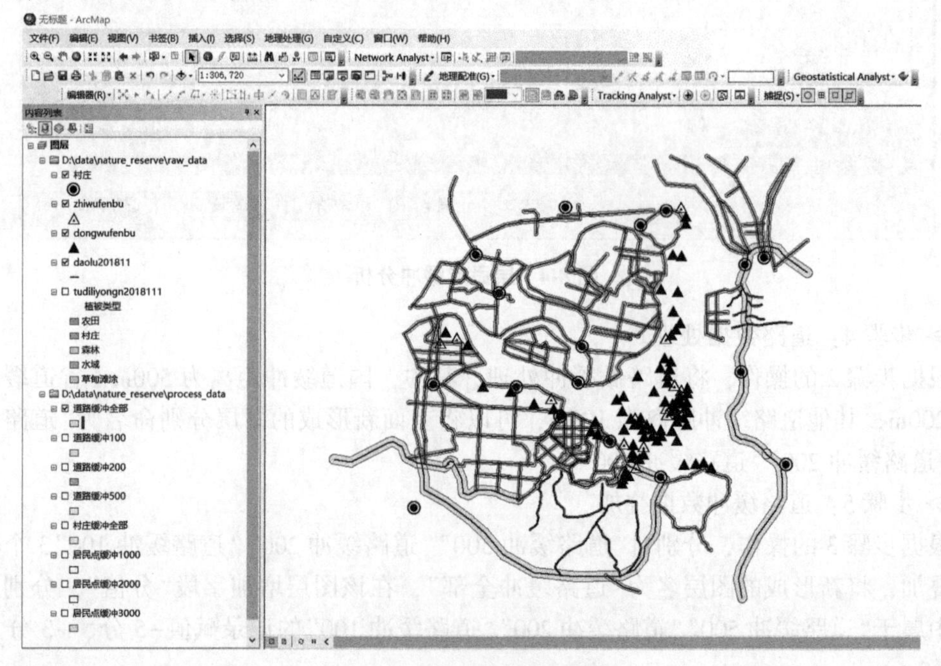

图 8-6 道路缓冲分析结果

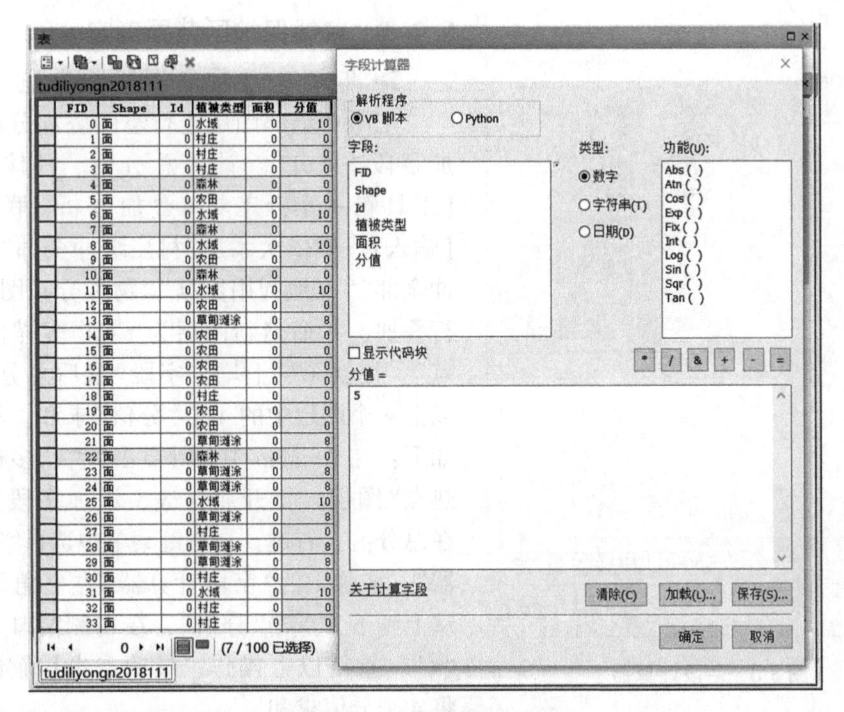

FID	Shape	Id	植被类型	面积	分值
0	面	0	水域	0	10
1	面	0	村庄	0	0
2	面	0	村庄	0	0
3	面	0	村庄	0	0
4	面	0	森林	0	0
5	面	0	农田	0	0
6	面	0	水域	0	10
7	面	0	森林	0	0
8	面	0	水域	0	10
9	面	0	农田	0	0
10	面	0	森林	0	0
11	面	0	水域	0	10
12	面	0	农田	0	0
13	面	0	草甸滩涂	0	8
14	面	0	农田	0	0
15	面	0	农田	0	0
16	面	0	农田	0	0
17	面	0	农田	0	0
18	面	0	村庄	0	0
19	面	0	农田	0	0
20	面	0	农田	0	0
21	面	0	草甸滩涂	0	8
22	面	0	森林	0	0
23	面	0	草甸滩涂	0	8
24	面	0	草甸滩涂	0	8
25	面	0	水域	0	10
26	面	0	草甸滩涂	0	8
27	面	0	村庄	0	0
28	面	0	草甸滩涂	0	8
29	面	0	草甸滩涂	0	8
30	面	0	村庄	0	0
31	面	0	水域	0	10
32	面	0	村庄	0	0
33	面	0	村庄	0	0

图 8-7　土地利用数据赋值

➢ 步骤 7：重点保护野生动物分布数据处理。

分别对鸟类、兽类的分布点做半径 2000m、1000m 的缓冲分析，分别形成两个新图层，命名为“鸟类缓冲图”“兽类缓冲图”。分别在两个新图层上增加字段“分值”，并对该图层中属于国家一级重点保护野生动物的缓冲区的记录赋值 10 分，属于国家二级重点野生保护动物的缓冲区的记录赋值 5 分，属于其他珍稀濒危动物的缓冲区的记录赋值 1 分，如有空间交叉重叠，则取最高分。具体操作见“步骤 2”。

➢ 步骤 8：重点保护野生植物分布数据处理。

以国家重点保护野生植物分布点为中心做半径 200m 的缓冲分析，并命名为“植物缓冲图”。在新图层上增加字段“分值”，并对该图层中属于国家一级重点保护野生植物的缓冲区的记录赋值 10 分，属于国家二级重点保护野生植物的缓冲区的记录赋值 5 分，属于其他珍稀濒危植物的缓冲区的记录赋值 1 分，如有空间交叉重叠，则取最高分。具体操作见“步骤 2”。

➢ 步骤 9：重点保护野生动植物缓冲区叠加。

将以上“鸟类缓冲图”“兽类缓冲图”和“植物缓冲图”进行叠加分析，形成新图层，并命名为“物种分布图全部”，在新图层上增加字段“总分值”，并对“鸟类缓冲图”“兽类缓冲图”和“植物缓冲图”3 个图层中的 3 个“分值”求和，具体操作如下：右键点击“物种分布图全部”图层，打开属性表，添加字段“总分值”，在总分值上右键，在右键菜单中选择“字段计算器”。在弹出的“字段计算器”左上角的窗口中从上到下，点击“分值”，在右侧窗口下，点击“+”，重复以上操作，最后点击【确定】按钮，将 3 个分值求和(图 8-8)。

8.2.3 自然保护区范围确定

➢ 步骤 1：生物多样性保护热点分析。

把所有全部图层进行空间叠加分析，并增加字段“总分”，计算总分值。具体操作为：【工具箱—分析工具—叠加分析—联合】，在【输入】一栏依次添加“村庄缓冲全部”“道路缓冲全部”“土地利用数据”“物种分布图全部”进行叠加，并命名新图层为“生物多样性保护热点”。在新图层上增加字段“最后总分”，并对以上 4 个图层中的 4 个“分值”求和。具体操作如下：在 ArcMap 中右键点击“生物多样性保护热点”图层，打开属性表，添加字段“总分”，在总分值上右键，在右键菜单中选择“字段计算器”。在弹出的“字段计算器”左上角的窗口中从上到下，点击“分值”，在右侧窗口下，点击“+”，重复以上操作，最后点击【确定】按钮，将 4 个分值求和。

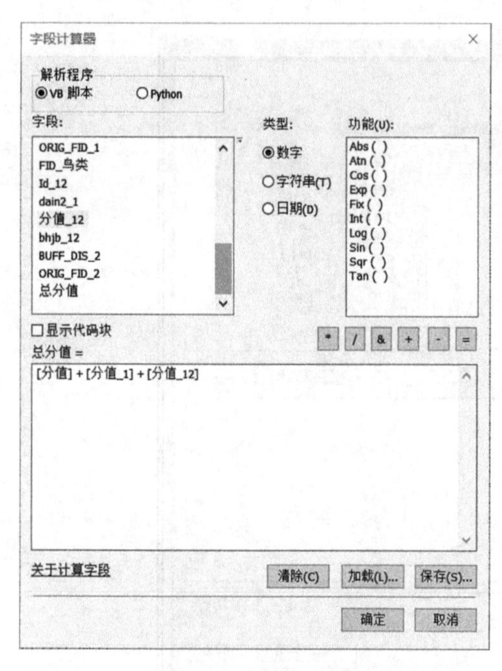

图 8-8 字段计算器

➢ 步骤 2：保护区范围划定。

将“总分”的分值从高至低分成若干段，调整临界值，根据实际的地形地貌情况，确定“三区”适宜面积和范围(图 8-9)。这里需要说明的是，并不是将所有研究区域都划定为自然保护区，应是将研究区域的一部分划为自然保护区，并在自然保护区内进行功能区的划分(图 8-10)。

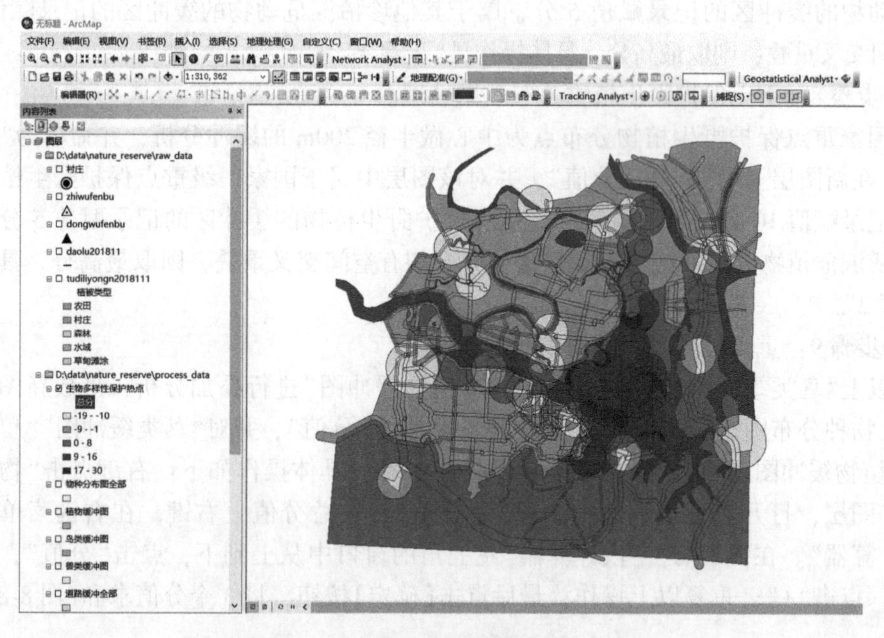

图 8-9 综合叠加后的适宜性等级划分

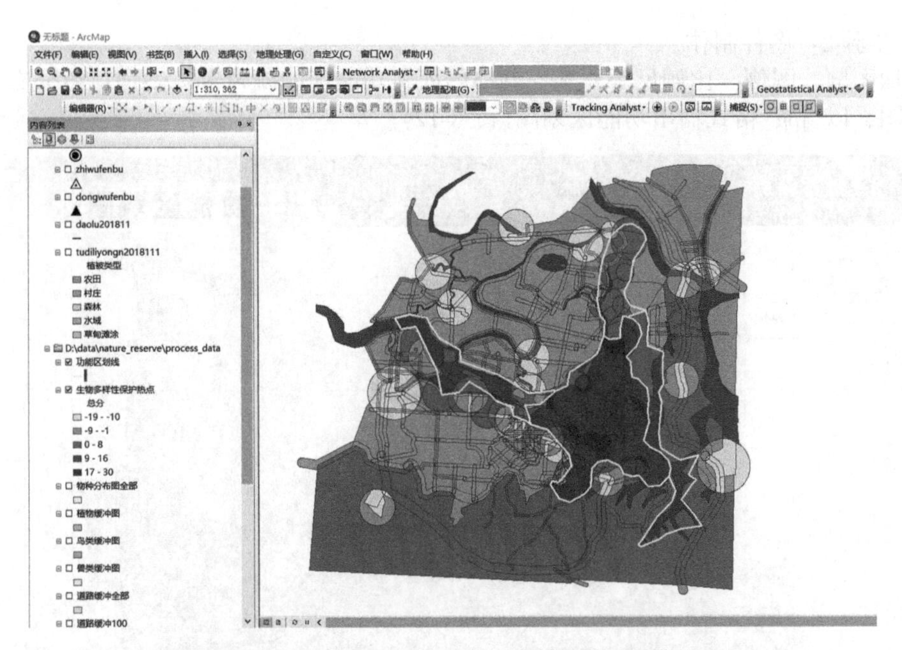

图 8-10 根据适宜性划分的自然保护区范围和功能区

8.2.4 自然保护区功能区划分

➢ 步骤 1：划分功能区。

在 ArcMap 中新建面图层，并命名为“功能区划图”(gnqht)，根据 8.2.3 步骤 2 的分析结果，参考遥感影像，本着边界清楚、功能区完整、可持续发展等原则，将分值最高的区划化为核心区，分值较低的区域划为缓冲区，分值最低的区域化为实验区。注意：三区的面积比例和布局(图 8-11)，具体可参见《自然保护区功能区划技术规程》(GB/T 35822—2018)等技术标准中的有关要求。

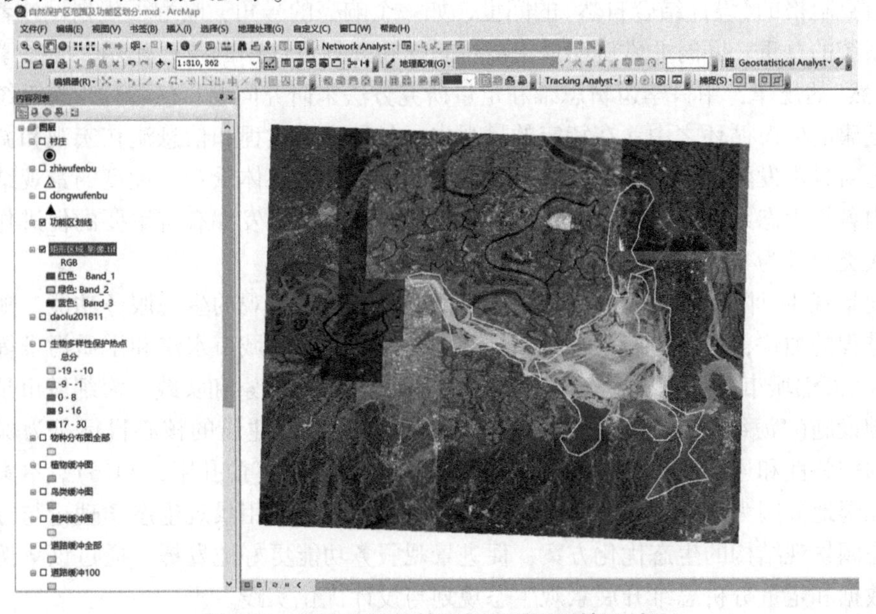

图 8-11 拟建自然保护区与区域实际情况对比

➢ 步骤 2：图件制作。

添加图题，图例，比例尺等要素，调整图面各功能区的颜色等；添加村镇分布图，道路分布图，以“jpg”格式输出功能区划图(图 8-12)。

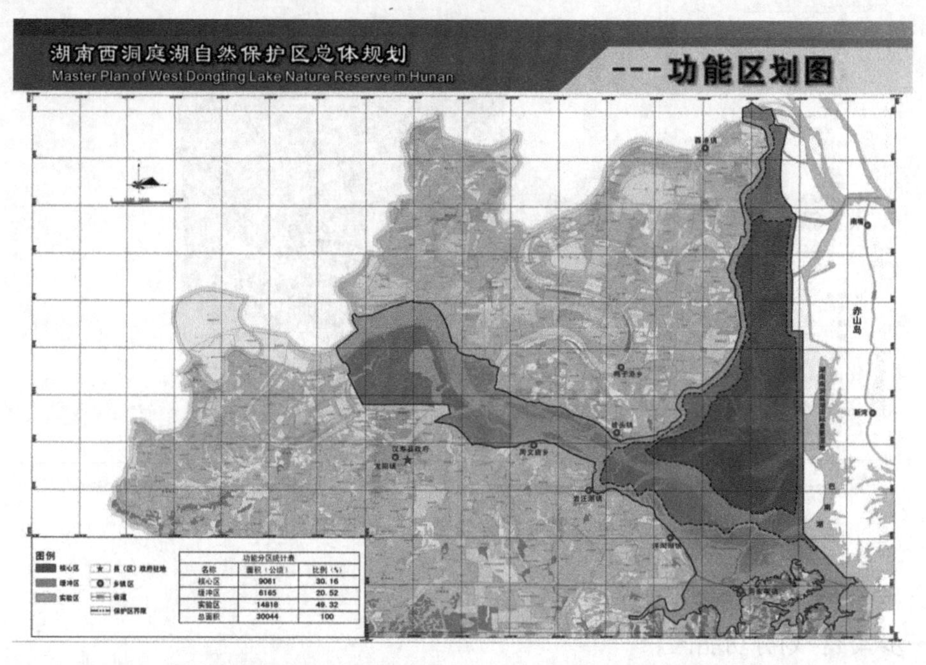

名称	面积（公顷）	比例（%）
核心区	9061	30.16
缓冲区	6165	20.52
实验区	14818	49.32
总面积	30044	100

图 8-12　最终自然保护区功能区划图(引自《西洞庭湖自然保护区总体规划》)

8.3　湿地公园海绵系统景观优化

生态学中的自然理论、逻辑思维、尺度效应和定量模型方法均对规划设计起着重要的作用。迈克哈格的《设计结合自然》的问世，如一个响亮的号角，唤醒了规划设计者对自然界生态系统的尊重，同时非常鲜明地提出生态学在规划设计中的重要作用。生态学是遵照“道法自然”的规律，用科学逻辑思维和定量研究方法来研究问题，使各种生态系统处在最自然、健康的生态循环之中。在特定的景观中，各种生态过程和信息流在宏观和微观的各种尺度上对景观发生着作用，许多生态过程不断地改变着整体景观。优良的景观结构不仅对景观内各级生态系统健康起着重要作用，也对景观服务的发挥有着重要的促进作用，为以增进人类福祉为目标的可持续景观建设奠定基础。

湿地景观兼具陆地和水域双重的生态价值，具有优质景观的生态服务功能。随着我国城市化进程的加快，城市生态系统压力日益增加。为了解决城市水涝和水质污染等水系生态问题，“海绵城市”理论和方法被提出并在国内诸多城市探索和实践。海绵城市是建立在生态基础设施(“海绵体”或海绵系统)之上的生态城市，其建设的核心目标是为保护水生态系统的完整性和连续性，维护和提高其生态系统服务能力(俞孔坚，2016)。本案例以福州乌龙江湿地公园为研究对象，在海绵城市理论框架下，利用景观生态学理论与方法，研究湿地公园景观结构的生态优化方案，促进景观服务功能更好地发挥。通过该案例有效结合科学数据和定量分析思维开展景观生态规划与设计优化实践。

8.3.1　场地概况与现实问题

(1)乌龙江湿地公园场地概况

乌龙江湿地公园地处福州东南侧(119°14′E，26°10 ′N)，隶属于闽江河口湿地，亦是候鸟由闽江口向闽江流域腹地迁徙的重要中转站。其东侧邻接城市三环快速路，西侧为乌龙江。场地气候属于亚热带季风气候，年平均气温 19.7℃，主要风向为东南风，年平均降水量在 1200~1740 mm，降雨主要集中在 3~9 月。项目地块为乌龙江湿地公园一期，全长约 2.5 km，东西向最宽达 225 m，面积约 43.5 hm^2。具体现状分析详见表 8-2 和图 8-13。

表 8-2　乌龙江湿地公园现状分析

项目	现状分析
地形	乌龙江湿地公园是河口冲积平原类型，地势低平，整体走向是东南向西北，土壤主要类型为细沙
风道	福州城市风道入口的高盖山—乌龙江湿地绿地系统在福州的风道系统中具有举足轻重的作用。茂密植物群落通过光合作用生产氧气和过滤空气，东南季风作为主导风向经过高盖山—乌龙江湿地绿地风道时将清新富氧的空气输入市区
交通	三环路虽为福州城市的干道，但仅有一处地下人行通道(经常积水)和一处公交车站，湿地公园的人群可达性较差
植物	植物多样性较低，植物生态系统处于退化状态，以芦苇等草本植物为主，乔木零星分布。据不完全统计：湿生植物 7 种、沙生植物 1 种、乔木 2 种
动物	建设初期，湿地公园栖息地中主要以鸟类和鱼类为主(鱼类 88 种、两栖类 15 种、爬行类 19 种、鸟类 180 余种)，鸟类以雁鸭类、鹭类以及鸻鹬类等候鸟居多。随着场地环境逐步破坏，据不完全统计，现鸟类仅存 20 余种

注：数据来源统计资料和现场调研。

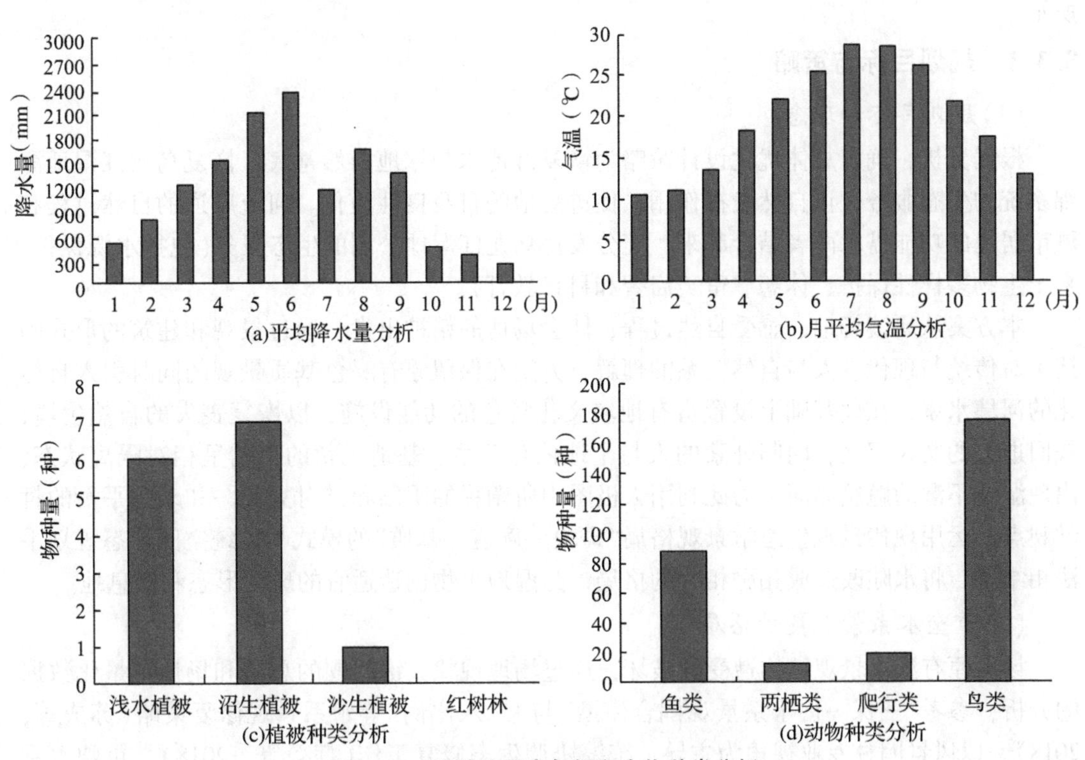

图 8-13　湿地公园中气候和生物种类分析

(2)现实问题

水系景观结构和陆地景观结构分离。乌龙江湿地由于福州三环路的修建、周边房地产的开发以及采砂等人为活动，导致乌龙江湿地出现了地表裸露、水土流失严重、生境退化、土壤侵蚀等问题。湿地公园水系景观结构丧失、功能退化。无法吸引更多的鸟类等动物来栖息，不能有效发挥湿地公园生态服务功能。

植被景观状态很不理想。历史上非法挖砂导致植物多样性较低，生境破坏较严重。人为捕杀和环境破坏导致动植物种退化灭绝速率加快，以及水葫芦等外来物种侵入。湿地公园曾遭遇过一次人为开发和一次人为纵火。植物生态系统处于退化状态，场地仅余芦苇等草本植物，还有几株乔木零星散布其中。据不完全统计，植物类型仅有湿生、沙生、乔木，共 10 种，没能形成稳定的生物群落和栖息地。

景观空间破碎化较明显。湿地公园紧邻城市高层住宅区、城市快速路，且大桥横穿而过，视野受阻。浦上大桥横跨湿地公园上空，工程的建设对湿地生态产生了严重的影响。场地中硬化的水泥护坡，阻碍了生物间的有机联系。场地景观破碎化严重且连接度低。

8.3.2 场地分析与评价

选取场地高程、坡度、景观类型多样性分级、野生动物栖息地价值分级、生态敏感性分析、土壤健康评价分级和植物保护价值分级 7 个因子作为评价指标进行开发适宜性分析。通过资料收集和现场调研获取数据后，采用 GIS 软件对各因子予以分层分级(空间插值、重分类和栅格计算器等工具，参见第 5 章 5.2 节)，分别将 7 个因子分为 5 级后进行权重叠加，得到开发适宜性 1~5 级的分布图，级别越高说明其越适宜建设，如图 8-14 所示。

8.3.3 规划目标与策略

(1)规划目标和理念

根据分析，确定总体优化设计策略为恢复湿地水与绿地自然基底，恢复乌龙江湿地海绵系统的生态服务，让自然发挥作用，促进湿地的自我良性演化。河流廊道的自然过程和城市居民的功能需求两者结合起来，充分发挥乌龙江湿地公园的生态服务(包括水源保护、乡土生物多样性保护、休憩、审美启智和科普教育)。

本方案从研读场地、感受自然过程、体会场地的精神出发，通过景观和建筑的形式阐述了对传统与现代、人与自然关系的理解。方案在保留原有绿色基质景观的同时引入自然化的河塘水系，在此基础上设置富有地域文化特色的功能设施，以恢复丧失的自然生境，找回逝去的文化记忆，回归朴素的人与土地依存关系。基地现状的水陆呈相对隔离状态，出现湿地不湿的尴尬局面。为此利用太极图中所阐释的阴阳和谐对立统一和动态平衡的哲学观点，运用现代景观生态学景观格局“斑块—廊道—基质”的模式与传统空间形态规划手法相结合，将水陆改造成相融相生的格局，为湿地生物创造适宜的斑块形态和栖息地。

(2)重塑水系景观良性格局

场地原有滨水景观结构遭受到破坏，通过场地现状关键问题的总结和场地定量化数据的分析，参考“三保一促水系景观耦合模型”与“二八比例”等水系景观修复策略(苏成等，2018)，以风景园林专业视角为主导，统筹协调生态修复工作(韩毅等，2018)，重塑水系

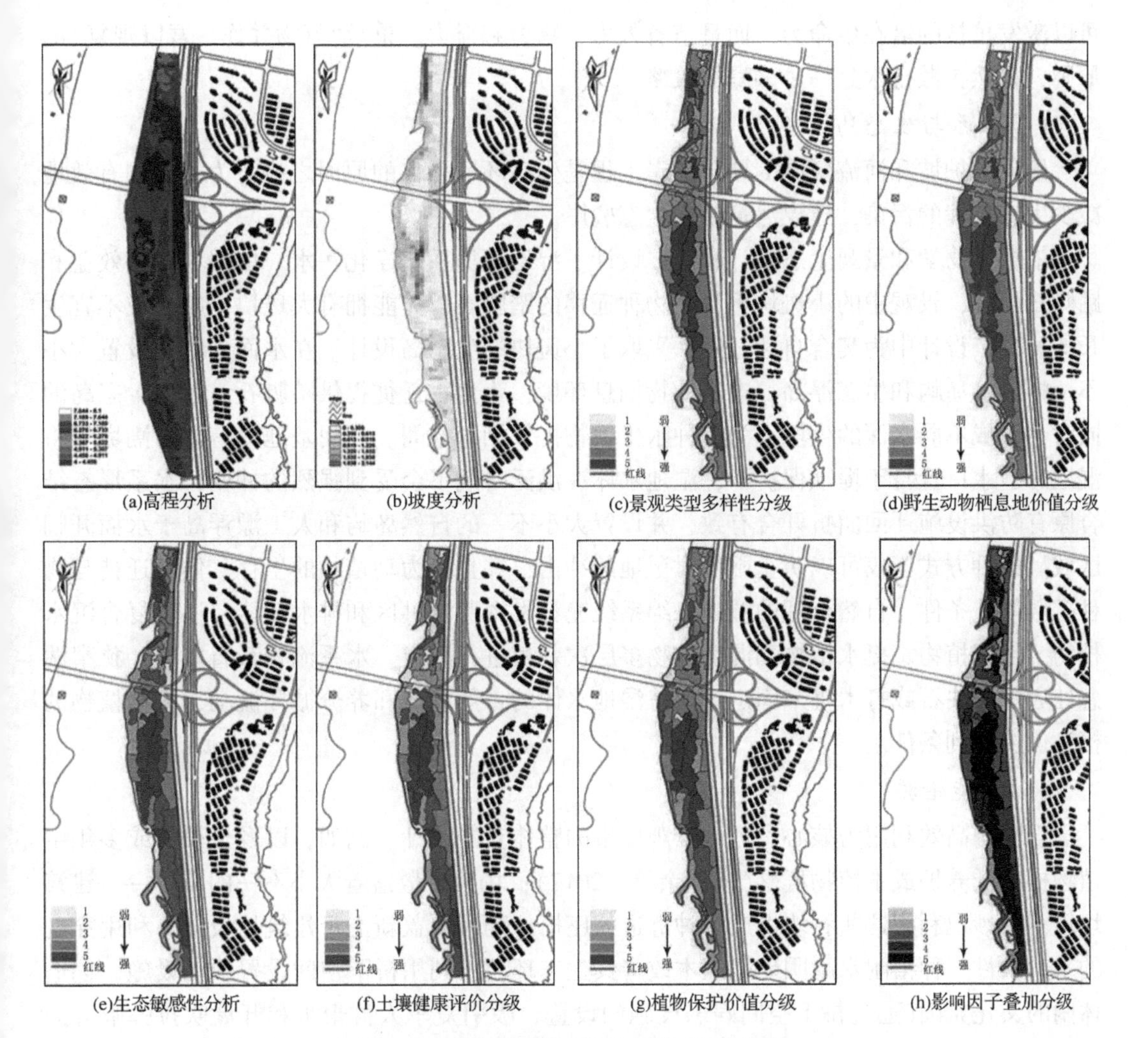

(a)高程分析　(b)坡度分析　(c)景观类型多样性分级　(d)野生动物栖息地价值分级

(e)生态敏感性分析　(f)土壤健康评价分级　(g)植物保护价值分级　(h)影响因子叠加分级

图 8-14　湿地公园场地环境因子定量分析

景观良性格局，并在工作过程中结合景观绩效的评价方法，以定量和定性的方法客观评价方案的可持续发展情况，为方案提供科学、准确、有效的长远规划或建议（赵岩等，2018）。以原有防洪设施为基础，在满足防洪要求的情况下，将乌龙江的水引入到公园腹地中，解决现状湿地不湿的问题。通过引入水系，使得现状处于隔离状态的水陆生态系统得以彼此沟通互动，在乌龙江潮汐的作用下，自然形成多样性的生境。栖息地的多样化会大幅度提高生物种类、多度、丰度，也有助于形成合理的群落结构和提高植物生长势。

（3）植被自然扩散

选取场地中关键生态战略点进行植被恢复，利用植被的自然扩散能力进行湿地整体植被的恢复。经过扩散、竞争等演化过程，最终形成具有一定数量和种群的稳定群落结构。“让自然做功”是一种符合自然规律的自然演替过程。要充分顺应和利用自然系统自我调节和发展演化的能力，在时间和空间上留有足够的余地，形成一种有弹性的设计方法。通过植物的自然扩张能力，假以时日可令关键生态战略点恢复植被的良好状态。这种方法不仅可以激发植被的潜在生命力，而且节省人力、物力和财力。秉承“万物并作，吾以观复”的原则，自然扩散技术是一种多赢的策略。

(4)水系与生态岛

硬化的护坡和河流驳岸的硬质护岸工程是生态环境恶化的原因之一。为了更加有效地减少生态环境的污染，建议尽量使用生态驳岸。

依据生物学和景观生态设计原理，设计了湿地河塘系统净化污水。依据小斑块效益和踏脚石原理，景观中的小斑块可作为物种迁移的踏脚石，并能拥有大斑块中缺乏或不宜生长的物种。设计中为契合自然过程，采取了小斑块的生态岛设计。在水面开阔处设置大小不一的自然岛屿和生态浮岛，丰富动物栖息环境，为生物迁徙提供踏脚石。营造生态岛的同时会形成不同水深的生境，为多种水生生物提供栖息空间。利用基地原有的防潮堤坝将湿地的引水口置身于堤坝保护下，湿地水体在洪泛时期不会受到强烈的冲刷，水系形态结合原有防洪设施迂回曲折开合有致，并设置大小不一的自然岛屿和人工漂浮岛于水面开阔区域。这种方式不仅可以防止雨洪对湿地的冲击，并且可为动植物的生存、候鸟迁徙与物种扩散创造条件。自然合理的湿地海绵系统充分发挥蓄滞洪区和排水功能。通过复合沉水植物、浮水植物、挺水植物和湿生植物多层次栽植进行固定。水系流程裁直取弯，狭窄湍急处通过加块石或打木桩来固定，保持湿地水体的自然渗透和养分循环流动，为动植物的栖息创造有利条件。

(5)节能措施

以资源高效利用为核心，进行景观要素的整体节能设计。例如，以乡土植物或多年生植物构建低养护成本植物群落(杨丛余等，2017)；场地中散落着大小不一的石块——建筑垃圾，巧妙地利用这些石块做成各种舒适的座椅；利用覆盖新土于建筑垃圾上，利用穿过的水系条件，种植耐水耐阴地被灌木改善其生态环境；利用桥下空间设置活动设施，创造休闲的文化氛围(通过桥下空间娱乐设施的设置，吸引夏季人群聚集和开展吹拉弹唱等曲艺活动。对桥下空间加以利用，可以节约夏季的遮阴设施投入，舒适度高并且节约能源)。

(6)生物廊道

生物廊道是绿道中重要内容之一。绿道被定义为“多种目标(包括生态、游憩、文化、美学，或其他与可持续土地利用兼容的目的)所规划、设计并管理的土地网络”(Ahern，2002)。生物廊道具有绿道的多种功能，不同的宽度和类型可以满足不同的动植物穿行活动的需要(朱强等，2005)。通过湿地自然水系和陆上的自然植被形成两条生物廊道，并保证其宽度符合物种数量类型与结构，以发挥乌龙江湿地公园重要的生态功能。

方案完全保留原有河流生态廊道的蓝色基础设施，并引入水系和路网组成的寓意生命的双螺旋结构，以此恢复湿地功能。在保证不建设区(核心保护区)的前提下，布置水源保护、多样性保护、休憩和科普教育等功能区，美化环境，实现生态效益的最大化和对自然干扰的最小化。

“斑块—廊道—基质”模式是景观生态学用来解释景观结构的基本模式，普遍适用于各种景观。以往的规划往往忽视对生态过程影响的考虑，而导致诸多的生态环境问题。本方案主要依据景观生态规划中有关斑块理论并结合两条廊道，即交通廊道和湿地河塘的自然廊道来进行景观格局的规划，利用这一模式，将生态学和传统的空间规划联系起来。将湿地公园规划成缓冲斑块、实用功能斑块和核心生态斑块，通过顺应自然过程的设计考虑来满足湿地生物的生境条件。基于大、小生态斑块效益原理，大面积自然植被斑块可保护水源和溪流网络，维持大多数内部种的存活。可提供核心生境和避难所，依据尺度粗细和边缘结构多样性原理，多种生境汇合处或不同类型生境相间排列的景观有利于多生境物种的存活。湿地生物多为两栖类、鱼类和鸟类，这些物种多数喜欢生境多样，因此利用原来地形特点挖湖筑岛创造多样化生境。当生境多样性高时，边缘的动物种丰富度更高，且有利于斑块间的相互作用。

(7)改善措施与建议

湿地景观有着其自然性的变化规律，研究其景观结构，是增强湿地生态系统稳定性、生态弹性以及服务价值的重要渠道，依据不同的学科背景，利用不同的方法策略研究不同尺度下湿地结构变化的规律，以指导湿地景观的优化(曲艺等，2018；常青等，2019)。为有效说明湿地景观结构优先的改善作用，通过进一步深入的量化分析，并进行前后对比，得到改善建议。对树林、湿地、水系、芦苇和廊道等规划成果进行分层分析，提出科学合理的定量化改善措施和建议(图 8-15、图 8-16)。拟将树林景观类型面积从现状 5869 m^2 增加至 12 652 m^2，增加了 6783 m^2；湿地景观类型面积从现状 9556 m^2 增加至 53 851 m^2，增加了 44 295 m^2；芦苇景观类型面积从几乎不成体系增加至 191 082 m^2；水系景观类型面积从基本没有增加至 48 897 m^2；栖息地景观类型(主要包括斑块和绿色生物廊道)面积从破碎状态增加至 317 608 m^2。这些绿色基础设施的改善建设，将有效地改善湿地公园的湿地景观系统，充分发挥湿地海绵系统的生态服务功能。

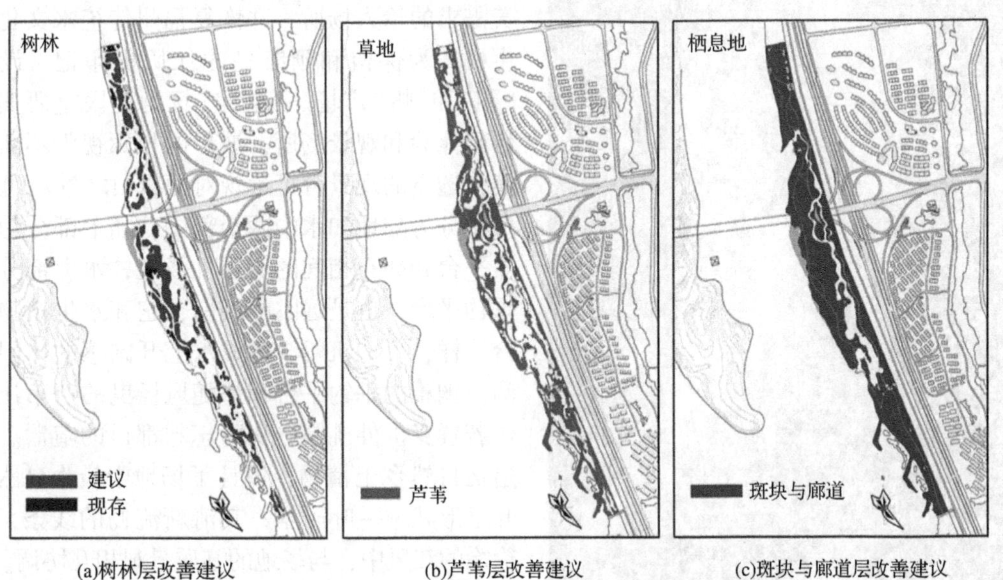

(a)树林层改善建议　(b)芦苇层改善建议　(c)斑块与廊道层改善建议

图 8-15　树林层、芦苇层、斑块与廊道层定量化改善建议

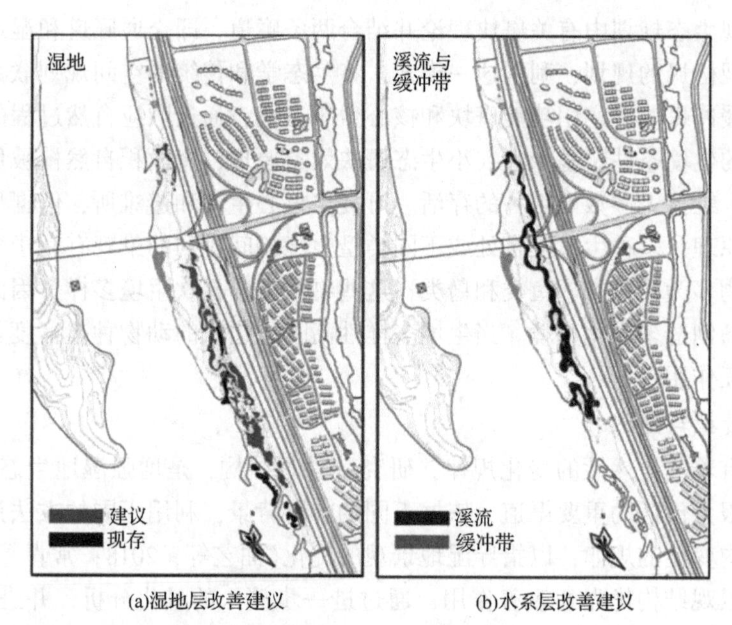

(a)湿地层改善建议　　(b)水系层改善建议

图 8-16　湿地层、水系层定量化改善建议

(8)乌龙江渔民文化追溯

福州两千多年积淀下来的悠久水文化、近代闽江享誉海内的船政文化和闽越文化，均具有挥之不去的恋水情结。追溯乌龙江渔民乡土文化，依据人类行为学和景观空间原理，在尊重自然的同时力求创造一个满足大众行为与审美需求的怡人场所，并恢复福州传统水文化的生机。为保留和延续乌龙江历史印记，设计“飘”和“帆”广场。“飘”广场为北段重要滨水休闲体验和观景场所，波形的长廊视野不断变换，透空的观景台可远观对面旗山之景。“帆”广场分为陆地和水中两个部分，陆上部分为木质平台和卵石相间的交通性场地，水上部分为垂钓平台，也是远眺的场所，它和水生植物植台一样，形如帆船，构成水上开阔感的休闲空间。幽雅的垂钓平台和那随风摇曳的芦苇让人仿若置身世外桃园，从而忘却都市的喧嚣。为追忆自然乡土植物，设计了场地中最为自然的叶子形状——叶子亭，其清新流畅的线条，于徐徐的江风中，与场地的基质景观相互协调。

综上，最终完成乌龙江湿地公园景观结构优化总平面的设计(图 8-17)。

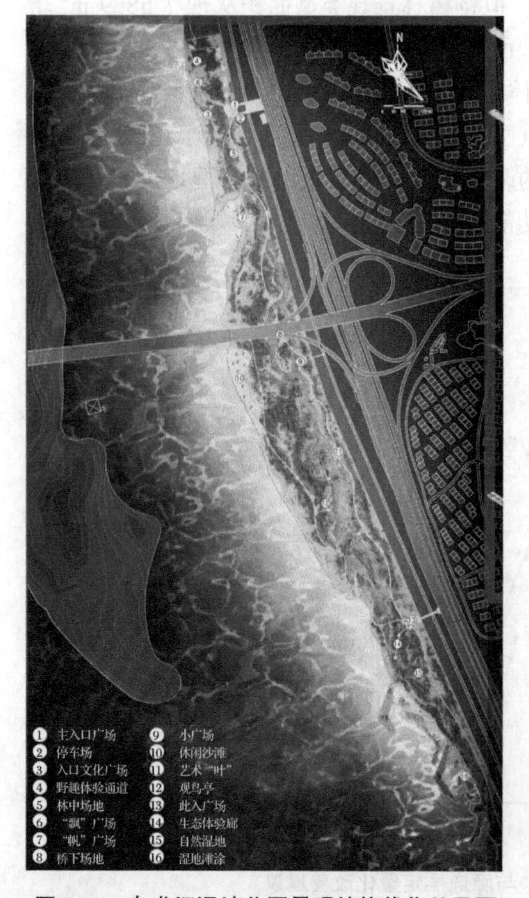

图 8-17　乌龙江湿地公园景观结构优化总平面

8.3.4 分区方案与优化建议

(1)科普教育区

该区位于主入口北侧，作为研究湿地植物的培育区，通过不同的形式种植各类湿地植物，研究其适宜生存环境，对湿地公园的生态种植起到一定的支撑作用。同时该区免费对游客开放以达到科普教育目的。

(2)休憩娱乐区

依据行为引导模式，本区设计不仅满足物质层面的需求，生态公园所能容纳和引导的生活方式、行为方式对实现最终的生态目标有着积极的影响。依据深层的生态哲学观念，这种新的设计思维模式将会引导人们以更积极的方式去应对人居环境中的生态问题，去维护人与自然的和谐，让人类社会更积极地作用于整个生态系统，使人类的生存环境得以持续。

该区作为蓄水池，主要功能为储存地表径流。本区中阳光充足，开阔明亮。平静的池塘伴有多年生湿地草本植物，阳光和流云映射在平静的水面上。该区还设有作为游客的主要休憩娱乐空间和公园管理设施。赏心悦目的景观，可以唤起人们对生活的美好情愫。

(3)湿地体验区

方案设计将水系引入此区，通过道路与水系的交错和高低起伏，使游客在此体验到各种生态湿地类型。由于此区域属于核心恢复区外围的缓冲地带，在局部允许的范围内将道路延伸至核心区中，设置观鸟屋、试验站，一年内分时间段开放。在鸟类迁徙时期内，禁止开放，避免游人惊扰到鸟类的迁徙，允许科研人员进入观测研究。在体验区的东段结尾处，以疏林草坡作为结点景观，视野开阔，并通过水面上的木栈道与园区内的二级园路相连接，形成环路，有效地组织园内的交通系统。通过寻求一种最佳生态系统和土地利用空间形态，以支持生态的完整性和人类愿望的实现，使人类的生存环境得以持续。

根据设计基地地形特点及功能与景观规划的要求，本区采用三级道路系统，一条主园路贯通连接各个景观节点，次园路为回环式路网格局，分布于主要景观区域与主园路相连。整个道路系统形成“一纵三回”的骨架网络。内部游线为主园路、次园路和特色小游路。主园路宽2.5 m，铺地材质为花岗岩石板；次园路1.2 m，以粗面条石铺地；特色园路宽窄不一，用木栈道卵石路面。道路与广场铺装材质的选取以防水耐磨和容易管理为原则，充分利用场地的原有物料。各个景观区域根据各区自身特点进行具体材质的选取和形式的设计，使道路景观与整体环境协调，其形式多样以增加游览的趣味性。

本章小结

在本章的第一个案例自然保护区范围及功能区划分中，主要根据影响自然保护区划建的因素类型，包括居民点分布、道路分布、土地利用类型和重点保护野生动植物分布等因素，以及这些因素对自然生态系统、野生动植物的影响程度，包括正向影响和负向影响，并对影响的范围分别赋值，最后利用图层叠加的方法，将所有因素进行叠加，对影响程度(正负分值)进行求和，确定拟建设自然保护区区域的生物多样性保护价值高低，根据保护价值高低的分布情况以及实际现场，确定自然保护区的范围及功能区边界。乌龙江湿地景观优化设计是基础性和应用性相互结合的研究案例，首先基于景观生态学和绿色基础设施理论和方法构思湿地景观格局优化模式，然后通过具体的案例进行实践规划设计，以此来验证优化模式的科学性和有效性。首先，对场地现状进行定性和定量分析，确定场地的关键性问题；其次，针对场地的关键性问题构思规划，恢复场地良性健康的景观结构，以期发挥湿地最佳的景观服务功能。以往的规划往往忽视对景观中各级生态系统的生态过程的考虑，从而导致很多环境生态问题出现，结合交通廊道和湿地河塘的自然廊道来进行景观格局的规划，将湿地生态学原理和传统的空间规划联系起来。规划如何通过人居环境的建设为人类的生存和可持续发展做出贡献，是设计领域的重大课题之一。需要说明的是，本章仅列举了两个应用案例，涉及的景观生态学理论与方法也有限。

思考题

1. 在自然保护区范围及功能区划分中，对不同因素进行赋值(赋分)时，如果各因素对自然保护区划建的影响程度不同(例如，动植物的分布远比道路的分布更重要)，该如何赋值？

2. 在自然保护区范围及功能区划分中，得出最后分值之后，将最后分值从高至低分成若干区间段，调整临界值，确定三区边界，这样划分存在什么问题？还有何更好的划分方法？

3. 海绵城市思想中哪些景观生态学理念和方法可以运用到风景园林规划案例实践之中？

参考文献

曾辉, 陈利顶, 丁圣彦, 2017. 景观生态学[M]. 北京: 高等教育出版社.

常青, 苏王新, 王宏, 2019. 景观生态学在风景园林领域应用的研究进展[J]. 应用生态学报, 30(11): 3991-4002.

陈利顶, 傅伯杰, 徐建英, 等, 2003. 基于“源—汇”生态过程的景观格局识别方法——景观空间负荷对比指数[J]. 生态学报(11): 2406-2413.

崔保山, 杨志峰, 2006. 湿地学[M]. 北京: 北京师范大学出版社.

戴璐, 刘耀彬, 黄开忠, 2020. 基于 MCR 模型和 DO 指数的九江滨水城市生态安全网络构建[J]. 地理学报, 75(11): 2459-2474.

董金玮, 李世卫, 曾也鲁, 等, 2020. 遥感云计算与科学分析——应用与实践[M]. 北京: 科学出版社.

傅伯杰, 陈利顶, 马克明, 等, 2002. 景观生态学原理及应用[M]. 北京: 科学出版社.

傅伯杰, 田汉勤, 陶福禄, 等, 2020. 全球变化对生态系统服务的影响研究进展[J]. 中国基础科学, 22(3): 25-30.

郭晋平, 2016. 景观生态学[M]. 2 版. 北京: 中国林业出版社.

郭力娜, 张梦华, 张永彬, 等, 2017. 唐山市区土地利用的 Landsat 8 影像分层分类[J]. 测绘科学, 42(10): 88-94.

郭泺, 薛达元, 余世孝, 等, 2008. 泰山景观生态安全动态分析与评价[J]. 山地学报, 26(3): 331-338.

韩毅, 朴香花, 梁倩, 2018. 城市双修视角下的城市水系景观规划实践——以新乡市水系连通生态规划为例[J]. 中国园林, 34(8): 27-32.

何东进, 2019. 景观生态学[M]. 2 版. 北京: 中国林业出版社.

何东进, 游巍斌, 洪伟, 2017. 世界双遗产地武夷山风景名胜区保护生态学[M]. 北京: 中国林业出版社.

黄从红, 杨军, 张文娟, 2013. 生态系统服务功能评估模型研究进展[J]. 生态学杂志, 32(12): 3360-3367.

黄炎和, 卢程隆, 郑添发, 等, 1992. 闽东南降雨侵蚀力指标 R 值的研究[J]. 水土保持学报(4): 1-5.

金宝石, 闫鸿远, 张晓可, 2017. 浅水型湖泊湿地景观季节变化分析[J]. 遥感信息, 32(5): 111-116.

李红波, 黄悦, 高艳丽, 2021. 武汉城市圈生态网络时空演变及管控分析[J]. 生态学报, 41(22): 9008-9019.

李青圃, 张正栋, 万露文, 等, 2019. 基于景观生态风险评价的宁江流域景观格局优化[J].

地理学报, 74(7): 1420-1437.
李月臣, 2008. 中国北方13省市区生态安全动态变化分析[J]. 地理研究(5): 1150-1160.
李长生, 2001. 生物地球化学的概念与方法——DNDC 模型的发展[J]. 第四纪研究, 21(2): 89-99.
李振鹏, 刘黎明, 张虹波, 等, 2004. 景观生态分类的研究现状及其发展趋势[J]. 生态学杂志(4): 150-156.
刘宁, 孙鹏森, 刘世荣, 2013. 流域水碳过程耦合模拟——WaSSI-C 模型的率定与检验[J]. 植物生态学报, 37(6): 492-502.
刘世梁, 侯笑云, 尹艺洁, 等, 2017. 景观生态网络研究进展[J]. 生态学报, 37(12): 3947-3956.
欧阳志云, 王如松, 赵景柱, 1999. 生态系统服务功能及其生态经济价值评价[J]. 应用生态学报, 10(5): 635-640.
彭建, 党威雄, 刘焱序, 等, 2015. 景观生态风险评价研究进展与展望[J]. 地理学报, 70(4): 664-677.
彭建, 赵会娟, 刘焱序, 等, 2017. 区域生态安全格局构建研究进展与展望[J]. 地理研究, 36(3): 407-419.
曲艺, 罗春雨, 张弘强, 等, 2018. 基于历史生物多样性与湿地景观结构的三江平原湿地恢复优先性研究[J]. 生态学报, 38(16): 5709-5716.
苏常红, 傅伯杰, 2012. 景观格局与生态过程的关系及其对生态系统服务的影响[J]. 自然杂志, 34(5): 277-283.
苏成, 王浩, 苏同向, 等, 2018. 海绵城市水系景观规划手法探析[J]. 山东农业大学学报(自然科学版), 49(5): 763-768.
唐文魁, 俞露, 周伟奇, 等, 2022. 基于长时间序列遥感数据的深圳景观连通性动态变化研究[J]. 自然资源遥感, 34(3): 97-105.
唐尧, 祝炜平, 张慧, 等, 2015. InVEST 模型原理及其应用研究进展[J]. 生态科学, 34(3): 204-208.
王计平, 岳德鹏, 刘永兵, 等, 2007. 基于 RS 和 GIS 技术的京郊西北地区土地利用变化的景观过程响应[J]. 北京林业大学学报, 29(增刊): 174-180.
王小娜, 田金炎, 李小娟, 等, 2022. Google Earth Engine 云平台对遥感发展的改变[J]. 遥感学报, 26(2): 299-309.
王秀兰, 包玉海, 1999. 土地利用动态变化研究方法探讨[J]. 地理科学进展, 18(1): 81-87.
王仰麟, 1996. 景观生态分类的理论方法[J]. 应用生态学报, 7(S1): 121-126.
韦宝婧, 苏杰, 胡希军, 等, 2022. 基于“HY-LM”的生态廊道与生态节点综合识别研究[J]. 生态学报, 42(7): 2995-3009.
邬建国, 2007. 景观生态学——格局、过程、尺度与等级[M]. 2 版. 北京: 高等教育出版社.
吴哲, 陈歆, 刘贝贝, 等, 2013. InVEST 模型及其应用的研究进展[J]. 热带农业科学, 33

(4)：58-62.
肖笃宁，1994. 宏观生态学研究的特点与方法[J]. 应用生态学报，5(1)：95-102.
肖寒，欧阳志云，赵景柱，等，2000. 森林生态系统服务功能及其生态经济价值评估初探——以海南岛尖峰岭热带森林为例[J]. 应用生态学报，11(4)：481-484.
谢高地，肖玉，鲁春霞，2006. 生态系统服务研究：进展、局限和基本范式[J]. 植物生态学报，30(2)：191-199.
闫凯，陈慧敏，付东杰，等，2022. 遥感云计算平台相关文献计量可视化分析[J]. 遥感学报，26(2)：310-323.
杨丛余，周建华，2017. 基于朴门永续设计理念的城市农业公园规划设计策略[J]. 西南师范大学学报(自然科学版)，42(3)：101-106.
杨久春，张树文，2009. 景观生态分类概念释义及研究进展[J]. 生态学杂志，28(11)：2387-2392.
杨园园，戴尔阜，付华，2012. 基于InVEST模型的生态系统服务功能价值评估研究框架[J]. 首都师范大学学报(自然科学版)，33(3)：41-47.
尹海伟，孔繁花，2018. 城市与区域规划空间分析实验教程[M]. 3版. 南京：东南大学出版社.
游巍斌，何东进，巫丽芸，等，2011. 武夷山风景名胜区景观生态安全度时空分异规律[J]. 生态学报，31(21)：6317-6327.
于航，刘学录，赵天明，等，2022. 基于景观格局的祁连山国家公园景观生态风险评价[J]. 生态科学，41(2)：99-107.
俞孔坚，2016. 海绵城市——理论与实践(上)(下)[M]. 北京：中国建筑工业出版社.
俞孔坚，王思思，李迪华，等，2009. 北京市生态安全格局及城市增长预景[J]. 生态学报，29(3)：1189-1204.
张娜，2006. 生态学中的尺度问题：内涵与分析方法[J]. 生态学报，26(7)：2340-2355.
张娜，2014. 景观生态学[M]. 北京：科学出版社.
赵春霞，钱乐祥，2004. 遥感影像监督分类与非监督分类的比较[J]. 河南大学学报(自然科学版)，34(3)：90-93.
赵海兰，2015. 生态系统服务分类与价值评估研究进展[J]. 生态经济，31(8)：27-33.
赵岩，吴雄，黄栩，2018. 苏南乡村水系景观绩效评价研究[J]. 南京林业大学学报(自然科学版)，42(6)：174-178.
赵忠明，高连如，陈东，等，2019. 卫星遥感及图像处理平台发展[J]. 中国图像图形学报，24(12)：2098-2110.
周强，王建武，张润杰，2001. 景观生态学中空间数据的模拟和显示方法概述[J]. 应用生态学报，12(1)：141-144.
朱强，俞孔坚，李迪华，2005. 景观规划中的生态廊道宽度[J]. 生态学报，25(9)：7-13.
AHERN J，2002. Greenways as strategic landscape planning：theory and application[M]. The Netherlands：Wageningen University.
BAGSTAD K J，SEMMENS D，WINTHROP R，et al.，2012. Ecosystem services valuation to

support decisionmaking on public lands: a case study of the San Pedro River watershed, Arizona[J]. Geophysical Research Letters, 34(6): 1-105.

BEER C, REICHSTEIN M, CIAIS P, et al., 2007. Mean annual GPP of Europe derived from its water balance[J]. Geophysical Research Letters, 34(5): 1-4.

COSTANZA R, GROOT R, SUTTON P, et al., 2014. Changes in the global value of ecosystem services[J]. Global Environmental Change, 26: 152-158.

DAILY G C, 1997. Nature's Services: Societal Dependence on Natural Ecosystems[M]. Washington: Island Press.

DUNGAN J L, PERRY J N, DALE M R T, et al., 2002. A balance view of scale in spatial statistical analysis[J]. Ecography, 25: 626-640.

FINLAYSON M, CRUZ R D, DAVIDSON N, et al., 2005. Millennium ecosystem assessment: ecosystems and human well-being: wetlands and water synthesis[J]. Data Fusion Concepts & Ideas, 656(1): 87-98.

FORMAN R T T, GODRON M J, 1986. Landscape Ecology[M]. New York: John Wiley and Sons.

FRASER J S, HE H S, SHIFLEY S R, et al., 2013. Simulating stand-level harvest prescriptions across landscapes: LANDIS PRO harvest module design[J]. Canadian Journal of Forest Research, 43(10): 972-978.

GERGEL S E, TURNER M G, 2017. Learning landscape ecology: a practical guide to concepts and techniques[M]. Springer.

GILTRAP D L, LI C, SAGGAR S, 2010. DNDC: A process-based model of greenhouse gas fluxes from agricultural soils[J]. Agriculture, ecosystems & environment, 136(3-4): 292-300.

HAMON W R, 1963. Computation of direct runoff amounts from storm rainfall[J]. Int Assoc Sci Hydrol Publ, 63: 52-62.

HE H S, WANG W J, SHIFLEY S R, et al., 2011. LANDIS PRO 7.0 Users Guide.

HESSELBARTH M H, NOWOSAD J, SIGNER J, et al., 2021. Open-source tools in R for landscape ecology[J]. Current Landscape Ecology Reports, 6(3): 97-111.

HIDY D, BARCZA Z, HOLLÓS R, et al., 2021. User's Guide for Biome-BGC MuSo 6.2 [M].

JOHNSON G W, BAGSTAD K J, SNAPP R R, et al., 2010. Service Path Attribution Networks (SPANs): spatially quantifying the flow of ecosystem services from landscapes to people [J]. Lect. Notes Comput. Sci, 6016: 238-253.

LAI J, LORTIE C J, MUENCHEN R A, et al., 2019. Evaluating the popularity of R in ecology [J]. Ecosphere, 10(1): e02567.

LEVIN S A, 1992. The problem of pattern and scale in ecology[J]. Ecology, 73: 1943-1967.

LI G, FANG C, WANG S, 2016. Exploring spatiotemporal changes in ecosystem-service values and hotspots in China[J]. Science of The Total Environment, 545(48): 609-620.

LUO X, HE H S, LIANG Y, et al., 2015. Evaluating simulated effects of succession, fire, and harvest for LANDIS PRO forest landscape model[J]. Ecological Modelling, 297: 1-10.

MCGARIGAL K, MARKS, BARBARA J, 1995. FRAGSTATS: spatial pattern analysis program for quantifying landscape structure[J]. USDA Forest Service-General Technical Report PNW, 351: 32-52.

NELSON E, MENDOZA G, REGETZ J, et al., 2009. Modeling Multiple Ecosystem Services, Biodiversity Conservation, Commodity Production, and Tradeoffs at Landscape Scales[J]. Frontiers in Ecology and the Environment, 7(1): 4-11.

OTERO I, BOADA M, BADIA A, et al., 2011. Loss of water availability and stream biodiversity under land abandonment and climate change in a Mediterranean catchment (Olzinelles, NE Spain)[J]. Land Use Policy, 28(1): 207-218.

PASCUAL-HORTAL L, SAURA S, 2006. Comparison and development of new graph-based landscape connectivity indices: towards the priorization of habitat patches and corridors for conservation[J]. Landscape ecology, 21: 959-967.

PATHAK H, LI C, WASSMANN R, 2005. Greenhouse gas emissions from Indian rice fields: calibration and upscaling using the DNDC model[J]. Biogeosciences, 2(2): 113-123.

REGO F C, BUNTING S C, STRAND E K, et al., 2019. Applied landscape ecology[M]. New York: Springer.

SAURA S, TORNÉ J, 2009. Conefor Sensinode 2.2: a software package for quantifying the importance of habitat patches for landscape connectivity[J]. Environmental modelling & software, 24(1): 135-139.

SEIBERT J, MCDONNELL J J, WOODSMITH R D, 2010. Effects of wildfire on catchment runoff response: a modelling approach to detect changes in snow-dominated forested catchments[J]. Hydrology research, 41(5): 378-390.

SPEDICATO G A, 2017. Discrete time Markov chains with R[J]. The R Journal, 9(2): 2073-4859.

SUN G, ALSTAD K, CHEN J, et al., 2011. A general predictive model for estimating monthly ecosystem evapotranspiration[J]. Ecohydrology, 4(2): 245-255.

SUN G, CALDWELL P, NOORMETS A, et al., 2011. Upscaling key ecosystem functions across the conterminous United States by a water-centric ecosystem model[J]. Journal of Geophysical Research: Biogeosciences, 116: 72-76.

TALLIS H T, RICKETTS T, GUERRY A D, et al., 2011. InVEST 2.4.4 User's Guide[M]. Stanford: The Natural Captial Project.

R CORE TEAM R, 2013. R: A language and environment for statistical computing. R Foundation for Statistical Computing, Vienna, Austria[J]. Computing, 14: 12-21.

TERMORSHUIZEN J W, OPDAM P, 2009. Landscape services as a bridge between landscape ecology and sustainable development[J]. Landscape Ecology, 24: 1037-1052.

TURNER M, GARDNER R, 2015. Landscape ecology in theory and practice: Pattern and process, second edition[M]. New York, Heidelberg, Dordrecht, London: Springer.

VOGT P, RIITTERS K, 2017. Guidos Toolbox: universal digital image object analysis[J]. European Journal of Remote Sensing, 50(1): 352-361.

VOGT P, RIITTERS K, RAMBAUD P, et al., 2022. GuidosToolbox Workbench: spatial analysis of raster maps for ecological applications[J]. Ecography, (3): e05864.

WANG W J, HE H S, FRASER J S, et al., 2014. LANDIS PRO: a landscape model that predicts forest composition and structure changes at regional scales[J]. Ecography, 37(3): 225-229.

WU Q, LI H, WANG R, et al., 2006. Monitoring and predicting land use change in Beijing using remote sensing and GIS[J]. Landscape and Urban Planning, 78: 322-333.

YANG J, HUANG X, 2021. The 30m annual land cover dataset and its dynamics in China from 1990 to 2019[J]. Earth System Science Data, 13(8): 3907-3925.

YAO Y, CHENG T, SUN Z, et al., 2022. VecLI: A framework for calculating vector landscape indices considering landscape fragmentation [J]. Environmental Modelling & Software, 149: 105325.

ZHAO Y Q, YOU W B, LIN X E, et al., 2023. Assessing the supply and demand linkage of cultural ecosystem services in a typical county-level city with protected areas in China[J]. Ecological Indicators, 147: 109992.

ZHAO Z, CAO L, DENG J, et al., 2020. Modeling CH_4 and N_2O emission patterns and mitigation potential from paddy fields in Shanghai, China with the DNDC model[J]. Agricultural Systems, 178: 102743.